材料力学と材料強度学

上辻靖智・上田 整・西川 出

養 賢 堂

序　文

　大学あるいは高専の機械工学科には，4力と呼ばれる科目がある．4力とは，四つの力学科目である「材料力学」，「流体力学」，「熱力学」および「機械力学」を指す．この中の材料力学は，何らかの外力が作用している部材の強度，剛性，安定性を評価するための工学であり，必修科目となっていることが多い．このため，材料力学を学ぶために多くの優れた教科書が出版されている．このような状況にあって新たに本書を執筆した動機は，機械・構造物を開発・設計する際に実際上重要である「材料強度学」と「材料力学」との関連を明確にする必要があると考えたからである．

　「材料強度学」は，その名のとおり機械・構造物を構成する部材の強度を重点的に取り扱う工学である．前述のように，材料力学でも強度を評価することが目的となっているが，材料力学で得られる応力やひずみのみでは強度を十分に評価することはできず，材料強度学的な扱いが不可欠である．そこで，本書では，材料力学的な内容と材料強度学的な内容をそれらの基礎事項に絞って解説し，材料力学で得られた知見が材料強度学でどのように生かされるのかを系統的に述べることを試みた．

　最近の大学入試の多様化により，機械工学科に入学する学生の中には，高校で物理学，特に力学の内容を十分に理解していない学生のいることが，大学入学後の4力の履修に際して大きな問題となっている．そこで，本書では，まず材料力学の履修に必要な静力学の基礎を述べた後，材料力学の基礎部分である細長い棒状部材の引張・圧縮問題，丸軸のねじり問題，静定はりの曲げ問題を取り扱う．次に，材料力学的考察に加え，材料強度学的手法を用いた強度評価の具体例を示す．引き続き，はりの複雑な問題として不静定はりの問題，安定性に関する柱の座屈問題を取り扱う．最後に，複雑な部材の応力解析に必要となる弾性力学の初歩的内容を解説する．

　本書の著者3名は，いずれも大阪工業大学 工学部 機械工学科で材料の力学に関連した科目を担当している．各章の内容と本学 機械工学科で開講されている科目名（開講時期）の内容は，以下のように関連している．

序　文

第1章：序論 ―――――――――― 材料・機械力学入門（1年前期）
第2章：静力学の基礎 ――――― 材料・機械力学入門（1年前期）
第3章：応力とひずみ ―――――材料・機械力学入門（1年前期）
第4章：棒の引張りと圧縮 ―――――― 材料力学Ⅰ（1年後期）
第5章：軸のねじり ―――――――――― 材料力学Ⅰ（1年後期）
第6章：静定はりの曲げ ―――――――― 材料力学Ⅱ（2年前期）
第7章：材料強度学の基礎 ―――――― 材料強度学（2年後期）
第8章：不静定はりの曲げ ―――――― 材料力学Ⅲ（3年前期）
第9章：柱の座屈 ――――――――――― 材料力学Ⅲ（3年前期）
第10章：弾性力学の基礎 ―――――― 材料力学Ⅲ（3年前期）

　本書は，授業中に解説される講義の理解を確実にするためのものであり，基本的な内容に限られている．従来の材料力学関連の教科書には，その理解を深めるために例題や演習問題などが含まれているが，本書では，著者らが授業で述べる内容を詳細に記述するにとどめた．より発展的な内容や高度な演習問題などは，巻末の参考文献を参照していただきたい．

　おわりに，本書の刊行に当たりご尽力ならびに様々なアドバイスを頂戴した(株)養賢堂 編集部 三浦信幸氏に心から感謝申し上げる．

2017年1月

著者一同

(4) はりの曲げ応力とせん断応力の比較……………………………117
6.5　はりの変形……………………………………………………………117
　(1) たわみの基礎式……………………………………………………118
　(2) 集中外力が作用する単純支持はり………………………………120
　(3) 集中外力が作用する片持ちはり…………………………………122
　(4) 等分布外力が作用する単純支持はり……………………………124
　(5) 等分布外力が作用する片持ちはり………………………………125
　(6) モーメントが作用する単純支持はり……………………………127
　(7) モーメントが作用する片持ちはり………………………………128
　(8) 中央に集中外力が作用する単純支持はり………………………129
6.6　重ね合せ法……………………………………………………………131
6.7　せん断力によるたわみ………………………………………………132

第7章　材料強度学の基礎

7.1　破壊事故の現状………………………………………………………134
7.2　疲労破壊の力学的取扱い……………………………………………138
　(1) 疲労試験とS-N曲線……………………………………………138
　(2) 疲労強度の統計的性質……………………………………………142
　(3) 平均応力の影響……………………………………………………145
　(4) 組合せ応力による疲労……………………………………………146
　(5) 切欠き効果…………………………………………………………147
　(6) 寸法効果……………………………………………………………148
　(7) 表面処理および残留応力の影響…………………………………149
　(8) 影響因子のまとめ…………………………………………………150
　(9) 実働荷重下における疲労…………………………………………150
　(10) 低サイクル疲労……………………………………………………152
7.3　切欠きの力学…………………………………………………………153
　(1) 切欠きとき裂………………………………………………………153
　(2) 応力拡大係数………………………………………………………154
　(3) 形状補正係数………………………………………………………156

(4) 塑性域寸法と小規模降伏条件 ……………………………………… 157
　(5) 破壊じん性 …………………………………………………………… 158
　(6) 損傷許容設計 ………………………………………………………… 159
　(7) 疲労き裂進展 ………………………………………………………… 161

第8章　不静定はりの曲げ

8.1　一端固定他端支持はり ………………………………………………… 166
　(1) 集中外力が作用する場合 …………………………………………… 166
　(2) 分布外力が作用する場合 …………………………………………… 171
8.2　固定はり ………………………………………………………………… 174
　(1) 集中外力が作用する場合 …………………………………………… 174
　(2) 分布外力が作用する場合 …………………………………………… 179
8.3　連続はり ………………………………………………………………… 182
　(1) 3モーメントの式 …………………………………………………… 182
　(2) 様々な連続はりへの適用 …………………………………………… 185
8.4　はりの不静定問題 ……………………………………………………… 192
8.5　ラーメン構造 …………………………………………………………… 196

第9章　柱の座屈

9.1　座屈力と座屈モード …………………………………………………… 200
9.2　偏心外力 ………………………………………………………………… 204
9.3　端末条件 ………………………………………………………………… 206
　(1) 一端固定他端自由の柱 ……………………………………………… 209
　(2) 両端回転自由の柱 …………………………………………………… 210
　(3) 一端固定他端回転拘束の柱 ………………………………………… 212
　(4) 一端固定他端回転自由の柱 ………………………………………… 213
　(5) 両端固定の柱 ………………………………………………………… 214
　(6) 様々な柱への適用 …………………………………………………… 215
9.4　実験式 …………………………………………………………………… 220
　(1) 座屈曲線 ……………………………………………………………… 220

(2) ランキンの式 …………………………………………………… 222
　(3) テトマイヤーの式 ………………………………………………… 223
　(4) ジョンソンの式 …………………………………………………… 223

第10章　弾性力学の基礎

10.1　応　力 ……………………………………………………………… 227
　(1) 応力成分の定義 …………………………………………………… 227
　(2) 応力の平衡方程式 ………………………………………………… 229
　(3) 応力成分の変換 …………………………………………………… 230
　(4) 主応力と主せん断応力 …………………………………………… 232
10.2　ひずみ ……………………………………………………………… 234
　(1) ひずみ成分の定義 ………………………………………………… 234
　(2) ひずみの適合条件 ………………………………………………… 237
10.3　一般化されたフックの法則 ……………………………………… 237
　(1) 三次元の応力-ひずみ関係 ……………………………………… 237
　(2) 二次元の応力-ひずみ関係 ……………………………………… 239
　(3) 弾性定数間の関係 ………………………………………………… 241
10.4　組合せ応力の例 …………………………………………………… 242
　(1) 曲げとねじりを受ける棒状部材 ………………………………… 243
　(2) 内圧を受ける薄肉円筒殻 ………………………………………… 244

索　引 …………………………………………………………………… 247
参考文献 ………………………………………………………………… 251
付　表 …………………………………………………………………… 253

本書で使用する記号

【基本的な記号】			
m, M	質量	T	張力
T	温度	W	重力
ΔT	温度変化	F	遠心力
A	面積	S	干渉力
V	体積	R	反力,支持力
ρ	密度	P	集中外力
a	加速度	p	分布外力
ω	角速度	P_{max}	最大外力
g	重力加速度	F	せん断力
$(x, y, z),$ (ξ, η, ζ)	直交座標系	T	トルク(ねじりモーメント)
		M	モーメント,曲げモーメント
(p, q, r)	斜交座標系	M_e	相当曲げモーメント
(r, θ, z)	円筒座標系	T_e	相当トルク
π	円周率	【内力,応力に関する記号】	
θ, α, β	角度	Q	内力
l	長さ,距離	σ	垂直応力
a, b	辺の長さ,距離	τ	せん断応力
r	半径	$\sigma_1, \sigma_2, \sigma_3$	主応力
d	直径	τ_1, τ_2, τ_3	主せん断応力
t	厚さ	σ_{max}, τ_{max}	最大応力
h	高さ	σ_{min}, τ_{min}	最小応力
w	幅	$\sigma_{mean}, \tau_{mean}$	平均応力
e	偏心量	σ_n	公称応力
x_G	重心	σ_B, σ_U	引張強度
c_1, C_1	積分定数	τ_U	せん断強度
【力とモーメントに関する記号】		σ_Y	降伏応力
f, F	力	σ_S	基準強さ
R	合力	σ_A	許容応力
		S	安全率

目　次

第1章　序　論
1.1　材料力学の目的と役割 …………………………………………… 1
1.2　材料強度学の目的と役割 ………………………………………… 3

第2章　静力学の基礎
2.1　力 …………………………………………………………………… 5
2.2　モーメント ………………………………………………………… 11
2.3　力とモーメントの釣合い ………………………………………… 14
2.4　重　心 ……………………………………………………………… 18

第3章　応力とひずみ
3.1　外力と内力 ………………………………………………………… 24
3.2　応　力 ……………………………………………………………… 31
3.3　ひずみ ……………………………………………………………… 35
3.4　応力-ひずみ関係 …………………………………………………… 37
3.5　許容応力と安全率 ………………………………………………… 42

第4章　棒の引張りと圧縮
4.1　表面力を受ける棒 ………………………………………………… 44
　(1)　断面積が一様な棒 ……………………………………………… 44
　(2)　断面積が変化する棒 …………………………………………… 48
4.2　物体力を受ける棒 ………………………………………………… 52
　(1)　重力が作用する棒 ……………………………………………… 52
　(2)　遠心力が作用する棒 …………………………………………… 55
4.3　不静定の棒 ………………………………………………………… 57
　(1)　両端が固定された棒 …………………………………………… 57
　(2)　組合せ棒 ………………………………………………………… 62

4.4 熱応力··65
  (1) 熱ひずみ··65
  (2) 両端が固定された棒···70
  (3) 組合せ棒··72
4.5 トラス構造··74
  (1) 静定トラス··74
  (2) 不静定トラス··78

第5章 軸のねじり

5.1 ねじり変形とせん断ひずみ···82
5.2 静定問題··85
5.3 不静定問題··88

第6章 静定はりの曲げ

6.1 はりの支持方法とはりに作用する外力の種類······························92
  (1) はりの支持方法···92
  (2) はりに作用する外力の種類···93
6.2 はりの種類··93
6.3 せん断力と曲げモーメント··95
  (1) せん断力と曲げモーメントの向き·······································95
  (2) 集中外力が作用する単純支持はり·······································95
  (3) 集中外力が作用する片持ちはり··98
  (4) 等分布外力が作用する単純支持はり··································100
  (5) 等分布外力が作用する片持ちはり·····································102
  (6) モーメントが作用する単純支持はり··································104
  (7) モーメントが作用する片持ちはり·····································106
6.4 はりの応力··107
  (1) はりの曲げ応力···108
  (2) 断面二次モーメントと断面係数··111
  (3) はりのせん断応力···116

本書で使用する記号

【変形，ひずみに関する記号】		R	応力比
Δl	伸び（寸法変化）	d	応力階差
u, δ	変位	HV	ビッカーズ硬さ
ε	垂直ひずみ，縦ひずみ	σ_w	引張圧縮疲労限度
ε'	横ひずみ	τ_w	ねじり疲労限度
ε_E	弾性ひずみ	σ_{w_0}	両振り疲労限度，平滑材疲労限度
ε_P	塑性ひずみ		
ε_T	熱ひずみ	σ_{w_k}	切欠き材疲労限度
γ	せん断ひずみ	u	基準化応力
【材料定数などの記号】		σ_T	真破断応力
E	縦弾性係数（ヤング率）	P	破壊確率
G	横弾性係数（せん断弾性係数）	z	確率密度
		μ	疲労限度の平均値
ν	ポアソン比	s	疲労限度の標準偏差
α	線膨張係数	σ_{root}	切欠き底応力
K	剛性	α	応力集中係数
k	ばね定数	β	切欠き係数
【軸，はりに関する記号】		η	切欠き感度係数
φ	ねじれ角	K	応力拡大係数
θ	比ねじれ角	K_C	破壊じん性値
I_p	断面二次極モーメント	F	形状補正係数
Z_p	極断面係数	【座屈に関する記号】	
S_z	断面一次モーメント	P_E	オイラーの座屈力
I_z	断面二次モーメント	C	端末条件係数
Z	断面係数	l_C	座屈長さ
ρ	曲率半径	λ	細長比
i	たわみ角	λ_C	有効細長比
v	たわみ	σ_E	オイラーの座屈応力
【疲労に関する記号】		σ_R	ランキンの応力
N	破断繰返し数	σ_T	テトマイヤーの応力
$\Delta \sigma$	応力幅	σ_J	ジョンソンの応力
σ_a	応力振幅		

第 1 章　序　論

　本書は，材料力学および材料強度学の基礎的事項について，それらの関連性を踏まえて解説したものである．本章では，これから学ぶ材料力学と材料強度学の目的とその役割について概説する．なお，いくつかの専門用語を説明することなく使用している箇所があるが，これらについての正確な定義は，第 2 章以降での個別説明に譲るものとする．

1.1　材料力学の目的と役割

　自動車，エンジン，航空機など様々な機械・構造物は，その機能を果たすために，外部から何らかの力（このような物体の外から作用する力を 外力 という）を受けた状態で稼働している．物体に外力が作用することにより，その物体が運動する場合の状態を扱うのが 動力学 であり，物体が静止した場合の状態を扱うものが 静力学 である．高校で学んだ物理学の力学では，主として質点を対象とした静力学や動力学であり，ばねの変形に関する議論を除けば，部材がどのように変形するかについては取り扱われていない．すなわち，高校で扱う静力学は，一般的静力学の一つの領域である「物体に作用する外力と物体を支持している力との関係を明らかにすること」に限られていた．静力学のもう一つの領域は「物体に作用した外力により物体がどのように変形するか，また，物体内部にはどのような力（このように物体の内部に発生する力を内力という）が発生するかを明らかにすること」であり，この領域を扱う学問が 材料力学 である．

　図 1.1 に示すクレーンを対象に，上記の内容を具体的に考えてみよう．クレーンの先端にはロープで吊られた質量 M の荷物により鉛直下向きの外力 Mg，ワイヤによる引張力 T およびクレーンの質量 m による外力 mg が作用する．また，回転自由に土台に取り付けられたクレーンの他端には，土台から

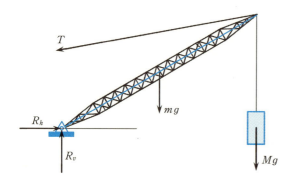

図 1.1　クレーンに作用する外力

鉛直方向および水平方向の外力 R_v, R_h の反力が発生する.

まず，静力学的な観点から検討しよう．クレーンがこの状態で静止するためには，垂直方向および水平方向の 力の釣合い および任意点まわりの モーメントの釣合い が成立する必要がある．詳細な議論は第 2 章で検討されるが，この三つの条件から必要とされるワイヤの引張力 T および土台からの外力 R_v, R_h を求めることができる．土台からの外力 R_v, R_h は反力として作用し，ワイヤの引張力として得られた T を与えることにより，このクレーンは静力学的な安定性が保証されることになる.

次に考えなければならないことは，以下のようなことである．すなわち，「荷物を吊っているロープは破断しないのか？」，「クレーンにはどのような力が作用し，その力が作用した場合に壊れることはないのだろうか？」，「そのときのクレーンの変形量やワイヤの伸び量は適正であるか？」などである．このような問題を解決する際，クレーン全体を対象にするのではなく，クレーンを構成する部材を簡単な形状部分に分け，それらに作用する力と変形との関係を調べるのが有効である．例えば，図 1.1 のクレーンは，質量 M の荷物を吊っているロープ，クレーンを引張力 T で引っ張っているワイヤ，先端に外力 Mg と引張力 T，他端に外力 R_v, R_h および自重による外力 mg が作用するクレーン本体の 3 種類の部材に分けることができる．さらに，クレーン本体に作用している外力は，クレーンの長さ方向とその垂直方向の外力に分けて考えることができる．

ロープとワイヤは外力としての引張力を受けており，この外力によって部材中に発生する内力により破断しないか，伸び量が適正かを調べることになる．また，クレーン本体は，長さ方向の圧縮の内力に安定的に耐えられるかが問題となり，長さと垂直方向の外力によって発生するクレーンの曲げ変形も問題と

なる．このような力と変形の状態が，部材の寸法や材質とどのような関係となっているのかを検討する必要がある．

以上のように，力学を用いて部材などの 強度・剛性・安定性 を評価し，機械・構造物を設計するための指針を得る学問が 材料力学 であり，本書では，主として細長い棒状部材に外力が作用したとき部材内部に生じる内力や変形を対象とした狭い意味での材料力学を扱う．ここでいう 強度 とは破壊に対する抵抗の大きさ，剛性 とは変形に対する抵抗の大きさであり，不安定 とは強さと剛性が十分であるのに変形し破損する現象である．また，細長い棒状部材は，その受ける外力の作用によって，棒（引張力，圧縮力，せん断力を受ける部材：第4章），軸（ねじりを受ける部材：第5章），はり（曲げを受ける部材：第6章，第8章），柱（圧縮力により曲げ変形と座屈が問題となる部材：第9章）に種類分けできる．

1.2 材料強度学の目的と役割

前節に述べたように，クレーンなどを設計する際には，材料力学を用いて計算することによる強度・剛性・安定性の確保が重要であることは理解できたと思う．しかし，実際にこれらの機械が使用される場合には，これだけの考慮では不十分である．前節で考慮したのは，外力が変化しない状態，静的な外力が負荷される状態である．実際の機械・構造物を運転したり，使用したりする場合には，これらの外力の大きさは稼働中，必ず変化する．このように外力が繰り返し作用する場合には，疲労という現象によって部材は破壊する．実際，われわれの身のまわりで使用されている機械や構造物が，突然破壊事故を起こすことはしばしばある．そのような破壊事故の主たる原因は 疲労 である．疲労による破壊は，負荷されている応力が，その材料の降伏応力よりも小さい場合であっても生じるので，降伏応力を考慮して強度を確保した場合であっても疲労破壊は起こり得る．これが疲労による 破壊事故 が絶えない理由の一つであろう．

クレーンを例にとると，ロープに加わる張力やフックに加わる引張力によって，それぞれの部品には応力が発生する．当然，これらの部品は強度を考えて，その直径や断面積が決定されるべきであるし，実際これらの考慮はなされ

ている．しかし，クレーンは荷物を吊り上げ，その後下ろす，また別の荷物を吊り上げ，再度下ろすといった作業のために繰り返し使用される．このとき，それぞれの部品を構成する材料には応力が繰り返し加わることになるので，疲労で破壊する場合がある．これまでにも，クレーンやフックの破壊事故は少なからず起きている．クレーンで持ち上げる荷物は相当重い重量物であることが多いが，そのような荷物を吊り上げている状況で，クレーンの一部にでも破壊が起これば，これは荷物の落下事故となる．もし，その下に作業員がいる場合には人身事故を招くことになる．現在，日本でも製造物責任法が施行されているので，製品の設計や製造に不備があって，使用中の製品の破壊事故により損害が生じた場合には，設計者や製造者が責任を問われる．疲労を考慮せずにクレーンを設計・製造し，疲労による事故が起きた場合，「疲労で破壊事故が起こることなど知らなかった」ではすまされない．製造者は，ほぼ間違いなくその責任を問われることになるであろう．

　以上のように，機械工学を学んだ機械技術者が各種の機械を設計・製作する際には，破壊による事故は絶対に避けなければならない．疲労による破壊についても，その知識は必要不可欠である．疲労による破壊事故を防ぐこと，さらにはこのような破壊事故に至る前に事故を未然に防ぐためには，どのタイミングで製品の検査をすべきかなどについても十分検討しておかなければならない．材料強度学は，材料力学を基礎にし，機械・構造物を実際に運転したり使用したりする際に起こり得る破壊や破損を未然に防ぐためには，どのように設計すればよいのか，これを定量的に取り扱える有力な道具である．以上のことを深く理解しておくことは，機械技術者の必須の条件であるということができる．

第2章 静力学の基礎

　第1章で述べたように，静力学の目的は，「物体に作用する外力と物体を支持している力との関係を明らかにすること」と「物体に作用した外力により物体内部にどのような内力が発生するか，また，それにより物体がどのように変形するかを明らかにすること」に大別される．

　本章では，まず高校物理で学習した前者の領域を復習し，第3章から後者の領域，すなわち材料力学へ進んでいこう．

2.1　力

　高校物理で学習したニュートンの運動の第二法則（Newton's second law of motion）から始めよう．質量 m の物体に外部から力 F が作用すると，物体は力と同じ方向に，力の大きさに比例して物体の質量に反比例する加速度を生じる．k を比例定数とすれば，この運動の法則は

$$a = k\frac{F}{m} \tag{2.1}$$

と表される．ここで，力の単位として，質量 1 kg の物体に 1 m/s² の加速度を生じさせる力を 1 N（ニュートン）と定めれば，次式のように記述できる．

$$F = ma \tag{2.2}$$

したがって，単位について

$$1\,\text{N} = 1\,\text{kg}\cdot\text{m/s}^2 \tag{2.3}$$

の関係がある．国際単位系では，質量の単位に kg，長さに m，時間に s，力に N を用い，本書もこれに従って記述する．なお，国際単位系ではない力の単位として，kgf（キログラム重）と dyn（ダイン）がある．1 kgf は，質量 1 kg の物体に作用する重力を意味し，

$$1\,\text{kgf} = 9.80665\,\text{kg}\cdot\text{m/s}^2 = 9.80665\,\text{N} \tag{2.4}$$

である.また,1 dyn は,質量1 g の物体に加速度 $1\,\mathrm{cm/s^2}$ を生じさせる力であり,

$$1\,\mathrm{dyn} = 1\,\mathrm{g\cdot cm/s^2} = 1\times 10^{-5}\,\mathrm{N} \tag{2.5}$$

である.

運動方程式(2.2)において,質量は,長さ,面積,体積,時間などと同様に大きさだけをもつ スカラー(scalor) である.一方,力は,速度や加速度と同様に大きさと向きをもつ ベクトル(vector) である.ベクトルを図示する場合には矢印を用い,矢印の長さでベクトルの大きさを表す.なお,本章ではベクトルはスカラーと区別して太文字で示すが,次章以降では簡略化し,両者の区別なく細文字を用いる.

次に,力の合成(composition of force) を考えよう.図 2.1 に示すように,角度 α をなす二つの力 $\boldsymbol{F}_1$ および $\boldsymbol{F}_2$ を合成する.二つの力を足し合わせた 合力(resultant force) $\boldsymbol{R}$ は,図 2.2(a) に示すように $\boldsymbol{F}_1$ と $\boldsymbol{F}_2$ を 2 辺とする平行四辺形 OACB の対角線上のベクトルとして図示できる.また,図 2.2(b) に示すように $\boldsymbol{F}_1$ の終点に $\boldsymbol{F}_2$ の始点を移動してつなぎ合せれば,合力 $\boldsymbol{R}$ は $\boldsymbol{F}_1$ の始点と移動した $\boldsymbol{F}_2$ の終点を結ぶベクトルとしても与えられる.

それでは,合力 $\boldsymbol{R}$ の大きさと向きを求めよう.△OAC において,余弦定理より

$$R^2 = F_1^2 + F_2^2 - 2F_1 F_2 \cos(180°-\alpha)$$
$$= F_1^2 + F_2^2 + 2F_1 F_2 \cos\alpha \tag{2.6}$$

の関係が成立することから,合力の大きさ R は,

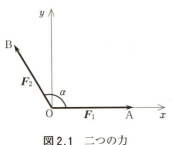

図 2.1 二つの力

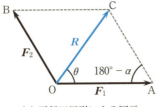
(a) 平行四辺形による図示

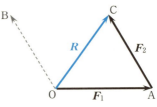
(b) 力のつなぎ合せによる図示

図 2.2 二つの力の合成

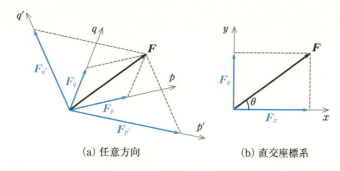

(a) 任意方向　　(b) 直交座標系

図 2.3　力の分解

$$R = \sqrt{F_1{}^2 + F_2{}^2 + 2F_1F_2\cos\alpha} \tag{2.7}$$

と求まる．なお，式中では力の大きさだけを考えるものとし，スカラーとして細文字で表記する．続いて，合力の向きとして，水平方向の x 軸とのなす角 θ を求めよう．△OAC において正弦定理より

$$\frac{F_2}{\sin\theta} = \frac{R}{\sin(180°-\alpha)} \tag{2.8}$$

の関係から

$$\sin\theta = \frac{F_2}{R}\sin(180°-\alpha) = \frac{F_2}{R}\sin\alpha \tag{2.9}$$

$$\theta = \sin^{-1}\left(\frac{F_2}{R}\sin\alpha\right) \tag{2.10}$$

となる．

ここで，力の分解 (decomposition of force) を復習しておこう．すべての力は，図 2.3(a) のように任意の方向に分解することができる．図 2.3(b) に示す直交座標系において，力 F の x 方向および y 方向の分力 (component of force) は次式で与えられる．

$$F_x = F\cos\theta,\quad F_y = F\sin\theta \tag{2.11}$$

それでは，次に図 2.4 に示す

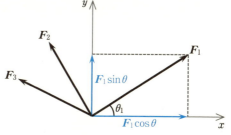

図 2.4　三つの力

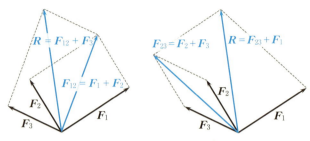

(a) 平行四辺形による図示

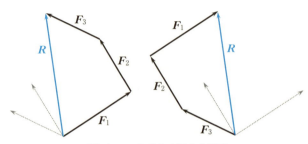

(b) 力のつなぎ合せによる図示

図 2.5　三つの力の合成

　三つの力の合成を考える．図 2.5(a) に示すように，三つの力のうち，まず二つの力を合成した後，得られた合力と残りの力を合成すればよい．この場合，最終的に得られる合力は，二つの力を合成する順序に依存せず，

$$(F_1+F_2)+F_3 = F_1+(F_2+F_3) \tag{2.12}$$

のように交換法則が成り立つ．また，図 2.5(b) の左図に示すように F_1 から順に F_3 までつなぎ合わせれば，合力は F_1 の始点と移動した F_3 の終点を結ぶベクトルとしても与えられる．この場合も，つなぎ合わせる順番に依存せず，例えば，右図のように F_3 から順に F_1 までつなぎ合わせた場合でも同一の合力に至る．

　図 2.4 のように力 F_i と x 軸とのなす角を θ_i とすれば，合力の x 方向成分および y 方向成分は

$$\left.\begin{array}{l} R_x = F_1\cos\theta_1 + F_2\cos\theta_2 + F_3\cos\theta_3 = \sum_{i}^{3} F_i\cos\theta_i \\ R_y = F_1\sin\theta_1 + F_2\sin\theta_2 + F_3\sin\theta_3 = \sum_{i}^{3} F_i\sin\theta_i \end{array}\right\} \tag{2.13}$$

のように，それぞれの力の分力の総和として求まる．したがって，合力の大きさ R と x 軸とのなす角 θ は，以下のように求まる．

$$R = \sqrt{R_x^2 + R_y^2} \tag{2.14}$$

$$\tan\theta = \frac{R_y}{R_x} \tag{2.15}$$

$$\theta = \tan^{-1}\left(\frac{R_y}{R_x}\right) \tag{2.16}$$

例題として，図 2.6 に示す四つの力の合力を求めてみよう．合力 R の x 方向成分および y 方向成分は，x 方向は右向きを正，y 方向は上向きを正として各力の分力を総和すれば

$$\left.\begin{array}{l} R_x = 10 + 15\cos 60° - 20\cos 30° - 30\cos 45° = -21.03 \\ R_y = 0 + 15\sin 60° + 20\sin 30° - 30\sin 45° = 1.78 \end{array}\right\} \tag{2.17}$$

となる．したがって，合力の大きさは，

$$R = \sqrt{R_x^2 + R_y^2} = 21.1\,\text{N} \tag{2.18}$$

となる．また，合力が x 軸となす角は

$$\theta = \tan^{-1}\left(\frac{R_y}{R_x}\right) = \tan^{-1}(-0.0846) \cong 175° \tag{2.19}$$

のように求まる．

次に，作用点が異なる力の合成を考えよう．まず，図 2.7 に示すように作用点が異なる平行でない二つの力 F_1 と F_2 を合成する．作用線上において，力を平行移動しても物体に与える影響は変化しないことから，① 二つの力の作用線を延長し，その交点に F_1 と F_2 の作用点を移動する．その後，図 2.2 に示した方法と同様に，② 移動した F_1 と F_2 を合成すれば，作用点が異なる二力の合力を得ることができる．

続いて，図 2.8 に示すように作用点が異なる平行な二つの力を合成する．平行な 2 力の作用線を延長しても交差しないため，① それぞれの作用点に大きさが等しく逆向きの力 F と $-F$ を

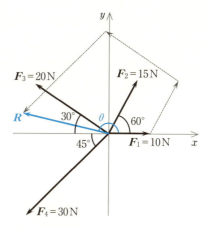

図 2.6　四つの力の合成

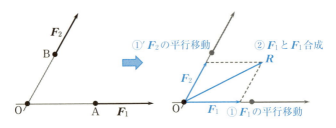

図 2.7 作用点が異なる平行でない 2 力の合成

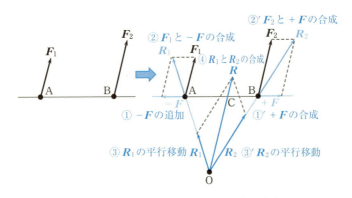

図 2.8 作用点が異なる平行な 2 力の合成

加える．当然のことながら，F と $-F$ を加えても互いに相殺するため，物体に与える影響は変化しない．② $-F$ と F_1 の合力 R_1 および F と F_2 の合力 R_2 を求める．③ 得られた平行でない R_1 と R_2 の作用線を延長し，その交点に R_1 と R_2 の作用点を移動する．④ 移動した R_1 と R_2 を合成すれば，作用点が異なる平行な F_1 と F_2 の合力 R を得る．最後に，合力 R と 2 力 F_1 および F_2 の位置との関係を考えよう．F_1 と R_1 を 2 辺とする三角形と △OAC が相似であることから，

$$F_1 : F = \text{OC} : \text{CA} \tag{2.20}$$

の比例関係が成立する．よって，

$$\text{CA} = \frac{F}{F_1} \text{OC} \tag{2.21}$$

と表せる．同様に，F_2 と R_2 を 2 辺とする三角形と △OBC が相似であることから，

$$F_2 : F = \mathrm{OC} : \mathrm{CB} \tag{2.22}$$

の比例関係が成立し，

$$\mathrm{CB} = \frac{F}{F_2}\mathrm{OC} \tag{2.23}$$

を得る．したがって，合力 $\boldsymbol{R}$ の作用線と線分 AB の交点 C は

$$\mathrm{CA} : \mathrm{CB} = \frac{F}{F_1}\mathrm{OC} : \frac{F}{F_2}\mathrm{OC} = \frac{1}{F_1} : \frac{1}{F_2} \tag{2.24}$$

の比で定められる．

2.2 モーメント

　スパナでボルトを回す場合や自転車のペダルを漕ぐ場合のように，ある点から離れて力が作用すると物体を回転させようとする力の働き，すなわちモーメント（moment）が発生する．図 2.9 に示すように，基準点 O と力の作用点 A との距離を l とし，OA と作用線が直交する場合，基準点 O に生じるモーメント M は，力と距離の積として

$$M = Fl \tag{2.25}$$

と求められ，単位は N·m である．また，モーメントは，右回り（時計回り）または左回り（反時計回り）のいずれかの向きをもつ．本書では，右回りを正，左回りを負としてモーメントを取り扱うことにする．

　図 2.10 に示すように，OA と作用線が直交しない場合に発生するモーメントを考えよう．この場合，OA 方向の力の成分は回転に寄与しないことから，基準点 O に生じるモーメントは，図 2.10(a) のように OA と直交する方向の力の成分と基準点 O までの距離の積として

$$M = F\cos\theta \times l = Fl\cos\theta \tag{2.26}$$

と求まる．一方，力は作用線上で移動しても物体に与える効果は変化しないことから，基準点 O のモーメントは，図 2.10(b) のように力と基準点 O から作用線までの距離の積としても求めることができる．

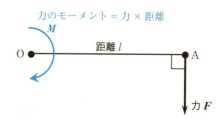

図 2.9　力のモーメント

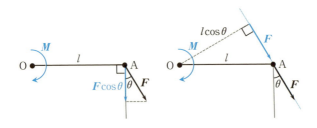

(a) 力の直交成分による計算　(b) 力の作用線上の移動による計算

図 2.10　斜め方向の力によるモーメント

$$M = F \times l\cos\theta = Fl\cos\theta \tag{2.27}$$

図 2.11 に示す二つの力 F と $-F$ のように，大きさが等しく逆向きの力の対を 偶力（couple of force）と呼ぶ．偶力は，物体を回転させる働き，すなわちモーメントを生じるが，力の向きは逆であるため物体は移動しない．それでは，偶力によるモーメントを考えてみよう．二つの力 F と $-F$ の作用点 A および作用点 B から基準点 O_1 までの距離をそれぞれ a_1, b_1 とし，右回りを正とすれば，O_1 に生じるモーメントは

$$M_1 = Fa_1 + Fb_1 = F(a_1 + b_1) = Fl \tag{2.28}$$

と計算できる．一方，基準点 O_2 までの距離をそれぞれ a_2, b_2 とすれば，異なる基準点 O_2 に生じるモーメントも，同様に

$$M_2 = Fa_2 - Fb_2 = F(a_2 - b_2) = Fl \tag{2.29}$$

と計算できる．したがって，偶力により生じるモーメント M は，力と作用線間の距離 l の積として与えられ，基準点に依存せず Fl であることがわかる．

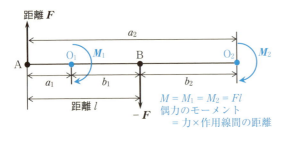

図 2.11　偶力によるモーメント

次に，図 2.12 の左図のように点 A に力 F が作用する場合，物体に及ぼす影響を変化させないで，作用点を基準点 O に移動することを考えてみよう．まず，① 中央図に示すように，基準点 O に点 A

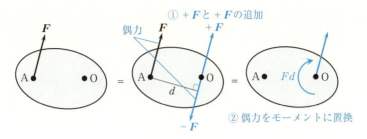

図 2.12 力の置換え

に作用する力と同じ向きの力 $+F$ と逆向きの力 $-F$ を加える．これら2力は互いに相殺するため，物体に何の影響も及ぼさない．ここで，点 A に作用する力 F と基準点 O に作用する力 $-F$ に着目すると，これらは距離 d だけ離れた偶力である．② この偶力は式 (2.28) や式 (2.29) に従って等価なモーメント Fd に置換できる．したがって，点 A に作用する力 F は，物体に及ぼす影響を変化させないで，右図のように基準点 O に作用する力 F とモーメント Fd に置き換えできることがわかる．

最後に，複数の力についてそれぞれの力のモーメントとそれらの合力のモーメントとの関係について整理しよう．図 2.13 に示すように，基準点 O から水平方向に距離 l_1 および距離 l_2 だけ離れた点に作用する垂直方向の二つの力 F_1 と F_2 を考える．作用点の異なる平行な F_1 と F_2 の合力は，図 2.8 に示した手順に従って，図 2.13 の R となる．ここで，合力の大きさは

$$R = F_1 + F_2 \qquad (2.30)$$

である．基準点 O から合力までの距離を l とすれば，式 (2.24) より

$$l - l_1 : l_2 - l = \frac{1}{F_1} : \frac{1}{F_2} \qquad (2.31)$$

が成立する．したがって，

$$F_2(l_2 - l) = F_1(l - l_1) \qquad (2.32)$$

となる．さらに，式 (2.32) を整理すれば

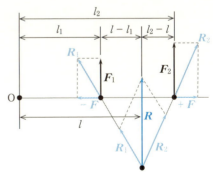

図 2.13 作用点が異なる平行な2力の合力

$$F_1 l_1 + F_2 l_2 = F_1 l + F_2 l = (F_1 + F_2) l = R l \tag{2.33}$$

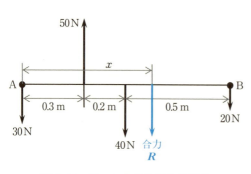

図 2.14 四つの力が作用する線分

を得る．式 (2.33) から，基準点 O まわりの 2 力のモーメントの和 $F_1 l_1 + F_2 l_2$ は，2 力の合力のモーメント $(F_1 + F_2) l$ に等しいことがわかる．

例題として，図 2.14 に示すように，長さ 1 m の線分 AB に作用する四つの力で考えてみよう．合力の大きさは，垂直上向きを正とすれば

$$R = -30 + 50 - 40 - 20 = -40 \text{ N} \tag{2.34}$$

である．点 A から合力までの距離を x とし，点 A まわりのモーメントに着目する．式 (2.33) より，それぞれの力のモーメントの和は合力のモーメントに等しいことから，右回りを正とすれば

$$-50 \times 0.3 + 40 \times 0.5 + 20 \times 1.0 = 40 \times x \tag{2.35}$$

が成り立つ．したがって，合力までの距離 x は

$$x = \frac{-15 + 20 + 20}{40} = 0.625 \text{ m} \tag{2.36}$$

のように求まる．

2.3　力とモーメントの釣合い

物体に二つ以上の力が作用しているにもかかわらず，力が作用しない場合と同じように物体が静止または運動しているとき，それらの力は 釣合い状態 (equilibrium state) にある．最も単純な釣合い状態として，図 2.15 に示す 1 点に作用する 2 力の釣合いから始めよう．同じ作用線上に大きさが等しく逆向きに作用する二つの力が釣り合うことはよく知られている．このように複数の力が釣合い状態であるとき，それらの合力は 0 となる．右向きを

図 2.15　1 点に作用する 2 力の釣合い

正とすれば，図 2.15 の場合，次式のように表される．

$$-F_1+F_2=0 \tag{2.37}$$

この釣合い状態を意味する「合力＝0」で表される式を 力の釣合い式（equilibrium equation of force）と呼ぶ．材料力学では，力の釣合い式から物体の内力や変形が導かれ，問題を解明する鍵となる重要な式である．

続いて，図 2.16 に示す 1 点に作用する 3 力の釣合いに発展させよう．このように力の作用線が異なる場合には，直交座標に対する力の分力を考え，力の方向を各座標軸の方向に整えて釣合い式を立てるのが基本である．図 2.16 のように二次元の場合，x 方向は右向き，y 方向は上向きを正とし，いずれの方向の合力も 0 であるとすれば，

$$\left. \begin{array}{ll} x\text{方向} & F_1\cos\theta_1 - F_2\cos\theta_2 = 0 \\ y\text{方向} & F_1\sin\theta_1 + F_2\sin\theta_2 - F_3 = 0 \end{array} \right\} \tag{2.38}$$

のように力の釣合い式を得る．これより，例えば 3 力の大きさがすべて既知である場合には，3 力が釣り合うための角度 θ_1 および角度 θ_2 を決定することができる．あるいは，二つの角度と一つの力が既知である場合には，これに釣り合う残り 2 力の大きさを求めることもできる．

次に，具体的な物体を対象にして力の釣合いを考えてみよう．図 2.17(a) に示すように床上に静止した球に重力が作用するものとする．このとき，重力 W により球が床を押す力と床が球を押し返す力 R には 作用・反作用の法則（action-reaction law）が成立し，二つの力は大きさが等しく逆向きとなる．なお，床が球を押し返す力を 反力（reaction force）（または 支持力（supporting force））と呼ぶ．球に作用するすべての力を図示すると，図 2.17(b) となる．このように，物体に作用するすべての力を図示したものを 自由体図（free body diagram）と呼ぶ．力は，作用線上で移動しても物体に

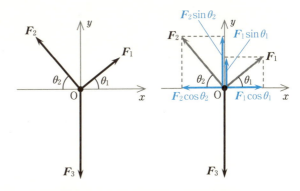

図 2.16　1 点に作用する 3 力の釣合い

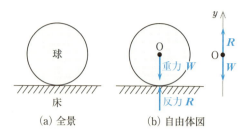

図 2.17 床上に静止する球

与える効果は変化しないことから，重力と反力の作用点を球の中心 O に移動すれば，図 2.17 (b) の右図となる．これより，球が釣合い状態にある場合，上向きを正とすれば力の釣合い式は

$$R - W = 0 \tag{2.39}$$

となる．球の重力が既知であれば，

$$R = W \tag{2.40}$$

のように反力を知ることができる．

続いて，**図 2.18**(a) に示すように，垂直で摩擦のない壁から軽い糸で吊るされた球が壁と接触して釣合い状態にある場合を考える．球の重力を W，壁に生じる反力を R，糸の張力を T とすれば，図 2.18(b) の自由体図を得る．したがって，水平方向と糸がなす角を θ とすると，力の釣合い式は

$$-R + T\cos\theta = 0, \quad T\sin\theta - W = 0 \tag{2.41}$$

となる．これより，球の重力や糸の角度が既知であれば，

$$T = \frac{W}{\sin\theta}, \quad R = T\cos\theta = \frac{W}{\tan\theta} \tag{2.42}$$

のように糸の張力や壁の反力を知ることができる．

図 2.19(a) に示すように，滑らかな垂直な壁と水平方向と角度 θ をなす滑ら

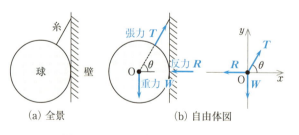

図 2.18 壁から糸で吊るされた球

かな斜面に挟まれて静止する球を考える．物体の重力を W，垂直な壁に生じる反力を R_A，斜面に生じる反力を R_B とすれば，図 2.19(b) の自由体図を得る．したがって，力の釣合い式は

$$-R_B\sin\theta + R_A = 0, \quad R_B\cos\theta - W = 0 \tag{2.43}$$

2.3 力とモーメントの釣合い

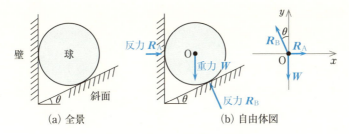

図 2.19 壁と斜面に挟まれた球

となる．これより，物体の重力や斜面の角度が既知であれば，

$$R_B = \frac{W}{\cos\theta}, \quad R_A = R_B \sin\theta = W\tan\theta \tag{2.44}$$

のように斜面と壁に生じる反力を知ることができる．

最後に，図 2.20 に示すシーソーの釣合い状態を考えよう．左端 A に重力 W のおもりを載せ，右端 B に力 F を加えたところ，シーソーは釣り合って静止した．支持点 O から左端 A および右端 B までの距離をそれぞれ a, b とする．支持点 O に作用する地面からの反力を R とすれば，力の釣合い式は

$$-W - F + R = 0 \tag{2.45}$$

となる．一方，シーソーは支持点 O を中心として回転する可能性もあることから，モーメントの釣合い (equilibrium of moment) も考える必要がある．モーメントについても，力と同様に，それらが釣り合っている状態では合モーメントが 0，すなわち「合モーメント = 0」となる．したがって，図 2.20 のシーソーの場合，支持点 O まわりのモーメントの釣合い式は，右回りを正として

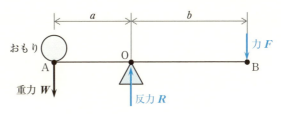

図 2.20 おもりの重力と力が作用するシーソーの釣合い

$$\text{点 O まわり} \quad -Wa + Fb = 0 \tag{2.46}$$

と表される．例えば，おもりの重力が既知である場合，式 (2.45) および式

(2.46) を連立すれば，

$$F = \frac{a}{b}W, \quad R = \frac{a+b}{b}W \tag{2.47}$$

のように右端 B に加えるべき力 F や支持点 O に生じる反力を求めることができる．なお，モーメントの釣合い式は，モーメントの基準点に依存せず，いずれの点で釣合いを考えても等価である．例えば，左端 A を基準としたモーメントの釣合い式は，

$$\text{点 A まわり} \quad -Ra + F(a+b) = 0 \tag{2.48}$$

となる．さらに，右端 B を基準としたモーメントの釣合い式は，

$$\text{点 B まわり} \quad -W(a+b) + Rb = 0 \tag{2.49}$$

となる．いずれの式も力の釣合い式 (2.45) と連立すれば，基準点に依存せず，式 (2.47) と同じ解に至る．

2.4 重　心

重心（center of gravity）とは，物体に作用する重力が 1 点に集中したと考えた場合の点である．円や長方形のように対称性をもつ形状において重心は中心と一致するが，三角形や台形のように対称性をもたない形状で重心を特定するには，積分計算が必要となる．ここでは，図 2.21 に示す航空機の主翼断面を例として，重心の位置を考えよう．主翼の全重力を W，基準点 O から重心 G までの距離を x_G とする．主翼の断面は，下面より上面の方が大きく膨らんだ流線形状をもつ．この上下非対称な形状により，水平方向に流れる空気の流速は下面より上面のほうが大きく，流速が大きいほど圧力は低下するため，下面より上面の圧力が低くなって垂直方向に浮き上がる力，すなわち揚力（life force）を得る．

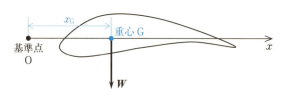

図 2.21　航空機の主翼断面

図 2.22 に示すように，複雑な形状を有する主翼断面の形状を幅 Δx の長方形に細かく分割して単純化する．それぞれの長方形に作用する重力を

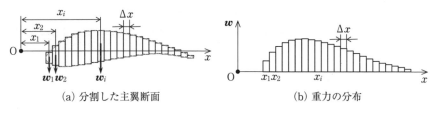

(a) 分割した主翼断面　　　(b) 重力の分布

図 2.22　有限個の細長い長方形に分割した主翼断面

w_i，基準点 O から長方形の中心までの距離を x_i とする．主翼に作用する全重力 W は，それぞれの長方形の重力の合力として

$$W = w_1 + w_2 + \cdots = \sum_i w_i \tag{2.50}$$

と与えられる．一方，それぞれの長方形の重力が基準点 O まわりに生じる全モーメント M は，

$$M = w_1 x_1 + w_2 x_2 + \cdots = \sum_i w_i x_i \tag{2.51}$$

と与えられる．ここで，式 (2.33) で表されたように，合力 W のモーメントは分力 w_i のモーメントの総和 M に一致することから，

$$W x_G = M \tag{2.52}$$

の関係が成り立つ．したがって，基準点 O から重心 G までの距離 x_G は

$$x_G = \frac{M}{W} = \frac{\sum_i w_i x_i}{\sum_i w_i} \tag{2.53}$$

となる．滑らかな流線形状を有限個の細長い長方形に分割して単純化していることから，上記の計算では誤差が含まれる．誤差をなくすためには，長方形の幅を限りなく小さくして無限個の微小領域を考え，それらの重力やモーメントを総和すればよい．ここで，図 2.23 に示すように，微小領域の幅を dx，微小

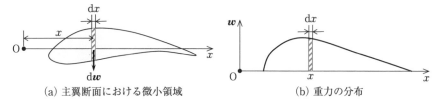

(a) 主翼断面における微小領域　　　(b) 重力の分布

図 2.23　微小領域で考えた主翼断面

領域に作用する重力を dw，基準点 O から微小領域までの距離を x とする．主翼に作用する全重力 W と基準点 O まわりのモーメント M は，無限個の微小領域の総和として

$$W = \int dw \tag{2.54}$$

$$M = \int x\, dw \tag{2.55}$$

のように積分計算で与えられる．式(2.54) および 式(2.55) は，それぞれ有限個の総和の場合の 式(2.50) および 式(2.51) に相当する．

物体に作用する重力は，「重力＝密度×体積×重力加速度」で与えられる．ここで，密度を ρ，重力加速度の大きさを g，微小部分の体積を dV とすれば，微小領域に作用する重力は，

$$dw = \rho \times dV \times g = \rho g\, dV \tag{2.56}$$

と表される．したがって，重心 G までの距離 x_G は

$$x_G = \frac{M}{W} = \frac{\int x\, dw}{\int dw} = \frac{\rho g \int x\, dV}{\rho g \int dV} = \frac{\int x\, dV}{V} \tag{2.57}$$

となる．なお，V は全体積を意味する．

それでは，式(2.57) を使って様々な形状の重心の位置を求めてみよう．最も簡単な形状として，図 2.24 に示す長さ a，幅 b，厚さ t の直方体（長方形）について，基準点 O から重心 G までの水平方向の距離 x_G を求める．直方体の全体積は $V = abt$，図中斜線で示した微小領域の

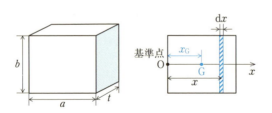

図 2.24 直方体（長方形）の重心

体積は $dV = bt\, dx$ であるから，x_G は

$$x_G = \frac{\int x\, dV}{V} = \frac{bt \int_0^a x\, dx}{abt} = \frac{1}{a}\left[\frac{x^2}{2}\right]_0^a = \frac{a}{2} \tag{2.58}$$

のように求められ，重心は中心に一致することがわかる．

続いて，図 2.25 に示す高さ a，底辺 b，厚さ t の三角柱（三角形）の重心を

考える.基準点 O から x 離れた位置での底辺を
$$b(x) = px + q \tag{2.59}$$
とおく.式(2.59) は
$$b(0) = q = 0, \quad b(a) = pa + q = b \tag{2.60}$$
を満足することから,
$p = b/a$, $q = 0$ と定まる.
したがって,位置 x での
底辺は
$$b(x) = \frac{b}{a}x \tag{2.61}$$

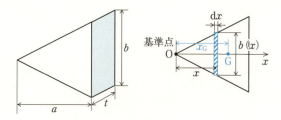

図 2.25 三角柱(三角形)の重心

と表せる.三角柱の全体積
は $V = abt/2$,図中斜線
で示した微小領域の体積は
$$dV = b(x)t\,dx = \frac{bt}{a}x\,dx \tag{2.62}$$
であるから,x_G は
$$x_G = \frac{\int x\,dV}{V} = \frac{\int_0^a \frac{bt}{a}x^2\,dx}{\frac{1}{2}abt} = \frac{2}{a^2}\left[\frac{x^3}{3}\right]_0^a = \frac{2}{3}a \tag{2.63}$$
と求まる.

次に,図 2.26 に示す高
さ a,底面の半径 r の三
角すいの重心を考える.
基準点 O から x 離れた位
置での半径を
$$r(x) = px + q \tag{2.64}$$

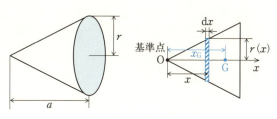

図 2.26 三角すいの重心

とおく.式(2.64) は
$$r(0) = q = 0, \quad r(a) = pa + q = r \tag{2.65}$$
を満足することから,$p = r/a$, $q = 0$ と定まる.したがって,位置 x での半
径は
$$r(x) = \frac{r}{a}x \tag{2.66}$$

と表せる．図中斜線で示した微小領域の体積は

$$dV = \pi\{r(x)\}^2 dx = \frac{\pi r^2}{a^2} x^2 dx \tag{2.67}$$

であるから，x_G は

$$x_G = \frac{\int x\,dV}{\int dV} = \frac{\int_0^a \frac{\pi r^2}{a^2} x^3 dx}{\int_0^a \frac{\pi r^2}{a^2} x^2 dx} = \left[\frac{x^4}{4}\right]_0^a \bigg/ \left[\frac{x^3}{3}\right]_0^a = \frac{3}{4}a \tag{2.68}$$

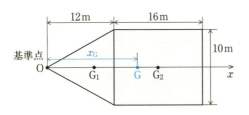

図2.27 三角形と長方形を組み合わせた形状の重心

と求まる．

最後に，簡単な図形を組み合わせた形状について重心を求めてみよう．図 2.27 に示すように，三角形と長方形を組合せた形状について，基準点 O から重心 G までの距離 x_G を求めよう．厚さを 1 とすれば，三角形および長方形の体積は，それぞれ $V_1 = 60\,\mathrm{m}^3$，$V_2 = 160\,\mathrm{m}^3$ である．式(2.63)および式(2.58)により三角形および長方形の重心は $\mathrm{OG}_1 = 8\,\mathrm{m}$，$\mathrm{OG}_2 = 20\,\mathrm{m}$ となる．重心が明らかな図形を組み合わせた形状の場合は，式(2.57)ではなく，合力 W のモーメントは分力 w_i のモーメントの総和に一致することを表した最初の式(2.52)を用いたほうが計算しやすい．式(2.52)を本問題に適用すると，

$$(V_1 + V_2) \times x_G = V_1 \times \mathrm{OG}_1 + V_2 \times \mathrm{OG}_2 \tag{2.69}$$

となる．したがって，x_G は

$$x_G = \frac{V_1 \times \mathrm{OG}_1 + V_2 \times \mathrm{OG}_2}{(V_1 + V_2)} = \frac{60 \times 8 + 160 \times 20}{220} = 16.7\,\mathrm{m} \tag{2.70}$$

と求まる．なお，式(2.57)を用いた場合は

$$x_G = \frac{\int x\,dV}{V} = \frac{\int_0^{12} \frac{5}{6} x^2 dx + \int_{12}^{28} 10x\,dx}{(V_1 + V_2)} = \frac{\frac{5}{6}\left[\frac{x^3}{3}\right]_0^{12} + 10\left[\frac{x^2}{2}\right]_{12}^{28}}{220}$$
$$= 16.7\,\mathrm{m} \tag{2.71}$$

となる.

続いて，図 2.28 に示すように長方形に正方形の穴を開けた形状について重心を求めよう．厚さを 1 m，穴のない長方形および正方形の体積をそれぞれ V_1, V_2, 基準点 O から穴のない長方形および正方形の重心までの距離を OG_1, OG_2 とし，式 (2.52) を適用すると，

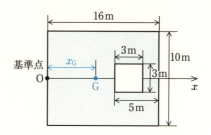

図 2.28　長方形に正方形の穴を開けた形状の重心

$$V_1 \times OG_1 = (V_1 - V_2) \times x_G + V_2 \times OG_2 \tag{2.72}$$

を得る．左辺は穴のない長方形のモーメント，右辺の第一項は穴を開けた長方形のモーメント，第二項は正方形のモーメントを意味する．したがって，x_G は

$$x_G = \frac{V_1 \times OG_1 - V_2 \times OG_2}{(V_1 - V_2)} = \frac{160 \times 8 - 9 \times 12.5}{160 - 9} = 7.73 \text{ m} \tag{2.73}$$

と求まる．なお，式 (2.57) を用いた場合は

$$x_G = \frac{\int x \, dV}{V} = \frac{\int_0^{11} 10 \, x \, dx + \int_{11}^{14} 7 x \, dx + \int_{14}^{16} 10 x \, dx}{(V_1 - V_2)}$$

$$= \frac{10 \left[\frac{x^2}{2}\right]_0^{11} + 7 \left[\frac{x^2}{2}\right]_{11}^{14} + 10 \left[\frac{x^2}{2}\right]_{14}^{16}}{160 - 9} = 7.73 \text{ m} \tag{2.74}$$

となる．

第3章 応力とひずみ

　機械や構造物を使用環境下で壊れず安全に稼動させるためには，それらを構成する部材が破壊しないように十分な 強度（strength）をもち，過大な変形（寸法変化）を生じない適切な 剛性（stiffness）を備えるように，部材の材料と寸法，形状を決定する必要がある．強度とは，材料が破壊しないで耐えられる最大の応力を意味する．また，剛性とは外部からの力に対する変形のしづらさの度合い，すなわち，材料を単位変形させるのに必要な力を意味する．剛性が高い材料は力に対して，変形しにくく，剛性が低い材料は変形しやすい．材料力学では，応力（stress）と ひずみ（strain）を指標とし，部材の強度や剛性を評価して機械や構造物を設計する．

　本章では，材料力学 の基盤となる応力と ひずみ，およびそれらの関係について解説する．まず，3.1 節では部材に作用する 外力（external force）と内部に生じる 内力（internal force）について学んだのち，3.2 節で応力，3.3 節で ひずみ，3.4 節で応力と ひずみとの関係を学習する．最後に，3.5 節で機械や構造物の設計に必要な 許容応力（allowable stress）と 安全率（safety factor）についても学ぶ．

3.1 外力と内力

　機械や構造物を構成する部材は，用途や使用条件に応じて外部から様々な力を受ける．外部の影響によって部材に作用する力を 外力（external force）と呼ぶ．図3.1 に示すように，外力の分布様式によって，

- 集中外力（concentrated force）
- 分布外力（distributed force）

に大別できる．集中外力は1点に集中して作用し，単位には [N] を用いる．一方，分布外力はある範囲に分布して作用し，一様に分布している場合は 等分

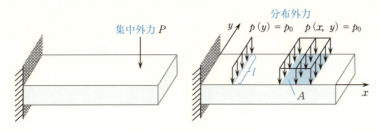

図 3.1 集中外力と分布外力

布外力と呼ばれる．分布する範囲が線上であれば単位長さ当たりの力 [N/m]，平面上であれば単位面積当たりの力 [N/m^2] として定義される．分布する全外力の合計は，線積分や面積分として計算できる．図3.1に示すような等分布外力の場合，分布長さを l，分布面積を A とすれば，分布外力の合計 P は次式のように求まる．

$$P = \int p(y)\,\mathrm{d}y = p_0 l \tag{3.1}$$

$$P = \iint p(x, y)\,\mathrm{d}x\mathrm{d}y = p_0 A \tag{3.2}$$

外力が作用する領域に着目すると，

- 表面力（surface force）
- 物体力（body force）

に大別できる．表面力は，図3.1のように部材の表面に作用する外力である．物体力は，重力や遠心力，慣性力などのように質量に比例して部材内部に作用する力である．

外力が作用する速度によって分類すると，

- 静的外力（static force）
- 動的外力（dynamic force）

のように整理できる．静的外力は，時間に依存せず一定で，静止している外力である．動的外力は，時間経過に応じて変動する．急激に作用する衝撃外力（impact force）や周期的に変化する繰返し外力（cycle force）がある．

部材に及ぼす効果によって外力を大別すると，

- 引張力 (tensile force)
- 圧縮力 (compressive force)
- せん断力 (shear force)
- トルク (torque) または ねじりモーメント (torsional moment)
- 曲げモーメント (bending moment)

の五つに分類される．それぞれの外力を **図3.2**に示す．(a)および(b)は棒の軸方向に作用し，軸力 (axial force) と呼ぶ．棒を伸ばす，すなわち棒の長さを増加させる軸力が引張力，逆に棒を縮める，すなわち棒の長さを減少させる軸力が圧縮力である．(c)は，棒の軸に対して垂直な方向に作用するせん断力である．(d)は，棒の軸まわりにねじるように作用し，トルクまたはねじりモーメントと呼び，動力を伝達する回転軸に作用する．平面的に図示する場合，トルクは力と区別して二重矢印で表す．二重矢印の向きは，トルクによって右ねじが進む向きに図示する．(e)は，曲げモーメントであり，はりに作用

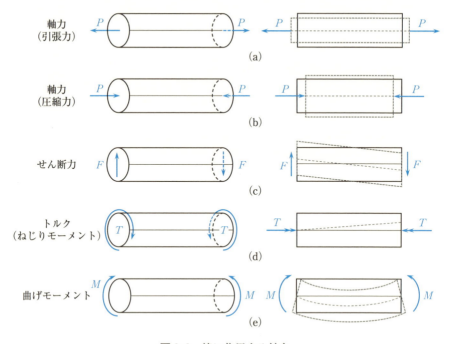

図3.2 棒に作用する外力

する．(a)から(c)の軸力と せん断力は力で，単位は [N] である．一方，(d)および(e)のトルクおよび曲げモーメントはモーメントで，単位は [N·m] である．

外力が作用する部材を仮想的な断面で切断し，内部の力の状態を考えてみよう．**図 3.3** に，引張力 P が作用する棒の場合を示す．切断されたそれぞれの棒が外力と釣り合っていることから，切断面には青矢印で図示した力が存在する．このように，部材内部で生じる力 Q を 内力（internal force）と呼ぶ．二つの切断面の内力は，作用・反作用の関係にあり，大きさが等しく向きが逆向きである．図 3.3 の自由体図より，切断されたそれぞれの棒に対して，右向きを正の方向として力の釣合いを考えれば

$$-P+Q=0, \quad -Q+P=0 \tag{3.3}$$

を得る．これより，引張力が作用する棒に生じる内力は，

$$Q=P \tag{3.4}$$

と求まる．内力は，強度評価において重要な指標となる応力を評価するのに必要であり，応力については次節で詳しく述べる．

同様に，その他の外力が作用した場合に生じる内力も考えてみよう．**図 3.4** に，圧縮力 P が作用する棒の場合を示す．なお，図中に青矢印で示した内力の向きは，外力との釣合いを考えると逆向きであるが，複雑な問題では内力の向きを事前に知ることは困難である．そこで，軸力が作用する場合，内力は仮

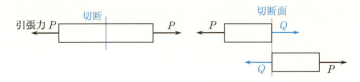

図 3.3 引張力が作用する棒

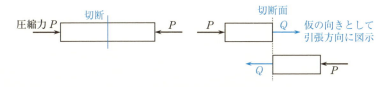

図 3.4 圧縮力が作用する棒

の向きとして切断面から外向き，すなわち，引張方向に図示しておく．自由体図より，力の釣合い式は

$$P+Q=0, \quad -Q-P=0 \tag{3.5}$$

となり，圧縮力が作用する棒に生じる内力は

$$Q=-P \tag{3.6}$$

と求まる．釣合い式から導かれた力が正の場合は，自由体図に示された矢印のとおりの向きに力が作用することを意味する．これに対して，負の場合は，図示された矢印の逆向きに力が作用する．したがって，式(3.6)の内力は，図3.3の矢印の逆向き，すなわち圧縮方向に作用することがわかる．前述のように，釣合い式を解く前に自由体図において未知の内力の向きを正しく図示するのは困難であるため，仮の向きで図示し，釣合い式から得られた結果の符号により正しい力の向きを理解する．軸力の場合，仮の向きを引張方向に定めれば，引張りの場合に正，圧縮の場合に負となり，引張力を正，圧縮力を負とする一般的な表記にも合致し，わかりやすい．

次に，図3.5にせん断力 F が作用する棒の場合を示す．切断されたそれぞれの棒が外力と釣り合っているならば，切断面には青矢印で図示した断面に平行な内力 F' が存在する．上向きを正の方向とすれば，自由体図より力の釣合い式は

$$F-F'=0, \quad F'-F=0 \tag{3.7}$$

となり，せん断力が作用する棒に生じる内力は

$$F'=F \tag{3.8}$$

と求まる．

続いて，図3.6にトルク T が作用する棒の場合を示す．切断されたそれぞれの棒が外力と釣り合っているならば，切断面には青矢印で図示した内部のトルク T' が存在する．右向きを正の方向とすれば，自由体図よりトルクの釣合

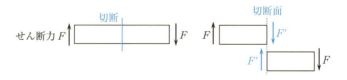

図3.5　せん断力が作用する棒

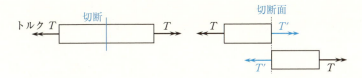

図 3.6 トルク（ねじりモーメント）が作用する棒

い式は
$$-T+T'=0, \quad -T'+T=0 \tag{3.9}$$
となり，トルクが作用する棒に生じる内部のトルクは
$$T'=T \tag{3.10}$$
と求まる．

最後に，**図 3.7** に曲げモーメント M が作用する棒の場合を示す．切断されたそれぞれの棒が外力と釣り合っているならば，切断面には青矢印で図示した内部の曲げモーメント M' が存在する．右回り（時計の針の進む向き）を正の方向とすれば，自由体図より モーメントの釣合い 式は
$$M-M'=0, \quad M'-M=0 \tag{3.11}$$
となり，曲げモーメントが作用する棒に生じる内部の曲げモーメントは
$$M'=M \tag{3.12}$$
と求まる．なお，上記では，単一の外力が作用した場合について内力を考えたが，複数の異なる外力が作用した場合には，外力に応じて内力もそれらの組合せで発生する．

次に，問題を少し発展させて，複数の外力が作用し，壁に固定されて支持力も発生する場合の内力を考えてみよう．一例として，**図 3.8** に示すように，左端の点 A が壁に固定されて点 B に外力 P_1，右端の点 C に外力 P_2 が作用する棒に生じる内力を求める．AB 間および BC 間では，二つの外力の影響が異な

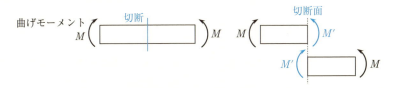

図 3.7 曲げモーメントが作用する棒

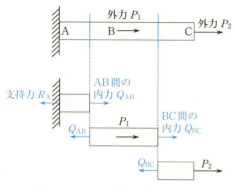

図 3.8 二つの外力が作用する棒

ることから，これら二つの区間では異なる内力が発生する．そこで，それぞれの区間で仮想的な断面で切断し，AB 間および BC 間に生じる内力としてそれぞれ Q_{AB}, Q_{BC} を考える．また，左端の点 A には壁が棒を固定しようとする支持力 R_A が生じる．これらを考慮した図 3.8 の下図の自由体図から，三つに切断された棒の各部に対して，力の釣合い式

$$-R_A + Q_{AB} = 0, \quad -Q_{AB} + P_1 + Q_{BC} = 0, \quad -Q_{BC} + P_2 = 0 \tag{3.13}$$

を得る．これより，AB 間および BC 間に生じる内力 Q_{AB}, Q_{BC} および支持力 R_A は，

$$Q_{AB} = P_1 + P_2, \quad Q_{BC} = P_2, \quad R_A = P_1 + P_2 \tag{3.14}$$

と求まる．

　断面を細かく領域分けして各領域に作用する内力を考えてみよう．これまでの自由体図では，断面内における内力の分布は考えず，単純に断面に作用する内力を合力として図示したが，外力が作用する近傍領域では，内力は一様ではなく断面内で変化する．しかし，外力の作用点から十分離れた断面での内力の状態は，外力の作用形態による影響をほとんど受けないことが サン・ブナンの原理（Saint Venant's principle）として知られている．例えば，図 3.9 のように丸棒の中心に集中外力を作用させた場合，作用点近傍の断面では内力は中心で大きくなるが，作用点からある程度（断面の最大寸法ぐらい）離れた断面ではほぼ一様に分布する．棒に軸力またはせん断力が作用する問題（単純応力問題）

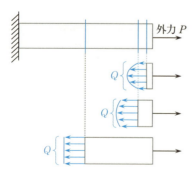

図 3.9 断面内における内力の分布

では，内力は断面内においてほぼ一様に分布している状態を仮定し，これまでの自由体図のように断面に作用する内力の合力を取り扱う．

3.2 応 力

3.1 節の図 3.3 および図 3.4 では，棒に引張力や圧縮力が作用する場合の内力を求めた．しかし，機械や構造物を構成する部材の寸法は大小様々であり，外力によって同じ大きさの内力が生じた場合であっても，棒の太さに応じて強度や剛性に及ぼす効果は異なる．そこで，次式のように単位面積当たりに作用する内力

$$\sigma = \frac{Q}{A} \tag{3.15}$$

を指標に用いる．ここで，Q は棒の垂直断面に作用する内力 [N]，A は棒の断面積 [m^2] である．σ（シグマと読む）は 応力 と呼び，単位は [N/m^2] = [Pa]（パスカルと読む）である．図 3.3 および図 3.4 において，内力は断面に対して垂直に作用することから，σ は 垂直応力（normal stress）と呼ばれる．また，内力と同様に，σ は引張状態では正で 引張応力（tensile stress），圧縮状態では負で 圧縮応力（compressive stress）と呼ばれる．

一方，3.1 節の図 3.5 では，棒にせん断力が作用する場合の内力を求めたが，上記の引張力や圧縮力と同様に，同じ大きさの内力であっても，棒の断面積に応じて強度や剛性に及ぼす効果は異なる．この場合も，次式のように単位面積当たりに作用する内力

$$\tau = \frac{F'}{A} \tag{3.16}$$

を指標に用いる．ここで，F' は棒の垂直断面に対して平行に作用する内力 [N]，A は棒の断面積 [m^2] である．τ（タウと読む）は，せん断応力（shear stress）と呼ばれ，その単位は垂直応力と同じく [N/m^2] = [Pa] である．

図 3.6 のトルクが作用する場合には，棒の断面にはせん断応力が発生する．また，図 3.7 の曲げモーメントが作用する場合には，垂直応力（はりでは，曲げ応力と呼ぶ）とせん断応力が発生する．したがって，上記の垂直応力とせん断応力は，図 3.2 に示したあらゆる外力が作用した場合にも指標として用い

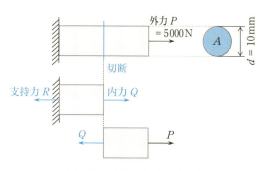

図 3.10 引張力を受ける丸棒

られる．なお，トルクが作用する場合は第 5 章，曲げモーメントが作用する場合は第 6 章で詳しく解説する．

式(3.15)に示した垂直応力の定義を踏まえて，**図 3.10** に示すように，丸棒の左端を壁に固定して引張外力を作用させた場合を例として垂直応力を実際に計算してみよう．丸棒の直径を $d=10$ mm，引張力を $P=5$ kN とする．まず，丸棒の垂直断面に生じる内力を求める．図 3.10 の自由体図から，力の釣合い式

$$-R+Q=0, \quad -Q+P=0 \tag{3.17}$$

が成立する．これより，丸棒に生じる内力および支持力は

$$Q=P, \quad R=P \tag{3.18}$$

と求まる．式(3.15)より丸棒に生じる垂直応力は

$$\sigma = \frac{Q}{A} = \frac{P}{\pi\left(\dfrac{d}{2}\right)^2}$$

$$= \frac{5000}{3.14159\times(5\times10^{-3})^2} \text{ N/m}^2 = 63.7\times10^6 \text{ Pa} = 63.7 \text{ MPa} \tag{3.19}$$

と算出できる．ここで，丸棒の直径を 10 mm から減少させた場合の垂直応力の変化を**図 3.11** に示す．直径を減少させても内力は不変であるが，丸棒が細くなって断面積が小さくなるにつれ，垂直応力は増大することがわかる．このとき，丸棒の材料の強度，す

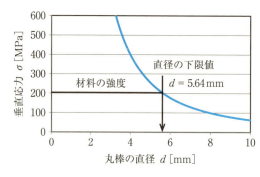

図 3.11 丸棒に生じる垂直応力と直径との関係

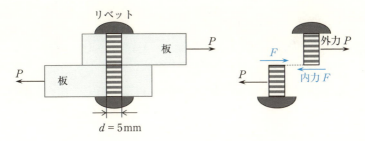

図3.12 リベットで結合された2枚の板の引張り

なわち耐えることのできる最大の応力を仮想的に200 MPaとすれば，この応力値に達する直径は5.64 mmと逆算され，本外力条件における直径の下限値を得ることができる．

次に，せん断力が作用する典型的な事例として，図3.12に示すように2枚の板を上下に重ねて穴を開け，リベットで結合して上下の板に引張力を作用させた場合を考えよう．リベットの せん断強度が $\tau_U = 100$ MPaであり，リベットの断面形状が直径 $d=5$ mmの円であるとき，リベットが破断に至る限界の引張力 P_{cr} を求めよう．図3.12の自由体図より，力の釣合い 式は

$$-P+F=0, \quad -F+P=0 \tag{3.20}$$

となり，リベットに生じる せん断力は

$$F=P \tag{3.21}$$

である．式(3.16)よりリベットに生じる せん断応力は，

$$\tau = \frac{F}{A} = \frac{P}{\pi\left(\dfrac{d}{2}\right)^2} \tag{3.22}$$

と表せる．せん断応力がその強度に達するとリベットが破断することから，限界の引張力は，

$$P_{cr} = \pi\left(\frac{d}{2}\right)^2 \tau_U$$
$$= 3.14159 \times (2.5 \times 10^{-3})^2 \times 100 \times 10^6 = 1.96 \times 10^3 \text{ N} \tag{3.23}$$

となる．

続いて，せん断力が作用する新たな事例として，図3.13に示すようにパンチによる板の穴あけ加工において板に生じる せん断応力を考える．外径 d の

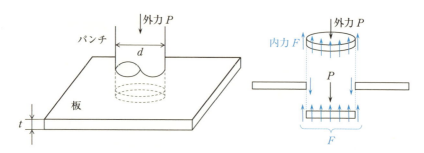

図 3.13 パンチによる板の穴あけ加工

パンチを外力 P で押し当てて板に円形の穴をあける．図 3.13 の自由体図より，式(3.20)と同じ釣合い式が成立し，板に生じる せん断力も $F=P$ となる．したがって，式(3.16)より板に生じる せん断応力は，次式のように表せる．

$$\tau = \frac{F}{A} = \frac{P}{\pi d t} \tag{3.24}$$

上記では内力が最も単純な場合，すなわち，図 3.3〜図 3.5 のように断面に対して内力が垂直または平行に作用し，断面内において内力が一様に分布する場合（単純応力問題）について，垂直応力と せん断応力の定義を示した．ここでは，**図 3.14** に示すように任意の断面において任意の方向に内力が生じている一般的な場合について，垂直応力と せん断応力の定義を説明する．断面内の微小領域 dA に作用する内力 dQ の垂直成分を dq，平行成分を df とすれば，垂直応力 σ およびせん断応力 τ は面積 dA を 0 に近づけたときの極限として

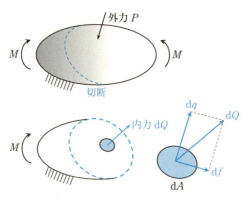

図 3.14 任意の断面に生じる応力

$$\sigma = \lim_{dA \to 0} \frac{dq}{dA} \tag{3.25}$$

$$\tau = \lim_{dA \to 0} \frac{df}{dA} \tag{3.26}$$

と定義される．これにより位置によって変化する応力の分布を考えることができる．当然のこ

とながら，応力値は切断する断面の方向にも依存する．このような三次元物体における様々な方向の応力の取扱いについては，第10章で詳しく解説する．

3.3 ひずみ

3.2節では，部材の断面積が異なる場合の内力の評価指標として応力を解説した．本節では，長さが異なる場合の伸びの評価を考えよう．材料と断面積が同じである二つの棒に引張力が作用して同じ大きさの内力が発生している状態でも，棒の長さが異なれば，二つの棒に生じる伸びも異なる．このような場合，単位長さ当たりの伸びとして定義される ひずみ が変形の指標として用いられる．図 3.15 に示すように，引張力 P によって長さ l_0，直径 d_0 の円形断面を有する丸棒が変形し，長さが l_1，断面の直径が d_1 に変化した場合，ひずみは

$$\varepsilon = \frac{l_1 - l_0}{l_0} = \frac{\Delta l}{l_0} \tag{3.27}$$

と定義される．ここで，Δl は棒の伸びである．ε（イプシロンと読む）は，伸びを長さで割ったものであり，無次元である．ε は 垂直ひずみ (normal strain) と呼ばれる．

一般に，材料を縦方向に引っ張ると横方向に縮む．逆に，縦方向に圧縮すると横方向に膨らむことが知られ，このような現象は ポアソン効果 (Poisson's effect) と呼ばれる．ここで，丸棒の直径変化に着目すると，式(3.27)と同じく，寸法に対する変形の割合として

$$\varepsilon' = \frac{d_1 - d_0}{d_0} = \frac{\Delta d}{d_0} \tag{3.28}$$

のような ひずみも定義できる．軸力の方向に生じる 式(3.27)の垂直ひずみを 縦ひずみ (longitudinal strain)，軸力の直角方向に生じる 式(3.28)の垂直ひずみを 横ひずみ (transverse strain) と呼ぶ．縦ひずみに対する横ひずみの比率

$$\nu = -\frac{\varepsilon'}{\varepsilon} \tag{3.29}$$

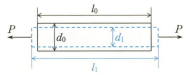

図 3.15　引張力を受けて変形する丸棒

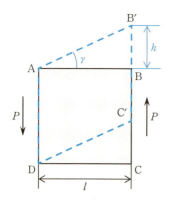

図 3.16 せん断力を受けて変形する部材

は，材料固有の値となり，ポアソン比 (Poisson's ratio) と呼ばれる．ν (ニューと読む) は無次元である．縦方向に引張力を加えた場合，縦ひずみは正，横ひずみは負となる．また，縦方向に圧縮力を加えた場合は，両ひずみの符号は反転する．いずれの場合でも縦ひずみと横ひずみは異符号であるため，ν の定義式 (3.29) にはマイナスが付く．

続いて，せん断力が作用する場合の変形を考えよう．長さ l の部材にせん断力が作用し，図 3.16 に示すように長方形 ABCD から平行四辺形 AB′C′D に変形した．このとき，頂点 B および頂点 C は h だけ上方の B′ および C′ に移動する．なお，外力が作用して点の位置が変化した際の移動量を変位 (displacement) と呼ぶ．部材に同じせん断力が作用しても，部材の長さが異なれば変位 h も異なる．このような場合も，次式のように定義されるひずみが変形の指標として用いられる．

$$\gamma = \frac{h}{l} \tag{3.30}$$

ここで，γ (ガンマと読む) は，せん断変形に対する指標であり，せん断ひずみ (shear strain) と呼ぶ．一方，式 (3.30) は図 3.16 に示す幾何学的な関係より

$$\frac{h}{l} = \tan\gamma \approx \gamma \tag{3.31}$$

と書き換えられ，せん断ひずみ γ は $\angle \mathrm{BAB'}$ に相当することがわかる．

最後に，前述の図 3.15 において，変形前の丸棒の長さを $l_0 = 0.200$ m，直径を $d_0 = 0.01$ m，ポアソン比を $\nu = 0.3$ とし，変形後の長さを $l_1 = 0.201$ m とした場合について，具体的にひずみを計算してみよう．まず，棒の伸びは，

$$\Delta l = l_1 - l_0 = 0.001 \text{ m} = 1.0 \times 10^{-3} \text{ m} \tag{3.32}$$

であることから，丸棒に生じた縦ひずみは，垂直ひずみの定義式 (3.27) に基づいて

$$\varepsilon = \frac{l_1 - l_0}{l_0} = \frac{\Delta l}{l_0} = \frac{1.0 \times 10^{-3}}{0.2} = 5.0 \times 10^{-3} \tag{3.33}$$

と計算される．一方，丸棒に生じた横ひずみは，式(3.29)より

$$\varepsilon' = -\nu\varepsilon = -0.3 \times 5.0 \times 10^{-3} = -1.5 \times 10^{-3} \tag{3.34}$$

であるから，変形後の丸棒の直径 d_1 は，式(3.28)より

$$d_1 = (1+\varepsilon')d_0 = (1.0-1.5 \times 10^{-3}) \times 1.0 \times 10^{-2} = 9.985 \times 10^{-3}\,\text{m} \tag{3.35}$$

のように求められる．

3.4 応力 - ひずみ関係

前節において応力とひずみの定義をそれぞれ理解できたことを踏まえて，本節では外力によって部材に生じる応力とひずみとの関係を考えてみよう．金属材料で観察される典型例として，図 3.17 および図 3.18 に引張力を受ける棒に生じる応力とひずみとの関係を示す．このように，縦軸に応力，横軸にひずみを用いてグラフにまとめたものを 応力 - ひずみ線図（stress - strain relation）と呼ぶ．図 3.17 に示す軟鋼の場合，原点から①まで，応力はひずみに対して比例的に増加する．①で示される比例関係が成り立つ限界点を 比例限度（proportional limit）と呼ぶ．比例限度を超えると，応力とひずみに線

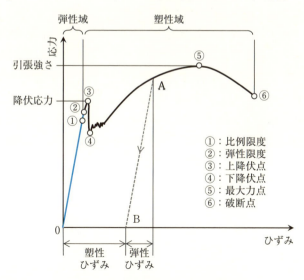

図 3.17 軟鋼の応力 - ひずみ線図

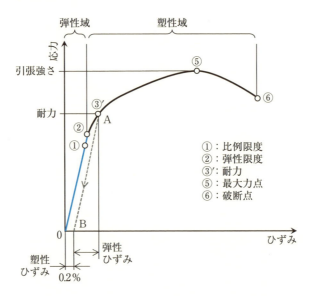

図3.18 アルミニウム合金の応力-ひずみ線図

形関係は失われるが，外力を除去して応力を0にすると，棒は元の形状に戻ってひずみも0になる．このとき，元の形状に戻る性質を弾性(elasticity)，外力の除去によって回復するひずみを弾性ひずみ(elastic strain)と呼び，②で示される形状が復元できる限界点が弾性限度(elastic limit)である．これに対して，弾性限度を超えると，外力を除去しても形状は元に戻らず，永久的なひずみが残る．このような性質を塑性(plasticity)，残留するひずみを塑性ひずみ(plastic strain)または永久ひずみ(permanent strain)と呼ぶ．例えば，弾性限度を超えた任意の点Aで外力を除去した場合，図中点線で示すように点Aから点Bに線形的に応力が減少する．ひずみは，弾性ひずみの分だけ減少し，塑性ひずみが残留することになる．さて，弾性限度を超えて③に達すると，応力が不安定に増減してひずみが増加する．この現象を降伏(yield)，降伏した過程の最大応力点③を上降伏点(upper yield point)，最小応力点④を下降伏点(lower yield point)と呼ぶ．また，日本工業規格(JIS)では，上降伏点における応力を降伏応力(yield stress)と定めている．降伏が終わると，ひずみに対して，応力は非線形的に増加して最大値に達する．応力が最大となる⑤を最大力点(maximum force point)，最大力点にお

ける応力を 引張強さ(tensile strength) と呼ぶ．最大力点において棒に局所的に くびれ(necking) が発生し，くびれの進行に伴って応力が低下し，最終的に ⑥ で示される 破断点(breaking point) において cup and cone と呼ばれる破断を起こす．

一方，図3.18にアルミニウム合金の応力-ひずみ線図を示す．この場合でも，原点から比例限度まで応力とひずみに線形関係が保たれる．しかし，弾性限度を超えても，図3.17の軟鋼のように明確な上下降伏点は現れず，ひずみに対して，応力は非線形的に増加して最大力点に到達したのち，くびれを生じて破断に至る．したがって，降伏点を定めるのが困難であるため，図中の点Aから点Bに至る点線で示すように，外力を除去した際に0.2％の塑性ひずみを生じる ③' の応力を 耐力(proof stress) と呼び，降伏応力とみなされる．

上記の応力-ひずみ線図では，軟鋼やアルミニウム合金のいずれの材料においても，比例限度以下では応力とひずみに比例関係が成り立つ．材料力学では，応力とひずみに比例関係が成り立つ弾性域での応力や変形を取り扱う．このとき，応力とひずみとの関係は，原点を通る直線として

$$\sigma = E\varepsilon \tag{3.36}$$

のように表すことができる．E は材料固有の比例定数であり，縦弾性係数(modulus of longitudinal elasticity) または ヤング率(Young's modulus) と呼ぶ．また，上記の比例関係を フックの法則(Hooke's law) と呼ぶ．式(3.36)は垂直応力と垂直ひずみとの関係式であるが，せん断応力とせん断ひずみにおいても同様の比例関係が成立し，次式のように表される．

$$\tau = G\gamma \tag{3.37}$$

ここで，G は材料固有の比例定数であり，横弾性係数(modulus of transverse elasticity) または せん断弾性係数(shearing modulus) と呼ぶ．ひずみは無次元であるため，式(3.36)および式(3.37)のフックの法則から，E および G は応力と同じ単位である Pa (パスカル) をもつことがわかる．物理的には，単位ひずみを発生させるのに必要な応力を意味する．せん断特性は，引張特性，ポアソン効果と密接に関係していることから，三つの材料特性，E, G, ν は独立ではなく，次式の関係をもつ．

$$G = \frac{E}{2(1+\nu)} \tag{3.38}$$

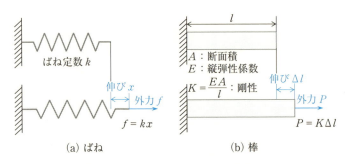

図 3.19　引張力を受ける ばねと棒の変形

したがって，三つの材料特性のうち二つが既知であれば，残り一つは上記の関係式より定まる．なお，式(3.38)の導出は，第10章において詳しく説明する．

さて，高校物理においても，ばねに作用する力と伸びに関してフックの法則が成り立つことを勉強した．すなわち，図 3.19(a)に示すように外力 f が作用して伸び x が生じた場合，

$$f = kx \tag{3.39}$$

が成り立つ．k は，ばね定数と呼ばれる比例定数である．ここで，式(3.36)に示す応力と ひずみに関するフックの法則と比較してみよう．図 3.19(b)に示すように，長さ l，断面積 A の棒に外力 P が作用して伸び Δl が生じた場合，応力と ひずみの定義式 $\sigma = Q/A$ および $\varepsilon = \Delta l / l$ を 式(3.36)に代入すれば

$$\frac{P}{A} = E \frac{\Delta l}{l} \tag{3.40}$$

を得る．力と伸びに着目して整理すると，

$$P = \frac{EA}{l} \Delta l = K \Delta l \tag{3.41}$$

と書き換えられる．したがって，応力と ひずみに関するフックの法則も

$$力 = 比例定数 \times 伸び \tag{3.42}$$

と表されることから，ばねに作用する力と伸びとの関係式(3.39)と等価であることがわかる．なお，式(3.41)の比例定数 K が本章の冒頭で触れた剛性 (stiffness) であり，その単位は [N/m] である．剛性の高い材料は力に対して変形が小さく，剛性が低い材料では変形が大きいことを意味する．

最後に，代表的な工業材料の特性を 表 3.1 にまとめる．左から順に，縦弾

表 3.1 代表的な工業材料の特性比較

材料		縦弾性係数 [GPa]	ポアソン比 [−]	降伏応力 [MPa]	引張強さ [MPa]	破断ひずみ [%]
無機金属材料	軟鋼	206	0.3	240	450	21
	ステンレス鋼	197	0.34	205	520	40
	アルミニウム合金	69	0.33	15	55	30
無機非金属材料（セラミックス）	アルミナ (Al_2O_3)	260〜410	0.23〜0.26	—	120〜210	—
	ジルコニア (ZrO_2)	170〜210	0.31	—	140	—
有機材料	熱可塑性プラスチック ポリエチレン樹脂	1.07〜1.09	0.45	—	23〜31	10〜1200
	熱硬化性プラスチック エポキシ樹脂	2.40	0.37	—	27〜89	3.0〜6.0

性係数，ポアソン比，降伏応力，引張強さ，破断ひずみを示す．工業材料は，主要元素が炭素ではない無機材料（inorganic materials）と炭素を主要元素として，酸素，水素，窒素原子などで構成される有機材料（organic materials）に大別される．無機材料は，さらに金属材料とセラミックスと呼ばれる非金属材料に細分できる．表では，金属材料の例として軟鋼，ステンレス鋼，アルミニウム合金，セラミックスとしてアルミナとジルコニアの特性を示す．また，有機材料は，プラスチック，ゴム，木材など石油化学物質から天然物質まで幅広く多種多様である．プラスチックは，加熱により軟化して冷却により固体になる熱可塑性プラスチックと，加熱により硬化して成形後は再度加熱しても軟化しない熱硬化性プラスチックに分類でき，ここでは熱可塑性のポリエチレン樹脂と熱硬化性のエポキシ樹脂を示す．一方，材料の応力-ひずみ線図に着目すると，延性材料（ductile materials）と脆性材料（brittle materials）に分類される．延性材料は，軟鋼（図 3.17），ステンレス鋼やアルミニウム合金（図 3.18）のように，降伏応力や耐力を超えると大きく変形して破断に至る．これに対して，脆性材料は，鋳鉄，セラミックス，ガラスなどのようにほとんど変形せずに破断する．プラスチックのポリエチレン樹脂やエポキシ樹脂も延性材料であるが，ペットボトルに使用されるポリエチレンテレフタレートは結晶性樹脂のため，脆性材料である．

3.5 許容応力と安全率

　機械や構造物が安全に使用されて要求どおりの性能を発揮するためには，それを構成する部材が使用中に作用する外力に対して破壊せず，機能を損なうような大きな変形を生じないことが必要である．そのためには，使用環境を想定した負荷条件と固定条件，すなわち境界条件（boundary condition）において部材に生じる応力を計算し，材料の強さよりも発生応力が小さくなるように部材の形状や寸法を設計するのが基本である．しかし，実際の機械や構造物では，作用する外力の大きさや方向を正確に把握できない場合や，想定される境界条件の条件数が膨大ですべての条件に対して応力を計算できない場合などもある．また，材料の強さにもばらつきがあるため，高い安全性（safety）と信頼性（reliability）を確保するには，部材に発生する応力の上限を材料の強さよりも低く設定し，強度的に余裕をもたせて設計するのが一般的である．このとき，材料の強さよりも低く設定された許容できる応力の上限を許容応力（allowable stress）と呼ぶ．

　許容応力を決める基準となるのが材料の基準強さ（standard of strength）であり，材料の種類（脆性材料や延性材料），外力の作用形態（引張り，圧縮，せん断，ねじり，曲げ）や速度（静的，動的）に応じて選定する．例えば，静的な引張力が脆性材料に作用する場合には引張強さ，延性材料に作用する場合には降伏応力を基準強さに用いる．そのほか，繰り返し外力が作用する場合には疲労強さ，また高温において静的外力が作用する場合にはクリープ強さを用いる．さらに，機械や構造物に機能を損なう変形を生じさせない場合には，その限界変形を起こす応力を基準強さに設定する．このような材料の基準強さから，許容応力は次式のように決定される．

$$S = \frac{基準強さ}{許容応力} > 1 \tag{3.43}$$

ここで，基準強さと許容応力の比 S を安全率（safety factor）と呼ぶ．安全率が大きくなれば強度的な余裕が増大するが，過剰な安全率は機械や構造物の重量増加となり製作コストの増大や性能低下を招くため，安全率の適切な設定が重要となる．安全率の設定は，何を基準強さに用いるかに依存するほか，境

界条件の不確定さ，応力評価の不正確さ，材料特性のばらつき，強さに対する寸法効果，熱処理や表面処理の影響などにも依存する．また，機械や構造物が壊れて機能を発揮しないだけでなく，破損や破壊によって人命に危害をもたらすことなども配慮して総合的に設定する必要がある．一般的な機械や構造物の安全率は 3～4，厳しい軽量化が要求される航空機などの安全率は 1.5 程度に設定される．

図 3.19(b) に示したように，棒の左端を壁に固定し，右端に引張力 P を加えた場合を例として，安全率を考慮して断面寸法を設計してみよう．棒は，一辺が a の正方形断面を有するものとする．棒に生じる内力が $Q=P$，断面積が $A=a^2$ であることから，応力は，

$$\sigma = \frac{Q}{A} = \frac{P}{a^2} \tag{3.44}$$

である．一方，材料の基準強さを σ_S，安全率を S とすれば，式(3.43)より許容応力 σ_A は，

$$\sigma_A = \frac{\sigma_S}{S} \tag{3.45}$$

と表される．棒に生じる応力が許容応力以下になることから

$$\frac{P}{a^2} \leq \frac{\sigma_S}{S} \tag{3.46}$$

を得る．したがって，棒の断面寸法の下限値は

$$a \geq \sqrt{\frac{PS}{\sigma_S}} \tag{3.47}$$

となる．

第4章 棒の引張りと圧縮

　材料力学では，機械や構造を構成する部材を可能な限り単純化し，部材に作用する外力の形態（引張力，圧縮力，せん断力，ねじりモーメント，曲げモーメント）に応じて，場合を分けて部材に生じる内力や変形を考える．

　本章では，細長い真っ直ぐな棒状部材が引張力や圧縮力を受ける場合を解説する．一方，力が作用する領域に着目すると，部材の表面に作用する表面力と，重力や遠心力のように部材の内部にも作用する物体力に大別できる．4.1 節では表面力のみが作用する場合，4.2 節では物体力も作用する場合について述べる．なお，問題の解き方に着目すると，部材に生じる内力や支持力を釣合い式だけで求められる静定問題（statically determinate problem）と釣合い式だけでは求められない不静定問題（statically indeterminate problem）に大別できる．静定問題は 4.1 節と 4.2 節，不静定問題は 4.3 節で取り扱う．また，部材は温度が上がると膨張し，温度が下がると収縮する．4.4 節では，このような温度変化を伴う場合の静定および不静定問題について学習する．さらに，二つ以上の棒をピン接合などによって回転自由に結合した骨組み構造をトラス構造（truss structure）と呼ぶ．4.6 節では，トラスの静定および不静定問題を学ぶ．

4.1　表面力を受ける棒

（1）断面積が一様な棒

　表面力が作用する簡単な例として，図 4.1 の上図に示すように，一様な断面積 A，長さ l，縦弾性係数 E である真っ直ぐな棒の左端を垂直な壁に固定し，右端に引張外力 P を作用させた場合を考える．ただし，棒の自重は考えないものとする．棒の長さ方向に垂直な任意の断面で切断し，断面に作用する内力 Q，壁に生じる支持力 R を図示すると，図 4.1 の下図のようになる．

右向きを正とした場合，切断された二つの棒に対する力の釣合いは，

$$-R+Q=0, \quad -Q+P=0 \tag{4.1}$$

と表される．式(4.1)より内力 Q および支持力 R は，

$$Q=P, \quad R=P \tag{4.2}$$

のように求まる．ここで，棒に生じる応力 σ は一様であり，応力の定義に基づいて式(4.3)のように求まる．

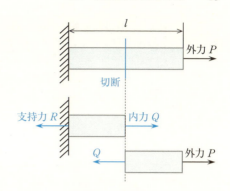

図 4.1 引張外力が作用する棒（外力が既知である場合）

$$\sigma = \frac{Q}{A} = \frac{P}{A} \tag{4.3}$$

また，棒に生じるひずみ ε も一様であり，フックの法則から

$$\varepsilon = \frac{\sigma}{E} = \frac{P}{EA} \tag{4.4}$$

のように求まる．さらに，棒に生じる伸び Δl は

$$\Delta l = \varepsilon l = \frac{Pl}{EA} \tag{4.5}$$

と求まる．分母の EA は，引張剛性と呼ばれる．ここで，棒の材料の強度を σ_U とすれば，棒が壊れない条件は

$$\sigma = \frac{P}{A} \leq \sigma_U \tag{4.6}$$

と表され，棒に加えることのできる最大外力 P_{max} は

$$P_{max} \leq A\sigma_U \tag{4.7}$$

と導かれる．

次に，式(4.3)～(4.5)および式(4.7)を用いて，棒の寸法や材料を変更した場合の応力，ひずみ，伸び，最大外力の変化を考えてみよう．最初に，棒の長さが2倍に長くなった場合 ($l \to 2l$) は，

$$\sigma = \frac{P}{A}, \quad \varepsilon = \frac{P}{EA}, \quad \Delta l = 2\frac{Pl}{EA}, \quad P_{max} = A\sigma_U \tag{4.8}$$

のように，応力，ひずみ，最大外力は変化せず，伸びだけが2倍になることがわかる．また，棒の断面積が2倍に太くなった ($A \to 2A$) 場合は，

表 4.1 引張外力を受ける棒の設計変更に伴う力学的挙動の変化

	設計変更	応力 σ	ひずみ ε	伸び Δl	最大外力 P_{max}
寸法	長くなる	→ 不変	→ 不変	↑ 増加	→ 不変
	太くなる	↓ 減少	↓ 減少	↓ 減少	↑ 増加
材料	剛性が高くなる	→ 不変	↓ 減少	↓ 減少	→ 不変
	強度が高くなる	→ 不変	→ 不変	→ 不変	↑ 増加

$$\sigma = \frac{P}{2A}, \quad \varepsilon = \frac{P}{2EA}, \quad \Delta l = \frac{Pl}{2EA}, \quad P_{max} = 2A\sigma_U \tag{4.9}$$

のように,応力,ひずみ,伸びが 1/2 に減少し,最大外力が 2 倍になる.

同様に,材料の縦弾性係数および強度が 2 倍になった ($E \to 2E$, $\sigma_U \to 2\sigma_U$) 場合は,それぞれ

$$\sigma = \frac{P}{A}, \quad \varepsilon = \frac{P}{2EA}, \quad \Delta l = \frac{Pl}{2EA}, \quad P_{max} = A\sigma_U \tag{4.10}$$

$$\sigma = \frac{P}{A}, \quad \varepsilon = \frac{P}{EA}, \quad \Delta l = \frac{Pl}{EA}, \quad P_{max} = 2A\sigma_U \tag{4.11}$$

となる.すなわち,材料の剛性が高くなると,応力と最大外力は変化せず,ひずみと伸びが減少する.また,材料の強度が増すと,応力,ひずみ,伸びは変化しないが,最大外力は増加することがわかる.

部材の寸法および材料の変更に伴う応力,ひずみ,伸び,最大外力の変化を**表 4.1** にまとめる.同じ引張外力を受ける場合であっても棒が長くなると伸びも増加するが,ひずみで評価すると不変であることが確認できる.また,棒が太くなると内力は同じであるが,応力で評価すると断面積の差異が正しく表されることがわかる.

図 4.1 では,引張外力が既知である場合を考えた.次に,**図 4.2** に示すように,引張外力が未知で変形後の長さが既知である場合を考えよう.すなわち,一様な断面積 A,長さ l,縦弾性係数 E である真っ直ぐな棒の左端を壁

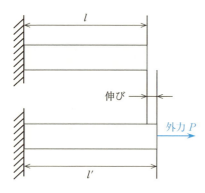

図 4.2 引張外力が作用する棒(変形が既知である場合)

に固定し，右端に引張外力が作用して棒の長さが l' に伸びたとする．この場合，棒の伸びは $\Delta l = l' - l$ であることから，ひずみは単位長さ当たりの伸びとして

$$\varepsilon = \frac{\Delta l}{l} = \frac{l' - l}{l} \tag{4.12}$$

と求めることができる．
また，フックの法則から応力は，

$$\sigma = E\varepsilon = \frac{E(l'-l)}{l} \tag{4.13}$$

となる．さらに，棒に生じる内力は，以下のように導かれる．

$$Q = A\sigma = \frac{AE(l'-l)}{l} \tag{4.14}$$

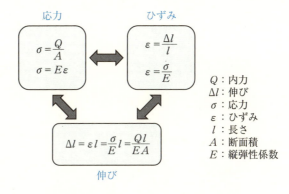

図 4.3 応力，ひずみ，伸びの関係

一方，絶縁シートと抵抗線から作製された ひずみゲージ（strain gauge）を棒の表面に接着すれば，棒の変形に伴う電気抵抗の変化から表面に生じるひずみを計測することができる．

長さが既知である棒が外力により一様に変形している場合，計測されたひずみから，フックの法則より応力を評価できるほか，ひずみの定義から棒の伸びを知ることができる．以上のように，応力，ひずみ，伸びの評価手順は，与えられた条件によって異なるため，問題に応じて 図 4.3 に示す関係を適切に使い分ける必要がある．

図 4.4 に示す長さ l，縦弾性係数 E であり，断面積が一様

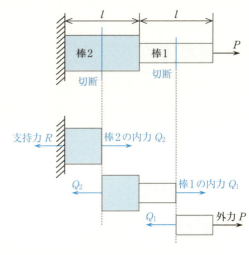

図 4.4 集中外力が作用する段付き棒

でそれぞれ A_1 および A_2 である真っ直ぐな二つの棒を連結した段付き棒を考えよう．段付き棒の左端を壁に固定し，右端に引張外力 P を作用させる．棒1および棒2に生じる内力を Q_1, Q_2, 壁に生じる支持力を R とすれば，力の釣合い式は，

$$-R+Q_2=0, \quad -Q_2+Q_1=0, \quad -Q_1+P=0 \tag{4.15}$$

と表される．式(4.15)より内力 Q_1, Q_2 および支持力 R は，

$$Q_1=Q_2=P, \quad R=P \tag{4.16}$$

と求まる．棒1および棒2に生じる応力 σ_1, σ_2 は，

$$\sigma_1=\frac{Q_1}{A_1}=\frac{P}{A_1}, \quad \sigma_2=\frac{Q_2}{A_2}=\frac{P}{A_2} \tag{4.17}$$

である．また，棒1および棒2に生じるひずみ ε_1, ε_2 は，フックの法則から

$$\varepsilon_1=\frac{\sigma_1}{E}=\frac{P}{EA_1}, \quad \varepsilon_2=\frac{\sigma_2}{E}=\frac{P}{EA_2} \tag{4.18}$$

となり，棒1および棒2に生じる伸び Δl_1, Δl_2 は

$$\Delta l_1=\varepsilon_1 l=\frac{Pl}{EA_1}, \quad \Delta l_2=\varepsilon_2 l=\frac{Pl}{EA_2} \tag{4.19}$$

と求まる．したがって，段付き棒全体の伸び Δl は，

$$\Delta l=\Delta l_1+\Delta l_2=\frac{Pl}{EA_1}+\frac{Pl}{EA_2}=\frac{Pl(A_1+A_2)}{EA_1A_2} \tag{4.20}$$

と表される．

(2) 断面積が変化する棒

図 4.5 に示すような垂直断面の直径が長さ方向に対して線形的に変化する丸棒を考えよう．棒の長さを l, 縦弾性係数を E とし，左端での垂直断面の直径を d_1, 右端の直径を d_2 とする．ここで，左端から距離 x にある垂直断面の直径 $d(x)$ を x の一次式として，

$$d(x)=px+q \tag{4.21}$$

と表す．ここで，(x) は x の関数であることを意味する．p および q は未知係数である．$d(x)$ は，次式の境界条件

$$d(0)=q=d_1, \quad d(l)=pl+q=d_2 \tag{4.22}$$

を満足することから，未知係数 p および q は

$$p=\frac{d_2-d_1}{l}, \quad q=d_1 \tag{4.23}$$

4.1 表面力を受ける棒　49

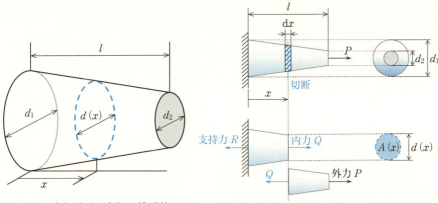

図 4.5 垂直断面の直径が線形的に
変化する丸棒

図 4.6 直径が変化する丸棒の引張り

と定まる．したがって，位置 x における直径 $d(x)$ は，

$$d(x) = \frac{d_2 - d_1}{l} x + d_1 \tag{4.24}$$

と表される．

続いて，**図 4.6** に示すように，垂直断面の直径が線形的に変化する**図 4.5**の丸棒の左端を壁に固定し，右端に引張外力を作用させた場合を考えよう．左端から位置 x における垂直断面に作用する内力 Q と壁に生じる支持力 R は，力の釣合い

$$-R + Q = 0, \quad -Q + P = 0 \tag{4.25}$$

より，

$$Q = P, \quad R = P \tag{4.26}$$

と求めることができる．

位置 x での丸棒の断面積 $A(x)$ は，式 (4.24) の直径より

$$A(x) = \pi \left(\frac{d(x)}{2} \right)^2 = \frac{\pi (d_2 - d_1)^2}{4 l^2} \left(x + \frac{d_1 l}{d_2 - d_1} \right)^2 \tag{4.27}$$

であることから，位置 x における垂直断面に生じる応力 $\sigma(x)$ は，

$$\sigma(x) = \frac{Q}{A(x)} = \frac{4 l^2 P}{\pi (d_2 - d_1)^2} \left(x + \frac{d_1 l}{d_2 - d_1} \right)^{-2} \tag{4.28}$$

となる．また，フックの法則から位置 x の垂直断面に生じるひずみ $\varepsilon(x)$ は，

$$\varepsilon(x) = \frac{\sigma(x)}{E} = \frac{4l^2 P}{\pi(d_2-d_1)^2 E}\left(x + \frac{d_1 l}{d_2-d_1}\right)^{-2} \tag{4.29}$$

となる．内力 Q は位置 x によらず一定であるが，断面積は位置 x の関数となることから，応力とひずみも位置 x に応じて変化することがわかる．

次に，棒全体の伸びを考える．図 4.7 に長さ l の棒に引張外力が作用する場合について，位置 x に対するひずみ分布の模式図を示す．縦軸は垂直断面に生じるひずみ，横軸は左端を原点とする位置 x を意味する．ここで，位置 x にある長さ dx の微小部分の伸び $d\Delta l$ は，

$$d\Delta l = \varepsilon(x) dx \tag{4.30}$$

と表される．棒全体の伸び Δl は，各部の微小部分の伸び $d\Delta l$ を左端 $x=0$ から右端 $x=l$ まで総和したものであるから，

$$\Delta l = \int d\Delta l = \int_0^l \varepsilon(x) dx \tag{4.31}$$

のように積分値として求められ，図 4.7 中のやや濃い青色のアミ部の面積に相当する．図(a)は図 4.1 に示した断面積が一様な棒のひずみ分布であり，全長にわたってひずみが一定 $\varepsilon(x) = \varepsilon_0$ である．この場合，棒全体の伸び Δl は

$$\Delta l = \int_0^l \varepsilon(x) dx = \int_0^l \varepsilon_0 dx = \varepsilon_0 [x]_0^l = \varepsilon_0 l \tag{4.32}$$

と計算できる．結果的に式(4.5)に示したように，ひずみが一定である場合には，ひずみと長さの積として簡単に計算できることがわかる．一方，図(b)は

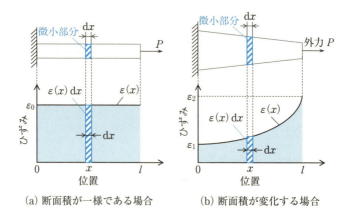

(a) 断面積が一様である場合　　(b) 断面積が変化する場合

図 4.7 引張外力を受ける長さ l の棒におけるひずみ分布

図4.6に示した断面積が位置 x に応じて変化する棒のひずみ分布である．この場合，ひずみ $\varepsilon(x)$ は式(4.29)で与えられることから，棒全体の伸びは

$$\Delta l = \int_0^l \varepsilon(x)\,dx$$

$$= \int_0^l \frac{4l^2 P}{\pi(d_2-d_1)^2 E}\left(x+\frac{d_1 l}{d_2-d_1}\right)^{-2} dx = \frac{4l^2 P}{\pi(d_2-d_1)^2 E}\left[-\left(x+\frac{d_1 l}{d_2-d_1}\right)^{-1}\right]_0^l$$

$$= \frac{4l^2 P}{\pi(d_2-d_1)^2 E}\left(-\frac{1}{l+\dfrac{d_1 l}{d_2-d_1}}+\frac{1}{\dfrac{d_1 l}{d_2-d_1}}\right) = \frac{4l^2 P}{\pi(d_2-d_1)^2 E}\frac{(d_2-d_1)^2}{d_1 d_2 l}$$

$$= \frac{4lP}{\pi d_1 d_2 E} \tag{4.33}$$

のように計算できる．

次に，断面積が変化する新たな例題として，**図4.8**に示すような垂直断面の幅が一様で高さが長さ方向に対して線形的に変化する角棒を考え，理解を深めよう．棒の長さを l，縦弾性係数を E，垂直断面の幅を w とし，左端での垂直断面の高さを h_1，右端の高さを h_2 とする．図4.5の直径変化と同様の手順で，左端から距離 x にある垂直断面の高さ $h(x)$ は，x の一次式として，

$$h(x) = \frac{h_2-h_1}{l}x + h_1 \tag{4.34}$$

と表される．

図4.9に示すように，垂直断面の高さが線形的に変化す

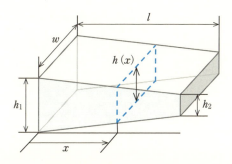

図4.8 垂直断面の高さが線形的に変化する角棒

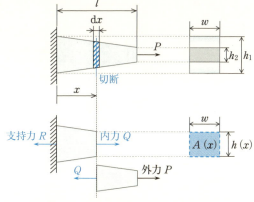

図4.9 高さが変化する角棒の引張り

る．図 4.8 の角棒の左端を壁に固定し，右端に引張外力を作用させた場合を考える．この場合も，式 (4.25) と同じ力の釣合いが成立し，左端から位置 x における垂直断面に作用する内力 Q と壁に生じる支持力 R も式 (4.26) と同じである．

位置 x での角棒の断面積 $A(x)$ は，

$$A(x) = h(x)w = \frac{w(h_2-h_1)}{l}\left(x + \frac{h_1 l}{h_2-h_1}\right) \tag{4.35}$$

であることから，位置 x における垂直断面に生じる応力 $\sigma(x)$ は，

$$\sigma(x) = \frac{Q}{A(x)} = \frac{lP}{w(h_2-h_1)}\left(x + \frac{h_1 l}{h_2-h_1}\right)^{-1} \tag{4.36}$$

となる．また，フックの法則から位置 x の垂直断面に生じるひずみ $\varepsilon(x)$ は，

$$\varepsilon(x) = \frac{\sigma(x)}{E} = \frac{lP}{w(h_2-h_1)E}\left(x + \frac{h_1 l}{h_2-h_1}\right)^{-1} \tag{4.37}$$

となる．さらに，棒全体の伸び Δl は

$$\begin{aligned}
\Delta l &= \int_0^l \varepsilon(x)\,\mathrm{d}x \\
&= \int_0^l \frac{lP}{w(h_2-h_1)E}\left(x + \frac{h_1 l}{h_2-h_1}\right)^{-1}\mathrm{d}x = \frac{lP}{w(h_2-h_1)E}\left[\log\left(x + \frac{h_1 l}{h_2-h_1}\right)\right]_0^l \\
&= \frac{lP}{w(h_2-h_1)E}\left\{\log\left(l + \frac{h_1 l}{h_2-h_1}\right) - \log\left(\frac{h_1 l}{h_2-h_1}\right)\right\} \\
&= \frac{lP}{w(h_2-h_1)E}\log\frac{h_2}{h_1} \tag{4.38}
\end{aligned}$$

のように計算できる．

4.2　物体力を受ける棒

(1) 重力が作用する棒

重力加速度を g とすれば，質量 m の物体に作用する重力は，mg で表される．軟鋼やステンレスなど密度が大きい金属で製作された機械構造物では，構造物を構成する部材の自重も内力や変形に大きな影響を及ぼすため，使用負荷に加えて重力も設計に考慮する必要がある．

簡単な例題として，**図 4.10** の左図に示すように，一様な断面積 A，長さ l，縦弾性係数 E である棒の上端を天井に固定し，鉛直下向きに真っ直ぐ吊るした場合を考える．棒の密度を ρ とし，重力加速度を g として，重力によって生じる内力や伸びを考えよう．

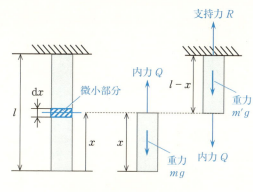

図 4.10 重力が作用する棒

下端からの位置 x において，棒の長さ方向に垂直な断面で切断し，位置 x の垂直断面に生じる内力 $Q(x)$，天井に生じる支持力 R を図示すると，図 4.10 の右図のようになる．切断された棒の下部の質量 m は，密度 ρ と体積 Ax の積として

$$m = \rho A x \tag{4.39}$$

と表されるから，棒の下部に作用する重力 mg は

$$mg = g\rho A x \tag{4.40}$$

となる．同様に，切断された棒の上部に作用する重力 $m'g$ は

$$m'g = g\rho A(l-x) \tag{4.41}$$

となる．したがって，鉛直上向きを正とした場合，棒の上部と下部に対する力の釣合いは，

$$R - g\rho A(l-x) - Q(x) = 0, \quad Q(x) - g\rho A x = 0 \tag{4.42}$$

と表される．式 (4.42) より位置 x における内力 $Q(x)$ および支持力 R は，

$$Q(x) = g\rho A x, \quad R = g\rho A l \tag{4.43}$$

のように求まる．天井に生じる支持力は，棒全体に作用する重力に相当し定数となる．一方，垂直断面に生じる内力は，x の一次式であり，切断する位置が天井に近づくにつれて増大する．続いて，棒に生じる応力 $\sigma(x)$ は

$$\sigma(x) = \frac{Q(x)}{A} = g\rho x \tag{4.44}$$

であり，棒に生じるひずみ $\varepsilon(x)$ は，フックの法則から

$$\varepsilon(x) = \frac{\sigma(x)}{E} = \frac{g\rho}{E} x \tag{4.45}$$

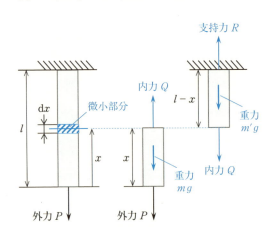

図 4.11 重力と引張力が同時に作用する棒

のように求まる．重力が作用する棒の垂直断面に生じる応力とひずみは，x の一次式となり，4.1 節に述べた断面積が変化する棒と同様に，垂直断面の位置 $\mathrm{d}x$ に応じて変化する．ここで，位置 x にある長さ $\mathrm{d}x$ の微小部分を考える．微小部分の長さ $\mathrm{d}x$ は十分に小さく，ひずみの変化は無視でき一定とみなせることから，微小部分に生じる伸び $\mathrm{d}\Delta l$ は，

$$\mathrm{d}\Delta l = \varepsilon(x)\mathrm{d}x \tag{4.46}$$

と表される．したがって，棒全体の伸び Δl は，各部の微小部分の伸び $\mathrm{d}\Delta l$ を左端 $x=0$ から右端 $x=l$ まで総和したものであるから，次式のように積分計算で求めることができる．

$$\Delta l = \int \mathrm{d}\Delta l = \int_0^l \varepsilon(x)\mathrm{d}x = \int_0^l \frac{g\rho}{E} x \mathrm{d}x = \frac{g\rho}{E}\left[\frac{x^2}{2}\right]_0^l = \frac{g\rho l^2}{2E} \tag{4.47}$$

次に，図 4.10 の天井から吊るされた棒の下端に引張外力を加え，重力を考慮して棒に生じる内力や変形を考えてみよう．図 4.11 に示す自由体図から，棒の上部と下部に対する力の釣合いは，

$$R - g\rho A\{l-x\} - Q(x) = 0, \quad Q(x) - g\rho Ax - P = 0 \tag{4.48}$$

と表され，内力 $Q(x)$ と支持力 R は，

$$Q(x) = g\rho Ax + P, \quad R = g\rho Al + P \tag{4.49}$$

のように求まる．また，棒に生じる応力 $\sigma(x)$ とひずみ $\varepsilon(x)$ は

$$\sigma(x) = \frac{Q(x)}{A} = g\rho x + \frac{P}{A} \tag{4.50}$$

$$\varepsilon(x) = \frac{\sigma(x)}{E} = \frac{g\rho}{E} x + \frac{P}{EA} \tag{4.51}$$

となる．さらに，棒全体の伸び Δl は，微小部分の伸び $\mathrm{d}\Delta l$ を積分して

$$\Delta l = \int \mathrm{d}\Delta l = \int_0^l \varepsilon(x)\,\mathrm{d}x = \int_0^l \left(\frac{g\rho}{E}x + \frac{P}{EA}\right)\mathrm{d}x$$
$$= \left[\frac{g\rho}{2E}x^2 + \frac{P}{EA}x\right]_0^l = \frac{g\rho l^2}{2E} + \frac{Pl}{EA} \tag{4.52}$$

と求まる．式 (4.52) の第一項は式 (4.47) に一致し，重力による棒の伸びを意味する．また，第二項は 4.1 節の式 (4.5) に一致し，先端に作用する引張力による伸びである．すなわち，重力と引張力が同時に作用した場合の棒全体の伸びは，重力のみを考慮した場合の伸びと引張力のみが作用した場合の伸びを足し合わせたものとなる．同じことが内力，支持力，応力，ひずみに対しても確認できる．

このように，複数の外力が同時に作用した場合の力学状態がそれぞれの外力が単独に作用した場合の力学状態を足し合わせて表されることを <u>重ね合せの原理 (principle of superposition)</u> と呼ぶ．冒頭でも述べたように，材料力学では部材に作用する外力の形態に応じて場合を分けて問題を取り扱うが，複数の外力が同時に作用した場合もそれぞれの外力で得られた結果を重ね合わせることで評価可能であり，基礎問題から様々な実践問題に応用できる．

(2) 遠心力が作用する棒

中心から半径 r だけ離れた質量 m の物体が角速度 ω で回転する場合に生じる遠心力は，$mr\omega^2$ と表される．**図 4.12** の上図に示すように，長さ l，断面積 A，縦弾性係数 E，密度 ρ である真っ直ぐな棒の一端を回転軸に固定して角速度 ω で回転させた場合に，遠心力によって生じる内力や伸びを考えよう．先端からの位置 x において，棒の長さ方向に垂直な断面で切断した場合の自由体図は，図 4.12 の下図のようになる．ここで，$Q(x)$ は位置 x の垂直断面に生じる内力，R は回転軸に生じる支持力である．また，$F(x)$ および $F'(x)$ は棒の先端側および回転軸側に生じる遠心力を意味する．これより，力の釣合い式は

$$-R + F'(x) + Q(x) = 0, \quad -Q(x) + F(x) = 0 \tag{4.53}$$

のように表され，内力 $Q(x)$ と支持力 R は，

$$Q(x) = F(x), \quad R = Q(x) + F'(x) \tag{4.54}$$

となる．遠心力 $mr\omega^2$ は回転半径に応じて変化することから，位置 x に応じ

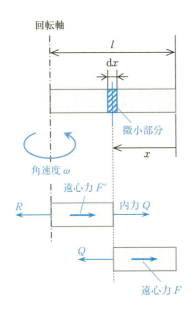

図 4.12 遠心力が作用する棒

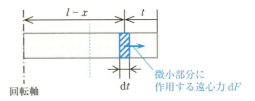

図 4.13 微小部分に作用する遠心力

て作用する遠心力は異なる．そこで，棒の先端側および回転軸側に生じる遠心力 $F(x)$ および $F'(x)$ を求めるため，**図 4.13** に示すように，先端からの位置 t において，長さ dt の微小部分を考える．微小部分の質量 m は，密度 ρ と体積 $A\,dt$ の積として $\rho A\,dt$ で与えられる．微小部分の長さ dt は十分に小さく，回転半径 r は $l-t$ とみなせることから，微小部分に生じる遠心力 dF は，

$$dF = m r \omega^2 = \rho \omega^2 A(l-t)\,dt \tag{4.55}$$

と表される．したがって，棒の先端側および回転軸側に生じる遠心力 $F(x)$ および $F'(x)$ は，次式のように微小部分の遠心力 dF をその領域範囲で積分することで求められる．

$$\begin{aligned} F(x) &= \int dF = \int_0^x \rho \omega^2 A(l-t)\,dt \\ &= \rho \omega^2 A\left[lt - \frac{t^2}{2}\right]_0^x = \rho \omega^2 A\left(lx + \frac{x^2}{2}\right) \end{aligned} \tag{4.56}$$

$$\begin{aligned} F'(x) &= \int dF = \int_x^l \rho \omega^2 A(l-t)\,dt \\ &= \rho \omega^2 A\left[lt - \frac{t^2}{2}\right]_x^l = \rho \omega^2 A\left(\frac{l^2}{2} - lx + \frac{x^2}{2}\right) \end{aligned} \tag{4.57}$$

よって，内力 $Q(x)$ と支持力 R は，式 (4.54) より

$$Q(x) = F(x) = \rho \omega^2 A\left(lx - \frac{x^2}{2}\right), \quad R = Q(x) + F'(x) = \frac{\rho \omega^2 A l^2}{2} \tag{4.58}$$

となる．さらに，位置 x に生じる応力 $\sigma(x)$ と ひずみ $\varepsilon(x)$ は

$$\sigma(x) = \frac{Q(x)}{A} = \frac{F(x)}{A} = \rho\omega^2\left(lx - \frac{x^2}{2}\right) \tag{4.59}$$

$$\varepsilon(x) = \frac{\sigma(x)}{E} = \frac{\rho\omega^2}{E}\left(lx - \frac{x^2}{2}\right) \tag{4.60}$$

となる．遠心力が作用する棒の垂直断面に生じる応力とひずみは，x の二次式となり，前述の重力が作用する棒と同様に，垂直断面の位置 x に応じて変化することから，位置 x にある長さ $\mathrm{d}x$ の微小部分を考える．微小部分の長さ $\mathrm{d}x$ は十分に小さく，ひずみを一定とみなせば，微小部分に生じる伸び $\mathrm{d}\Delta l$ は，式(4.46)となる．したがって，棒全体の伸び Δl は，各部の微小部分の伸び $\mathrm{d}\Delta l$ を先端 $x=0$ から回転中心 $x=l$ まで積分して

$$\Delta l = \int_0^l \varepsilon(x)\mathrm{d}x = \int_0^l \frac{\rho\omega^2}{E}\left(lx - \frac{x^2}{2}\right)\mathrm{d}x = \frac{\rho\omega^2}{E}\left[\frac{lx^2}{2} - \frac{x^3}{6}\right]_0^l = \frac{\rho\omega^2 l^3}{3E} \tag{4.61}$$

となる．

4.3 不静定の棒

(1) 両端が固定された棒

4.1 節および 4.2 節で取り扱った問題は，力の釣合い式から未知であった内力や支持力が求まる 静定問題 であった．本節では，力の釣合い式だけでは内力や支持力が求まらない 不静定問題 を取り扱う．図 4.14 に示すように，両端が壁に固定された棒は，典型的な不静定問題となる．一様な断面積 A，長さ l，縦弾性係数 E である棒の両端点 A および点 C を垂直な壁に固定し，点 B に右向きの外力を作用させる場合を考える．AB 間と BC 間の長さをそれぞれ a, b とする．

外力 P が作用する点 B の左側では引張り，右側では圧縮状態であることから，AB 間および BC 間で発生する内力は異なる．そこで，AB 間および BC 間に生じる内力 Q_1 および内力 Q_2 を求めるため，図 4.14 の下図に示すようにそれぞれの区間で垂直な断面で切断する．両端に生じる支持力を R_A および支

持力 R_C とすれば，図 4.14 の自由体図から，力の釣合い式は

$$-R_A+Q_1=0, \quad -Q_1+P+Q_2=0, \quad -Q_2+R_C=0 \tag{4.62}$$

となる．ここで，未知数は AB 間および BC 間で発生する内力 Q_1, Q_2 と点 A および点 C に生じる支持力 R_A, R_C であり，未知数の数は 4 である．これに対して，釣合い式 (4.62) の数は 3 で，未知数よりも釣合い式の数が少ない．このような不静定問題では，釣合い式のほかに，変形に関する新たな条件式を追加して未知数を決定する．図 4.14 の両端が固定された棒

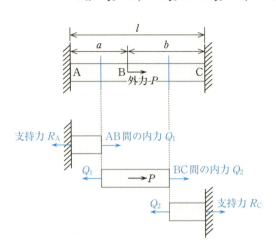

図 4.14 両端が壁に固定された棒

の場合，両端の壁は移動することなく，その間隔は変わらないことから，外力が作用しても棒全体の長さは不変である．すなわち，棒全体の伸びは 0 である．棒全体の伸びは，AB 間および BC 間の伸びの和と表されることから，新たな条件式として

$$\Delta l_1 + \Delta l_2 = 0 \tag{4.63}$$

が成立する．AB 間および BC 間の伸びは，内力を用いて

$$\Delta l_1 = \frac{Q_1 a}{EA}, \quad \Delta l_2 = \frac{Q_2 b}{EA} \tag{4.64}$$

と表せるため，式 (4.63) は

$$\frac{Q_1 a}{EA} + \frac{Q_2 b}{EA} = 0 \tag{4.65}$$

のように書き換えることができる．$a+b=l$ であることに注意して，式 (4.62) と式 (4.65) を連立して解けば，内力は

$$Q_1 = \frac{b}{l}P, \quad Q_2 = -\frac{a}{l}P \tag{4.66}$$

と求まる．AB 間の内力 Q_1 は正で引張り，BC 間の内力 Q_2 は負で圧縮となる．

また，支持力は

$$R_A = \frac{b}{l}P, \quad R_C = -\frac{a}{l}P \tag{4.67}$$

となる．R_A は正であることから図 4.14 に図示された矢印と同じ向き，R_C は負であることから図中の矢印と逆向きに発生することがわかる．AB 間および BC 間に生じる応力は，

$$\sigma_1 = \frac{Q_1}{A} = \frac{bP}{lA}, \quad \sigma_2 = \frac{Q_2}{A} = -\frac{aP}{lA} \tag{4.68}$$

となり，フックの法則から AB 間および BC 間のひずみは

$$\varepsilon_1 = \frac{\sigma_1}{E} = \frac{bP}{lEA}, \quad \varepsilon_2 = \frac{\sigma_2}{E} = -\frac{aP}{lEA} \tag{4.69}$$

となる．外力 P が作用する点 B の変位の大きさ δ_B は，AB 間の伸びまたは BC 間の縮みとして求めることができる．すなわち，

$$\delta_B = \varepsilon_1 a = \frac{abP}{lEA} \left(= |\varepsilon_2 b| = \frac{abP}{lEA} \right) \tag{4.70}$$

なお，BC 間の縮みとして求めた場合は負となるが，大きさはいずれの区間で求めても等しくなる．

図 4.14 の両端が壁に固定された棒の問題を発展させて，**図 4.15** に示すように，P_I および P_{II} の二つの外力が作用した場合の内力と変形を考えよう．AB 間，BC 間および CD 間に生じる内力を Q_{AB}, Q_{BC}, Q_{CD} とし，両端に生じる支持力を R_A および R_D とすれば，図 4.15 の自由体図から力の釣合い式は，

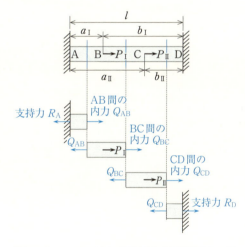

図 4.15 二つの外力が作用する両端固定の棒

$$\left. \begin{array}{l} -R_A + Q_{AB} = 0, \quad -Q_{AB} + P_I + Q_{BC} = 0 \\ -Q_{BC} + P_{II} + Q_{CD} = 0, \quad -Q_{CD} + R_D = 0 \end{array} \right\} \tag{4.71}$$

となる．両端固定により棒全体の伸びは 0 であることから，変形に関する条件式として

$$\Delta l_{AB} + \Delta l_{BC} + \Delta l_{CD} = \frac{Q_{AB}a_I}{EA} + \frac{Q_{BC}(a_{II}-a_I)}{EA} + \frac{Q_{CD}b_{II}}{EA} = 0 \tag{4.72}$$

が成り立つ．図 4.14 の問題と同様に，力の釣合い式 (4.71) および変形の条件式 (4.72) を連立して，内力および支持力を求めることができる．

一方，これとは別な解法として，図 4.14 の計算結果を利用して，4.2 節で述べた重ね合わせの原理により内力や支持力を求めてみよう．外力 P_I が単独で作用した場合に点 A および点 D に生じる支持力 R_1 および支持力 R_2 は，式 (4.67) において P を P_I に，a を a_I に，b を b_I に置換すれば

$$R_1 = \frac{b_I}{l}P_I, \quad R_2 = -\frac{a_I}{l}P_I \tag{4.73}$$

と求まる．同様に，外力 P_{II} が単独で作用した場合に点 A および点 D に生じる支持力 R_1' および支持力 R_2' も

$$R_1' = \frac{b_{II}}{l}P_{II}, \quad R_2' = -\frac{a_{II}}{l}P_{II} \tag{4.74}$$

と求まる．したがって，P_I および P_{II} が同時に作用した場合の点 A および点 D に生じる支持力 R_A および支持力 R_D は，重ね合わせの原理より

$$\left. \begin{array}{l} R_A = R_1 + R_1' = \dfrac{b_I P_I + b_{II} P_{II}}{l} \\[6pt] R_D = R_2 + R_2' = -\dfrac{a_I P_I + a_{II} P_{II}}{l} \end{array} \right\} \tag{4.75}$$

と求めることができる．一方，P_I および P_{II} がそれぞれ単独で作用した場合の内力も式 (4.66) より同様に求められ，図 4.16 に示すように棒の長さ方向に分布する．したがって，P_I および P_{II} が同時に作用した場合の AB 間，BC 間および CD 間に生じる内力 Q_{AB}, Q_{BC}, Q_{CD} は

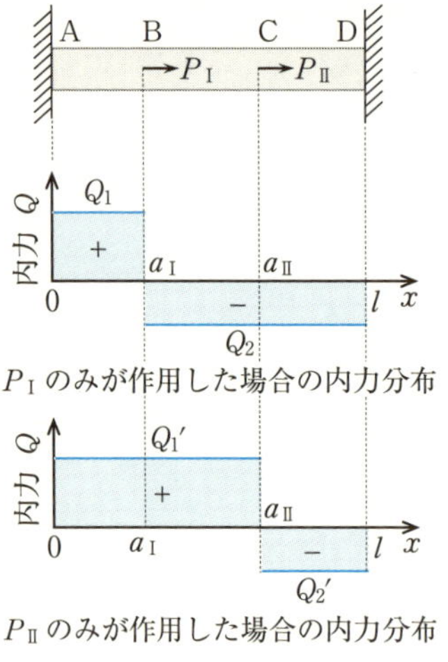

図 4.16 外力 P_I および P_{II} が単独で作用した場合の内力分布

4.3 不静定の棒

$$Q_{AB} = Q_1 + Q_1' = \frac{b_1 P_I + b_{II} P_{II}}{l}$$
$$Q_{BC} = Q_2 + Q_1' = \frac{-a_1 P_I + b_{II} P_{II}}{l}$$
$$Q_{CD} = Q_2 + Q_2' = -\frac{a_1 P_I + a_{II} P_{II}}{l}$$
(4.76)

となる．AB 間は引張り，CD 間は圧縮状態となり，BC 間は P_I と P_{II} の大小関係に応じて引張りか圧縮に状態が変化する．P_I が作用する点 B の変位の大きさ δ_B は，AB 間の伸びとして

$$\delta_B = \frac{Q_{AB} a_1}{EA} = \frac{a_1(b_1 P_I + b_{II} P_{II})}{lEA}$$
(4.77)

と求まる．同様に，P_{II} が作用する点 C の変位の大きさ δ_C は，CD 間の縮みとして

$$\delta_C = \left|\frac{Q_{CD} a_1}{EA}\right| = \frac{b_{II}(a_1 P_I + a_{II} P_{II})}{lEA}$$
(4.78)

と求まる．

次に，**図 4.17** に示すように，両端が壁に固定された段付き棒を考えよう．棒 1 および棒 2 の断面積はそれぞれ $2A, A$，縦弾性係数は $E, 2E$，長さはいずれも $l/2$ とし，点 B に左向きの外力を作用させる場合を考える．棒 1 および棒 2 の内力を Q_1 および Q_2，両端に生じる支持力を R_A および R_C とすれば，図の自由体図から力の釣合い式

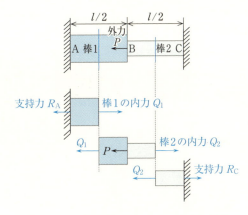

図 4.17 両端が壁に固定された段付き棒

$$-R_A + Q_1 = 0, \quad -Q_1 + P + Q_2 = 0, \quad -Q_2 + R_C = 0 \quad (4.79)$$

が成り立つ．また，両端が壁に固定されていることから，段付き棒全体の伸びは 0 である．すなわち，

$$\Delta l_1 + \Delta l_2 = \frac{Q_1 \frac{l}{2}}{E 2A} + \frac{Q_2 \frac{l}{2}}{2EA} = 0$$
(4.80)

式 (4.79) および 式 (4.80) を連立して

$$Q_1 = -\frac{1}{2}P, \quad Q_2 = \frac{1}{2}P, \quad R_\mathrm{A} = -\frac{1}{2}P, \quad R_\mathrm{C} = \frac{1}{2}P \tag{4.81}$$

を得る．棒1および棒2に生じる応力，ひずみは，

$$\sigma_1 = \frac{Q_1}{2A} = -\frac{P}{4A}, \quad \sigma_2 = \frac{Q_2}{A} = \frac{P}{2A} \tag{4.82}$$

$$\varepsilon_1 = \frac{\sigma_1}{E} = -\frac{P}{4EA}, \quad \varepsilon_2 = \frac{\sigma_2}{2E} = \frac{P}{4EA} \tag{4.83}$$

と求まる．さらに，点Bの変位の大きさ δ_B は，

$$\delta_\mathrm{B} = \left|\varepsilon_1 \frac{l}{2}\right| = \frac{Pl}{8EA}\left(= \varepsilon_2 \frac{l}{2} = \frac{Pl}{8EA}\right) \tag{4.84}$$

となる．

(2) 組合せ棒

図 4.18 に示すように，一様な断面積 A_1，長さ l，縦弾性係数 E_1 である中実丸棒を，一様な断面積 A_2，長さ l，縦弾性係数 E_2 である中空円筒 (パイプ) の中心に配置した組合せ棒を考えよう．組合せ棒の上端および下端を剛板で連結し，剛板が平行を保ったまま引張外力を作用させる．剛板の剛性は十分に高く，その変形は無視できるものとする．中心を通る棒の長さ方向に平行な面で切断した状態を 図 4.19 に示す．丸棒およびパイプの内力をそれぞれ Q_1 および Q_2 とすれば，図 4.19 の自由体図から力の釣合い式

$$P - Q_1 - Q_2 = 0 \tag{4.85}$$

が成り立つ．なお，切断された二つの部分の力の釣合いは，いずれも同じ式となる．二つの未知数に対して釣合い式は一つであるため，変形に関する条件式が必要である．ここで，剛板が平行を保ったまま引張外力が作用することから，丸棒とパイプの伸びは等しい．すなわち，

$$\Delta l_1 = \Delta l_2 \tag{4.86}$$

内力を使って書き換えると，

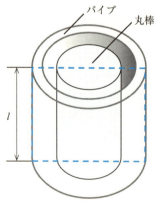

図 4.18　丸棒とパイプからなる組合せ棒

4.3 不静定の棒

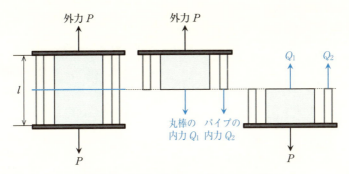

図4.19 引張外力が作用する組合せ棒

$$\frac{Q_1 l}{E_1 A_1} = \frac{Q_2 l}{E_2 A_2} \tag{4.87}$$

となる．力の釣合い式(4.85)および変形の条件式(4.87)を連立して，丸棒とパイプの内力を求めると，

$$Q_1 = \frac{E_1 A_1}{E_1 A_1 + E_2 A_2} P, \quad Q_2 = \frac{E_2 A_2}{E_1 A_1 + E_2 A_2} P \tag{4.88}$$

を得る．また，丸棒とパイプに生じる応力とひずみは，

$$\sigma_1 = \frac{Q_1}{A_1} = \frac{E_1}{E_1 A_1 + E_2 A_2} P, \quad \sigma_2 = \frac{Q_2}{A_2} = \frac{E_2}{E_1 A_1 + E_2 A_2} P \tag{4.89}$$

$$\varepsilon_1 = \frac{\sigma_1}{E_1} = \frac{P}{E_1 A_1 + E_2 A_2}, \quad \varepsilon_2 = \frac{\sigma_2}{E_2} = \frac{P}{E_1 A_1 + E_2 A_2} \tag{4.90}$$

となる．さらに，組合せ全体の伸びは，

$$\Delta l = \varepsilon_1 l (= \varepsilon_2 l) = \frac{Pl}{E_1 A_1 + E_2 A_2} \tag{4.91}$$

となる．

次に，三つの棒を図4.20のように結合した組合せ棒の内力や伸びを考えよう．すなわち，棒1と棒2を剛板により並列に結合したうえで棒3を直列に結合する．棒1および棒2の左端の点Aおよび点B，棒3の右端の点Dをそれぞれ壁に固定し，剛板が壁と平行を保ったまま剛板の中央の点Cに外力Pを左向きに加える．なお，棒1, 2, 3の断面積は，それぞれA_1, A_2, A_3とし，縦弾性係数はE_1, E_2, E_3とする．棒の長さは，いずれもlである．棒1, 2, 3の内力をQ_1, Q_2, Q_3，両端に生じる支持力をR_A, R_B, R_Cとすれば，図の自由

体図から力の釣合い式

$$-R_A + Q_1 = 0, \quad -R_B + Q_2 = 0 \\ -Q_1 - Q_2 - P + Q_3 = 0, \quad -Q_3 + R_D = 0 \bigg\} \quad (4.92)$$

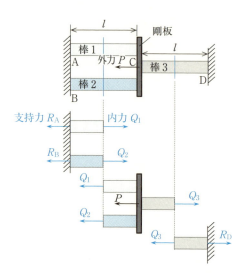

が成り立つ．また，剛板が平行に変位することから，棒1と棒2の伸びは等しい．すなわち，

$$\frac{Q_1 l}{E_1 A_1} = \frac{Q_2 l}{E_2 A_2} \quad (4.93)$$

である．さらに，両端が壁に固定されていることから，組合せ棒全体の伸びは0である．したがって，

$$\frac{Q_1 l}{E_1 A_1} + \frac{Q_3 l}{E_3 A_3} = 0 \quad (4.94)$$

力の釣合い式(4.92)および変形の条件式(4.93)と式(4.94)を連立して内力と支持力を求めると，

図4.20 三つの棒を結合した組合せ棒

$$Q_1 = R_A = -\frac{E_1 A_1 P}{E_1 A_1 + E_2 A_2 + E_3 A_3} \\ Q_2 = R_B = -\frac{E_2 A_2 P}{E_1 A_1 + E_2 A_2 + E_3 A_3} \\ Q_3 = R_D = \frac{E_3 A_3 P}{E_1 A_1 + E_2 A_2 + E_3 A_3} \Bigg\} \quad (4.95)$$

を得る．棒1と棒2は圧縮状態，棒3は引張状態である．各棒に生じる応力は，

$$\sigma_1 = \frac{Q_1}{A_1} = -\frac{E_1 P}{E_1 A_1 + E_2 A_2 + E_3 A_3} \\ \sigma_2 = \frac{Q_2}{A_2} = -\frac{E_2 P}{E_1 A_1 + E_2 A_2 + E_3 A_3} \\ \sigma_3 = \frac{Q_3}{A_3} = \frac{E_3 P}{E_1 A_1 + E_2 A_2 + E_3 A_3} \Bigg\} \quad (4.96)$$

となり，フックの法則から各棒に生じるひずみは，

$$\left.\begin{array}{l}\varepsilon_1=\dfrac{\sigma_1}{E_1}=-\dfrac{P}{E_1A_1+E_2A_2+E_3A_3}\\[6pt]\varepsilon_2=\dfrac{\sigma_2}{E_2}=-\dfrac{P}{E_1A_1+E_2A_2+E_3A_3}\\[6pt]\varepsilon_3=\dfrac{\sigma_3}{E_3}=\dfrac{P}{E_1A_1+E_2A_2+E_3A_3}\end{array}\right\} \quad (4.97)$$

となる.さらに,点Cの変位の大きさ δ_C は,

$$\delta_C=\Delta l_3(=-\Delta l_1=-\Delta l_2)=\dfrac{Pl}{E_1A_1+E_2A_2+E_3A_3} \quad (4.98)$$

となる.

4.4 熱応力

(1) 熱ひずみ

 一般に,材料は温度が上がると膨張し,温度が下がると収縮する.本節では,このような温度変化に伴う変形を取り扱う.**図4.21**に示すように,温度が T_1 から T_2 に変化し,長さ l の棒が Δl_T だけ伸びた場合を考えよう.このとき,棒に生じるひずみは

$$\varepsilon_T=\dfrac{\Delta l_T}{l} \quad (4.99)$$

と表される.ε_T は,温度変化によって生じたひずみであり,**熱ひずみ(thermal strain)**と呼ばれる.熱ひずみは,温度変化 $\Delta T=T_2-T_1$ に比例することから,次式のように定義される.

$$\varepsilon_T=\alpha\Delta T=\alpha(T_2-T_1) \quad (4.100)$$

ここで,比例定数である α は,**線膨張係数(coefficient of thermal expansion)**と呼ばれる.α は単位温度変化当たりに生じる熱ひずみを意味すること

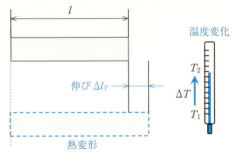

図4.21 温度変化による棒の熱変形

表 4.2 工業材料の線膨張係数

材料	線膨張係数 [1/K]
軟鋼	12×10^{-6}
ステンレス鋼	14×10^{-6}
アルミニウム合金	23×10^{-6}
セラミックス	$7 \sim 11 \times 10^{-6}$

から，その単位は $1/K$ である．一例として，代表的な工業材料の線膨張係数を **表 4.2** に示す．式 (4.99) および式 (4.100) から温度変化に伴う棒の伸びは，

$$\Delta l_\mathrm{T} = \varepsilon_\mathrm{T} l = \alpha \Delta T l = \alpha (T_2 - T_1) l \tag{4.101}$$

のように求まる．したがって，温度が上昇した場合 ($\Delta T > 0$)，熱ひずみは正となり，棒は伸びるのに対して，温度が下降した場合 ($\Delta T < 0$)，熱ひずみは負となり，棒は縮むことがわかる．

鉄道用レールを例として，温度変化による熱変形を具体的に計算してみよう．在来線のレールの長さはおよそ 25 m であり，レールの材料は表 4.2 中の軟鋼とする．夏と冬の気温をそれぞれ 303 K (30 ℃)，263 K (−10 ℃) であると仮定し，季節が冬から夏に変わって温度が上昇した場合のレールの伸びは，

$$\begin{aligned}\Delta l_\mathrm{T} &= \alpha \Delta T l = 12 \times 10^{-6} \times (303 - 263) \times 25 \,[1/K \times K \times m] \\ &= 12 \times 10^{-3} \,[\mathrm{m}] = 12 \,[\mathrm{mm}]\end{aligned} \tag{4.102}$$

と計算される．したがって，このような温度変化に伴うレールの伸縮を考慮してレールを設置することが必要となる．

次に，典型的な三つの異なる固定条件において温度変化を伴った場合に，一様な断面積 A，長さ l，縦弾性係数 E，線膨張係数 α である棒に生じる内力，応力，ひずみを考えてみよう．最初に，**図 4.22** に示すように，棒の左端を壁に固定し，温度を ΔT だけ変化させた場合に着目する．自由体図より力の釣合い式は

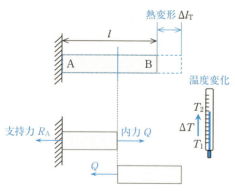

図 4.22 一端を壁に固定した状態で温度が変化する棒

$$-R_A + Q = 0, \quad -Q = 0 \tag{4.103}$$

となる．これより，内力と支持力は

$$Q = R_A = 0 \tag{4.104}$$

と求まる．また，棒に生じる応力は

$$\sigma = \frac{Q}{A} = 0 \tag{4.105}$$

となる．よって，温度変化による熱変形がまったく阻害されない場合，すなわち，自由な熱膨張および収縮では内力や応力は発生しないことがわかる．一方，棒に生じるひずみは，熱ひずみを加味して

$$\varepsilon = \frac{\sigma}{E} + \alpha \Delta T = \alpha \Delta T \tag{4.106}$$

となる．棒に生じる伸びは，式(4.101)と同様に

$$\Delta l = \varepsilon l = \alpha \Delta T l \tag{4.107}$$

のように求まる．ここで，式(4.106)に着目すると，伸びを計算する左辺のひずみ ε は，フックの法則に従う右辺第一項のひずみ σ/E と第二項の熱ひずみの和で表されている．一般形で書き改めると，

$$\varepsilon = \varepsilon_E + \varepsilon_T \tag{4.108}$$

と表される．伸びに関係する左辺の ε は 全ひずみ (total strain)，フックの法則に従う右辺 第一項の ひずみ ε_E は 弾性ひずみ (elastic strain) と呼ばれる．これまで取り扱った問題では，すべてフックの法則に従う弾性ひずみだけであったため，全ひずみは弾性ひずみと等しく，特に区別しなかった．しかし，熱ひずみ ε_T も考慮する場合には，式(4.108)のようなひずみの取扱いが必要となる．したがって，熱ひずみを考慮した場合のフックの法則は，次式のように表される．

$$\sigma = E\varepsilon_E = E(\varepsilon - \varepsilon_T) \tag{4.109}$$

式(4.109)のフックの法則を書き換れば，全ひずみは

$$\varepsilon = \frac{\sigma}{E} + \varepsilon_T \tag{4.110}$$

と表される．

　図4.22に続いて，二つ目の固定条件として，図4.23に示すように，棒の両端を壁に固定し，温度を ΔT だけ上昇させた場合を考える．固定条件以外は，

図 4.22 の場合とすべて同じとする．自由体図より力の釣合い式として

$$-R_A + Q = 0, \quad -Q + R_B = 0 \tag{4.111}$$

が成り立つ．ここで，棒に生じる応力は，

$$\sigma = \frac{Q}{A} \tag{4.112}$$

であるから，式(4.110)のフックの法則より全ひずみ ε は

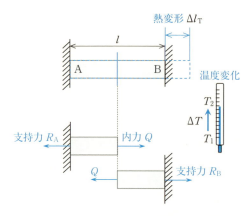

図 4.23 両端が固定された状態で温度が変化する棒

$$\varepsilon = \frac{\sigma}{E} + \varepsilon_T = \frac{Q}{EA} + \alpha \Delta T \tag{4.113}$$

となる．両端が固定された棒の場合，棒全体の伸び Δl は 0 であるから，

$$\Delta l = \varepsilon l = \frac{Ql}{EA} + \alpha \Delta T l = 0 \tag{4.114}$$

である．式(4.111)および式(4.114)より内力および支持力は，

$$Q = R_A = R_B = -EA\alpha \Delta T \tag{4.115}$$

となり，応力は最終的に

$$\sigma = \frac{Q}{A} = -E\alpha \Delta T \tag{4.116}$$

と定まる．壁がなければ，棒は図 4.23 の点線のように温度上昇によって Δl_T だけ膨張する．しかし，壁によって熱膨張が阻害され，長さ変化が許されないことから，温度変化による伸び Δl_T だけ圧縮された状態となる．式(4.115)および式(4.116)のように，固定により熱変形が阻害された場合には，内力や応力が発生する．このように，温度変化によって生じた応力を **熱応力 (thermal strain)** と呼ぶ．図 4.23 に示す両端が固定された棒のように，外力が作用せず変形していないことから応力の発生はないと錯覚するが，温度変化を伴う場合には，変形せずに熱応力が発生するので注意が必要である．

最後に，三つ目の固定条件として，**図 4.24** に示すように，棒の左端を壁に固定し，右端に壁とのすき間 d だけ設けて設置した状態で，温度を ΔT だけ上

4.4 熱応力　69

昇させた場合を考える．ただし，d は温度変化による熱膨張 $\Delta l_T = \alpha \Delta T l$ よりも小さい．固定条件以外は，これまでの図 4.22 および図 4.23 の場合とすべて同じである．図 4.23 と同様に，自由体図から力の釣合い式 (4.111) が成立する．次に，棒は温度上昇によって膨張するが，d だけ伸びたところで右端が壁に接触

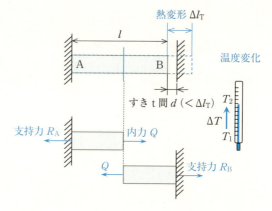

図 4.24 すき間を設けて固定された状態で温度が変化する棒

し，それ以上の熱膨張は許されない．したがって，棒の伸び Δl に関する条件として

$$\Delta l = \frac{Ql}{EA} + \alpha \Delta T l = d \tag{4.117}$$

が成り立つ．これより，棒に生じる内力は

$$Q = EA\left(\frac{d}{l} - \alpha \Delta T\right) \tag{4.118}$$

と求まり，応力は

$$\sigma = E\left(\frac{d}{l} - \alpha \Delta T\right) \tag{4.119}$$

となる．ここでは，すき間は熱膨張よりも小さい ($d < \alpha \Delta T l$) ことから，棒には圧縮応力が生じることがわかる．熱膨張がまったく許されない図 4.23 の場合，すなわち式 (4.116) と比較すると，図 4.24 の場合はすき間 d だけ熱膨張が許容されたことにより，発生する圧縮応力が低減することがわかる．

なお，上記の図 4.23 および図 4.24 の問題では，これまでと同じ手順，すなわち内力を求めた後，式 (4.116) や式 (4.119) の応力を得た．一方，図 4.23 の問題では，全ひずみが $\varepsilon = 0$ であり，熱ひずみが $\varepsilon_T = \alpha \Delta T$ であることから，式 (4.109) のフックの法則を使って式 (4.116) の応力を直接導くこともできる．同様に，図 4.24 の問題では，全ひずみが $\varepsilon = d/l$，熱ひずみが $\varepsilon_T = \alpha \Delta T$ として

式(4.119)の応力を導ける.

(2) 両端が固定された棒

両端が固定された棒について，4.3節では外力のみ作用する場合を取り扱ったが，本節では温度変化を伴う場合を解説する．図4.25に示すように，一様な断面積 A，長さ l，縦弾性係数 E，線膨張係数 α である棒の両端の点 A および点 C を垂直な壁に固定し，点 B に右向きの外力 P を作用させ，温度を ΔT だけ変化させる場合を考える．力の釣合い式および伸びの条件式は，前述の図4.14の場合と変わらず，

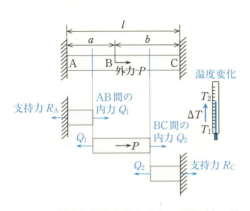

図4.25 外力と温度変化を受ける両端固定の棒

$$-R_A + Q_1 = 0, \quad -Q_1 + P + Q_2 = 0, \quad -Q_2 + R_C = 0 \tag{4.120}$$

$$\Delta l_1 + \Delta l_2 = 0 \tag{4.121}$$

となる．ここで，温度変化による熱変形を考慮した場合，AB 間および BC 間の伸びは

$$\Delta l_1 = \frac{Q_1 a}{EA} + \alpha \Delta T a, \quad \Delta l_2 = \frac{Q_2 b}{EA} + \alpha \Delta T b \tag{4.122}$$

したがって，式(4.121)は

$$\Delta l_1 + \Delta l_2 = \frac{Q_1 a}{EA} + \alpha \Delta T a + \frac{Q_2 b}{EA} + \alpha \Delta T b = 0 \tag{4.123}$$

のように書き換えることができる．$a+b=l$ であることに注意して，式(4.120)と式(4.123)を連立して解けば，内力は

$$Q_1 = \frac{b}{l} P - EA\alpha\Delta T, \quad Q_2 = -\frac{a}{l} P - EA\alpha\Delta T \tag{4.124}$$

と求まる．熱応力の発生により AB 間の内力 Q_1 は減少し，逆に BC 間の Q_2 は増加することがわかる．なお，式(4.124)は，外力のみを考慮した式(4.66)に

熱的効果を重ね合わせたものとなっている．AB 間および BC 間に生じる応力は，

$$\sigma_1 = \frac{Q_1}{A} = \frac{bP}{lA} - E\alpha\Delta T, \quad \sigma_2 = \frac{Q_2}{A} = -\frac{aP}{lA} - E\alpha\Delta T \qquad (4.125)$$

となり，式(4.110)のフックの法則から AB 間および BC 間の全ひずみは

$$\left. \begin{array}{l} \varepsilon_1 = \dfrac{\sigma_1}{E} + \varepsilon_{1T} = \dfrac{bP}{lEA} - \alpha\Delta T + \alpha\Delta T = \dfrac{bP}{lEA} \\ \varepsilon_2 = \dfrac{\sigma_2}{E} + \varepsilon_{2T} = -\dfrac{aP}{lEA} - \alpha\Delta T + \alpha\Delta T = -\dfrac{aP}{lEA} \end{array} \right\} \qquad (4.126)$$

となる．両端が固定されて棒全体の伸びが 0 であることから，外力のみが作用した場合と温度変化も伴った場合で変形は変わらず，全ひずみは式(4.69)と同じとなる．また，外力 P が作用する点 B の変位の大きさ δ_B は，AB 間の伸びまたは BC 間の縮みとして求めることができる．すなわち，

$$\delta_B = \varepsilon_1 a = \frac{abP}{lEA} \left(= |\varepsilon_2 b| = \frac{abP}{lEA} \right) \qquad (4.127)$$

となる．

次に，図 4.26 に示すように，両端が壁に固定された段付き棒を考えよう．棒 1 および棒 2 の断面積はそれぞれ A_1, A_2, 線膨張係数は α_1, α_2, 縦弾性係数および長さはいずれも E, $l/2$ とする．棒 1 および棒 2 の内力を Q_1 および Q_2, 両端に生じる支持力を R_A および R_C とすれば，図 4.24 の自由体図から力の釣合い式

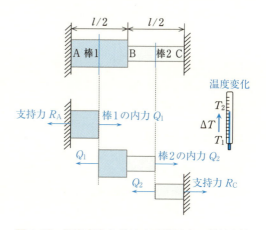

図 4.26 温度変化を受ける両端固定の段付き棒

$$-R_A + Q_1 = 0, \quad -Q_1 + Q_2 = 0, \quad -Q_2 + R_C = 0 \qquad (4.128)$$

が成り立つ．また，両端が壁に固定されていることから，段付き棒全体の伸びは 0 である．すなわち，温度変化による熱変形も考慮して

$$\Delta l_1 + \Delta l_2 = \frac{Q_1 \frac{l}{2}}{E A_1} + \alpha_1 \Delta T \frac{l}{2} + \frac{Q_2 \frac{l}{2}}{E A_2} + \alpha_2 \Delta T \frac{l}{2} = 0 \qquad (4.129)$$

のように伸びの条件式を得る．式(4.128)および式(4.129)を連立して

$$Q_1 = Q_2 = -\frac{A_1 A_2}{A_1 + A_2}(\alpha_1 + \alpha_2) E \Delta T \qquad (4.130)$$

を得る．棒1および棒2に生じる応力は，

$$\left.\begin{array}{l} \sigma_1 = \dfrac{Q_1}{A_1} = -\dfrac{A_2}{A_1 + A_2}(\alpha_1 + \alpha_2) E \Delta T \\[2mm] \sigma_2 = \dfrac{Q_2}{A_2} = -\dfrac{A_1}{A_1 + A_2}(\alpha_1 + \alpha_2) E \Delta T \end{array}\right\} \qquad (4.131)$$

となる．また，式(4.110)よりそれぞれの全ひずみは，

$$\left.\begin{array}{l} \varepsilon_1 = \dfrac{\sigma_1}{E} + \varepsilon_{1T} = -\dfrac{A_2}{A_1 + A_2}(\alpha_1 + \alpha_2)\Delta T + \alpha_1 \Delta T = \dfrac{\alpha_1 A_1 - \alpha_2 A_2}{A_1 + A_2}\Delta T \\[2mm] \varepsilon_2 = \dfrac{\sigma_2}{E} + \varepsilon_{2T} = -\dfrac{A_1}{A_1 + A_2}(\alpha_1 + \alpha_2)\Delta T + \alpha_2 \Delta T = \dfrac{\alpha_1 A_1 - \alpha_2 A_2}{A_1 + A_2}\Delta T \end{array}\right\}$$
$$(4.132)$$

と求まる．さらに，点Bの変位の大きさδ_Bは，

$$\delta_B = \left|\varepsilon_1 \frac{l}{2}\right| = \left|\varepsilon_2 \frac{l}{2}\right| = \left|\frac{(\alpha_1 A_1 - \alpha_2 A_2) l \Delta T}{2(A_1 + A_2)}\right| \qquad (4.133)$$

となる．点Bが右または左に変位するかは，棒1および棒2の線膨張係数と断面積の大小関係に依存する．

(3) 組合せ棒

4.3節の図4.18に示した一様な断面積A_1，長さl，縦弾性係数E_1である中実丸棒を，一様な断面積A_2，長さl，縦弾性係数E_2であるパイプの中心に配置した組合せ棒について，図4.27のように外力は作用せず，温度が変化した場合について考えてみよう．

丸棒およびパイプの内力をそれぞれQ_1およびQ_2とすれば，自由体図から

$$Q_1 + Q_2 = 0 \qquad (4.134)$$

のように力の釣合い式が成り立つ．また，剛板が平行を保ったまま温度が変化して熱変形することから，丸棒とパイプの伸びは等しい．すなわち，

$$\Delta l_1 = \Delta l_2 \qquad (4.135)$$

4.4 熱応力　73

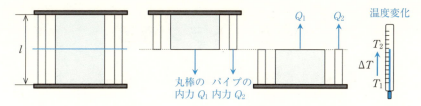

図 4.27 温度変化を受ける組合せ棒

熱変形を考慮して上式を書き換えると，

$$\frac{Q_1 l}{E_1 A_1} + \alpha_1 \Delta T l = \frac{Q_2 l}{E_2 A_2} + \alpha_2 \Delta T l \tag{4.136}$$

となる．力の釣合い式(4.134)および変形の条件式(4.136)を連立して，丸棒とパイプの内力を求めると，

$$\left.\begin{array}{l} Q_1 = \dfrac{E_1 E_2 A_1 A_2}{E_1 A_1 + E_2 A_2}(\alpha_2 - \alpha_1)\Delta T \\[6pt] Q_2 = -\dfrac{E_1 E_2 A_1 A_2}{E_1 A_1 + E_2 A_2}(\alpha_2 - \alpha_1)\Delta T \end{array}\right\} \tag{4.137}$$

を得る．また，丸棒とパイプに生じる応力は，

$$\left.\begin{array}{l} \sigma_1 = \dfrac{Q_1}{A_1} = \dfrac{E_1 E_2 A_2}{E_1 A_1 + E_2 A_2}(\alpha_2 - \alpha_1)\Delta T \\[6pt] \sigma_2 = \dfrac{Q_2}{A_2} = -\dfrac{E_1 E_2 A_1}{E_1 A_1 + E_2 A_2}(\alpha_2 - \alpha_1)\Delta T \end{array}\right\} \tag{4.138}$$

となる．また式(4.110)より，それぞれの全ひずみは

$$\left.\begin{array}{l} \varepsilon_1 = \dfrac{\sigma_1}{E_1} + \varepsilon_{1T} = \dfrac{E_2 A_2(\alpha_2 - \alpha_1)\Delta T}{E_1 A_1 + E_2 A_2} + \alpha_1 \Delta T = \dfrac{E_1 A_1 \alpha_1 + E_2 A_2 \alpha_2}{E_1 A_1 + E_2 A_2}\Delta T \\[6pt] \varepsilon_2 = \dfrac{\sigma_2}{E_2} + \varepsilon_{2T} = -\dfrac{E_1 A_1(\alpha_2 - \alpha_1)\Delta T}{E_1 A_1 + E_2 A_2} + \alpha_2 \Delta T = \dfrac{E_1 A_1 \alpha_1 + E_2 A_2 \alpha_2}{E_1 A_1 + E_2 A_2}\Delta T \end{array}\right\} \tag{4.139}$$

となる．さらに，組合せ全体の伸びは，

$$\Delta l = \varepsilon_1 l (= \varepsilon_2 l) = \frac{E_1 A_1 \alpha_1 + E_2 A_2 \alpha_2}{E_1 A_1 + E_2 A_2}\Delta T l \tag{4.140}$$

となる．

4.5 トラス構造

二つ以上の棒を結合した骨組み構造は，棒の結合方法によってトラス構造（truss structure）とラーメン構造（rahmen structure）に大別される．トラス構造では，棒は回転自由な滑節で結合され，棒にはモーメントが伝達されず，軸力のみ作用することから，引張・圧縮変形だけで曲げ変形を考慮する必要がない．一方，ラーメン構造では，棒は回転不可な剛節で結合され，軸力のほか曲げモーメントも作用して曲げ変形を生じる．

本節では，前者のトラス構造を取り扱い，後者のラーメン構造については第 8 章で解説する．

(1) 静定トラス

図 4.28 に示すように，一端を天井に他端を互いにピン結合した二つの棒に垂直方向下向きに外力 P が作用する場合を考える．棒の断面積を A，縦弾性係数を E とし，棒が水平方向の天井となす角を θ とする．この場合，いずれの棒にも引張力が作用して伸びが生じ，トラス構造全体は図(b)の青線で示したように変形する．それぞれの棒に生じる内力を求めるため，仮想的な垂直断面で棒を切断すると，図 4.29 のような自由体図を得る．Q_1 および Q_2 は，それぞれ棒 1 および棒 2 に生じる内力である．力を作用線上で平行移動して力の作用点を一致させ，x 方向は右向き，y 方向は上向きを正として，点 C での力の釣合い式を考えると，

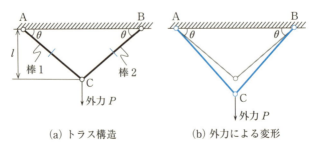

図 4.28 天井に固定された二つの棒からなる静定トラス

4.5 トラス構造

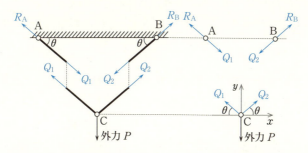

図 4.29 天井に固定された二つの棒からなる静定トラスの自由体図

$$-Q_1\cos\theta + Q_2\cos\theta = 0, \quad Q_1\sin\theta + Q_2\sin\theta - P = 0 \tag{4.141}$$

となる．これより，棒1および棒2に生じる内力は

$$Q_1 = Q_2 = \frac{P}{2\sin\theta} \tag{4.142}$$

と求まり，いずれの棒も引張力が作用して伸びることが確認できる．支持点Aおよび支持点Bにおいて力の作用線方向の釣合い式を考えると，

$$R_A - Q_1 = 0, \quad R_B - Q_2 = 0 \tag{4.143}$$

となる．なお，点Cと同様に支持点Aおよび支持点Bにおいてもx方向およびy方向に分けて釣合い式を考えてもよいが，力の作用線が一致していることから，ここでは作用線方向の釣合い式を考える．これより，支持点Aおよび支持点Bに生じる支持力R_Aおよび支持力R_Bは

$$R_A = R_B = \frac{P}{2\sin\theta} \tag{4.144}$$

と求まる．このように，力の釣合い式だけで内力や支持力が求まる構造を静定トラスと呼ぶ．また，棒1および棒2に生じる応力とひずみは

$$\sigma_1 = \sigma_2 = \frac{Q_1}{A} = \frac{P}{2\sin\theta \cdot A} \tag{4.145}$$

$$\varepsilon_1 = \varepsilon_2 = \frac{\sigma_1}{E} = \frac{P}{2\sin\theta \cdot AE} \tag{4.146}$$

と求まる．ここで，棒1および棒2の長さが

$$l_1 = l_2 = \frac{l}{\sin\theta} \tag{4.147}$$

であることに注意して，棒1および棒2の伸びを求めると

$$\Delta l_1 = \Delta l_2 = \varepsilon_1 l_1 = \frac{Pl}{2\sin^2\theta \cdot AE} \tag{4.148}$$

となる．

続いて，**図 4.30** に示すように，一端を垂直な壁に他端を互いにピン結合した二つの棒に垂直方向下向きに外力 P が作用する場合を考える．棒1は水平方向，棒1と棒2のなす角は $30°$ であり，棒1および棒2の断面積をそれぞれ A_1, A_2 とする．**図 4.31** に示す自由体図から，点 C での x 方向および y 方向の力の釣合い式は

$$-Q_1 - Q_2\cos 30° = 0, \quad Q_2\sin 30° - P = 0 \tag{4.149}$$

と表される．これより，棒1および棒2の内力 Q_1, Q_2 は，

$$Q_1 = -\sqrt{3}\,P, \quad Q_2 = 2P \tag{4.150}$$

と求まる．したがって，それぞれの棒に生じる応力は

$$\sigma_1 = \frac{Q_1}{A_1} = -\frac{\sqrt{3}\,P}{A_1}, \quad \sigma_2 = \frac{Q_2}{A_2} = \frac{2P}{A_2} \tag{4.151}$$

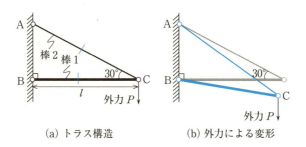

(a) トラス構造　　(b) 外力による変形

図 4.30 壁に固定された二つの棒からなる静定トラス

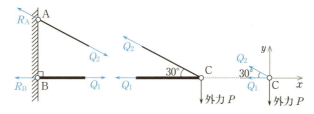

図 4.31 壁に固定された二つの棒からなる静定トラスの自由体図

となり，棒1には圧縮応力，棒2には引張応力が生じる．

ここで，棒1は十分に太く破壊する恐れがない場合，棒2が破壊してトラス構造が壊れる限界の外力 P_{max} を求めてみよう．棒2の強度を σ_U とすれば，棒2が破壊する条件は

$$\sigma_2 = \frac{2P}{A_2} = \sigma_U \tag{4.152}$$

と表せる．したがって，限界の外力 P_{max} は

$$P_{max} = \frac{A_2 \sigma_U}{2} \tag{4.153}$$

となる．

次に，少し複雑なトラス構造として，図 4.32 に示すように天井に固定された四つの棒からなる静定トラスを考えよう．いずれの棒も，断面積が A，縦

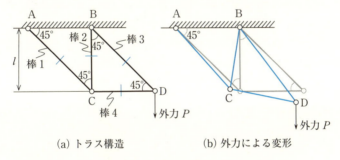

(a) トラス構造　　(b) 外力による変形

図 4.32 天井に固定された四つの棒からなる静定トラス

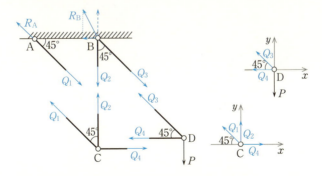

図 4.33 天井に固定された四つの棒からなる静定トラスの自由体図

弾性係数を E とする．図 4.33 に示す自由体図から，点 C での x 方向および y 方向の力の釣合い式は

$$-Q_1 \cos 45° + Q_4 = 0, \quad Q_1 \sin 45° + Q_2 = 0 \tag{4.154}$$

となる．同様に点 D での力の釣合い式は，

$$-Q_3 \cos 45° - Q_4 = 0, \quad Q_3 \sin 45° - P = 0 \tag{4.155}$$

となる．これらを連立すれば，それぞれの棒に生じる内力は，

$$Q_1 = -\sqrt{2}P, \quad Q_2 = P, \quad Q_3 = \sqrt{2}P, \quad Q_4 = -P \tag{4.156}$$

と求まる．また，それぞれの棒に生じる応力およびひずみは

$$\sigma_1 = -\frac{\sqrt{2}P}{A}, \quad \sigma_2 = \frac{P}{A}, \quad \sigma_3 = \frac{\sqrt{2}P}{A}, \quad \sigma_4 = -\frac{P}{A} \tag{4.157}$$

$$\varepsilon_1 = -\frac{\sqrt{2}P}{EA}, \quad \varepsilon_2 = \frac{P}{EA}, \quad \varepsilon_3 = \frac{\sqrt{2}P}{EA}, \quad \varepsilon_4 = -\frac{P}{EA} \tag{4.158}$$

となり，棒 1 および棒 4 は圧縮状態，棒 2 および棒 3 は引張状態であることがわかる．さらに，それぞれの棒に生じる伸びは，

$$\Delta l_1 = -\frac{2Pl}{EA}, \quad \Delta l_2 = \frac{Pl}{EA}, \quad \Delta l_3 = \frac{2Pl}{EA}, \quad \Delta l_4 = -\frac{Pl}{EA} \tag{4.159}$$

となり，棒 1 および棒 3 が最もよく変形することがわかる．

(2) 不静定トラス

図 4.34 に示すように，一端を水平な天井に他端を互いにピン結合した三つの棒に鉛直方向下向きに外力 P が作用する場合を考える．すべての棒の断面積を A，縦弾性係数を E とし，棒 2 は鉛直方向，棒 1 および棒 2 が天井とな

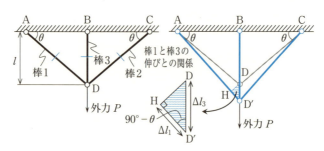

(a) トラス構造　　(b) 外力による変形

図 4.34　天井に固定された三つの棒からなる不静定トラス

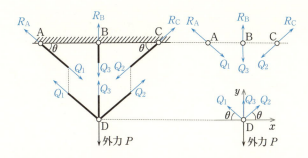

図 4.35 天井に固定された三つの棒からなる不静定トラスの自由体図

す角を θ とする.**図 4.35** に示す自由体図から,点 D での力の釣合い式は

$$-Q_1\cos\theta + Q_2\cos\theta = 0, \quad Q_1\sin\theta + Q_2\sin\theta + Q_3 - P = 0 \quad (4.160)$$

となる.未知数である内力は三つに対して力の釣合いは二つであり,力の釣合い式のみでは未知数を決定できない不静定問題であることがわかる.そこで,伸びに関する条件式を得るため,図 4.34(b) に示すトラス構造の変形を考える.左右対称であることから,点 D は鉛直下向きに変位する.ここで,変形前の点 D から AD′ に垂線を下して,図中斜線で示した △DHD′ に着目すると,棒 1 と棒 3 との伸びの関係として

$$\Delta l_1 = \Delta l_3 \cos(90° - \theta) \quad (4.161)$$

を得る.ここで,変形による ∠BAD の角度変化は非常に小さく,∠BAD′ も θ とみなせるものとする.棒 1 および棒 3 の伸びは

$$\Delta l_1 = \frac{Q_1 l_1}{EA} = \frac{Q_1 l}{\sin\theta \cdot EA}, \quad \Delta l_3 = \frac{Q_3 l_3}{EA} = \frac{Q_3 l}{EA} \quad (4.162)$$

と表せることから,式 (4.161) は以下のように書き換えられる.

$$Q_1 = \sin^2\theta \cdot Q_3 \quad (4.163)$$

したがって,式 (4.160) と式 (4.163) を連立すれば,各棒に生じる内力は,

$$Q_1 = Q_2 = \frac{\sin^2\theta \cdot P}{1 + 2\sin^3\theta}, \quad Q_3 = \frac{P}{1 + 2\sin^3\theta} \quad (4.164)$$

のように求まる.作用点 D の変位 δ_D は

$$\delta_D = \Delta l_3 = \frac{Q_3 l}{EA} = \frac{Pl}{EA(1 + 2\sin^3\theta)} \quad (4.165)$$

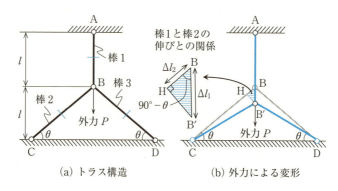

(a) トラス構造　　　(b) 外力による変形

図 4.36　天井と床に固定された三つの棒からなる不静定トラス

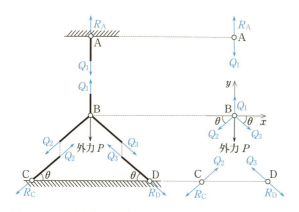

図 4.37　天井と床に固定された三つの棒からなる不静定トラスの自由体図

により与えられる．

次に，**図 4.36** に示すように，一端を水平な天井と床に，他端を点 B で互いにピン結合した三つの棒に対して点 B に鉛直方向下向きに外力 P が作用する場合を考える．すべての棒の断面積を A，縦弾性係数を E とし，棒 1 は鉛直方向，棒 2 および棒 3 が床となす角を θ とする．**図 4.37** に示す自由体図から，点 B での力の釣合い式は

$$-Q_2\cos\theta + Q_3\cos\theta = 0, \quad Q_1 - Q_2\sin\theta - Q_3\sin\theta - P = 0 \quad (4.166)$$

となる．未知数である内力は三つに対して力の釣合いは二つであり，このトラス構造も不静定問題であることがわかる．伸びに関する条件式を得るため，図 4.36(b) に示す変形を考える．左右対称であることから，点 B は鉛直下向きに変位する．ここで，点 B′ から BC に垂線を下して，図中斜線で示した △BHB′ に着目すると，棒 1 と棒 2 の伸びとの関係として

$$\Delta l_1 \cos(90° - \theta) = -\Delta l_2 \quad (4.167)$$

を得る．辺 BH は棒 2 の縮みに相当することに注意が必要である．ここで，変形による ∠BCD の変化は非常に小さく，∠B′CD も θ とみなせるものとする．棒 1 および棒 2 の伸びは

$$\Delta l_1 = \frac{Q_1 l_1}{EA} = \frac{Q_1 l}{EA}, \quad \Delta l_2 = \frac{Q_2 l_2}{EA} = \frac{Q_2 l}{\sin\theta \cdot EA} \tag{4.168}$$

と表せることから，式(4.167)は以下のように書き換えられる．

$$Q_2 = -\sin^2\theta \cdot Q_1 \tag{4.169}$$

したがって，式(4.166)と式(4.169)を連立すれば，各棒に生じる内力は，

$$Q_1 = \frac{P}{1+2\sin^3\theta}, \quad Q_2 = Q_3 = -\frac{\sin^2\theta \cdot P}{1+2\sin^3\theta} \tag{4.170}$$

のように求まる．作用点 B の変位 δ_B は，

$$\delta_B = \Delta l_1 = \frac{Q_1 l}{EA} = \frac{Pl}{EA(1+2\sin^3\theta)} \tag{4.171}$$

により与えられる．

第5章 軸のねじり

図5.1に示すように，動力を伝える伝動軸やT型レンチなど機械や構造物，工具の軸にはトルク（torque）〔またはねじりモーメント（torsional moment）と呼ぶ〕が作用し，ねじり変形を生じる．図(a)の直径dの伝動軸の場合，駆動ギヤにより軸の表面に外力Pが伝わって軸を回転しようとする働き，すなわちトルク$T = P \times d/2$が作用する．一方，図(b)の幅lのT型レンチの場合では，偶力Pによってトルク$T = P \times l$が作用することになる．

本章では，最も単純な円形断面をもつ軸に限定して，このようなトルクが作用した場合のねじり変形を考え，丸軸に生じるせん断応力やねじれ角の求め方を解説する．5.1節において，ねじり変形とせん断ひずみとの関係からねじりの基礎式を導出したのち，5.2節では静定問題，5.3節では不静定問題を取り扱う．

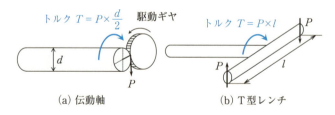

(a) 伝動軸　　(b) T型レンチ

図5.1　トルクが作用する軸

5.1　ねじり変形とせん断ひずみ

長さl，直径dの丸軸の左端を壁に固定し，他端にトルクTを作用させた場合，丸棒は図5.2に示すようなねじり変形を生じる．変形が小さい場合，垂直断面は変形後も円形で平面を保ち，中心まわりに回転する．また，断面の直径と丸軸の長さは変化しない．ここで，図5.3に示すように中心からrだけ離

5.1 ねじり変形とせん断ひずみ　83

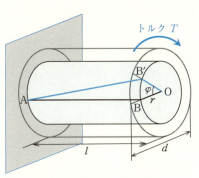

図 5.2　丸軸のねじり変形

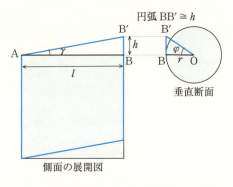

図 5.3　丸軸のねじり変形とせん断ひずみとの関係

れた位置での変形，すなわち半径 r の円柱に着目して側面と垂直断面での変形を考える．変形前の基準線 AB および基準線 OB がトルクの作用によって AB′ および OB′ に変位する．長方形であった側面がトルクを受けて平行四辺形に変化，すなわちせん断変形していることがわかる．長さ l に対して点 B が h だけ変位していることから，せん断ひずみ γ の定義（3.3 節）に従って，

$$\gamma \cong \tan\gamma = \frac{h}{l} \tag{5.1}$$

と表される．一方，垂直断面での変形に着目すると，回転角 φ（ファイ）は

$$\varphi \cong \tan\varphi = \frac{h}{r} \tag{5.2}$$

と表される．トルクによって生じる回転角 φ を ねじれ角（angle of twist）と呼ぶ．ねじれ角が小さい場合，円弧 BB′ は h とみなせる．式 (5.2) より $h = r\varphi$ であり，式 (5.1) に代入すれば，

$$\gamma \cong \tan\gamma = r\frac{\varphi}{l} = r\theta \tag{5.3}$$

を得る．ここで，$\theta = \varphi/l$ は単位長さ当たりのねじれ角を意味し，比ねじれ角（specific angle of twist）と呼ぶ．フックの法則（3.4 節）を用いると，せん断応力 τ は

$$\tau = G\gamma = Gr\theta \tag{5.4}$$

のように半径 r の一次式として表される．ここで，G はせん断弾性係数である．せん断応力は，図 5.4 に示すように円周方向に作用し，その大きさは中心

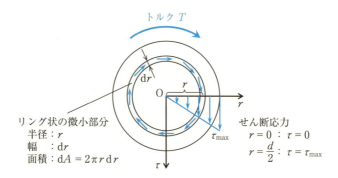

図 5.4 垂直断面における せん断応力の分布

から外に向かって線形的に増加し，丸軸の表面において最大せん断応力が発生することがわかる．

図 5.4 に示す断面の せん断応力は，トルク T によって生じたものであることから，せん断応力による中心 O まわりのモーメントはトルク T に等しくなる．中心から r だけ離れた厚さ dr のリング状の微小部分を考える．微小部分の面積を dA，せん断応力を τ とすれば，リング状の微小部分に生じた せん断応力が中心 O まわりにもたらすモーメント dT は，力 τdA と距離 r の積として

$$dT = \tau \, dA \cdot r \tag{5.5}$$

と表される．トルク T は，各微小部分がもたらすモーメント dT を断面全体で総和したものであるから，次式のように積分値として求められる．式 (5.5) と 式 (5.4) を順に代入すれば，

$$T = \int_A dT = \int_A \tau r \, dA = G\theta \int_A r^2 \, dA \tag{5.6}$$

のように整理できる．ここで，積分部分を

$$I_p = \int_A r^2 \, dA \tag{5.7}$$

とする．I_p は 断面二次極モーメント（polar moment of inertia of area）と呼ばれ，断面形状のみで決定されるパラメータである．半径 a，直径 d の円形の断面の場合は，リング状の微小部分の面積が $dA = 2\pi r \, dr$ であることから，

$$I_p = \int_A r^2 \, dA = \int_0^a 2\pi r^3 \, dr = 2\pi \left[\frac{r^4}{4} \right]_0^a = \frac{\pi a^4}{2} = \frac{\pi d^4}{32} \tag{5.8}$$

のように計算できる．断面二次極モーメント I_p を用いれば，トルクは最終的に

$$T = G\theta I_p \tag{5.9}$$

と表される.したがって,比ねじれ角 θ とねじれ角 φ は,それぞれ

$$\theta = \frac{\varphi}{l} = \frac{T}{GI_p} \tag{5.10}$$

$$\varphi = \frac{Tl}{GI_p} \tag{5.11}$$

のように作用するトルク T から算出できる.また,せん断応力 τ もトルク T と次式のように関係づけられる.

$$\tau = Gr\theta = \frac{T}{I_p}r \tag{5.12}$$

半径 a の丸軸において,最大せん断応力 τ_{max} は $r = a$ で発生し,次式のように計算できる.

$$\tau_{max} = \frac{T}{I_p}a = \frac{T}{Z_p}, \quad Z_p = \frac{I_p}{a} \tag{5.13}$$

Z_p は,極断面係数 (torsional section modulus) と呼ばれる.

5.2 静定問題

図 5.5 に示すように,一端が壁に固定され,他端にトルク T を受ける丸軸から始めよう.丸軸の長さを l,直径を d,せん断弾性係数を G とする.右ねじが右方向に進む向きに作用するトルクを正とすれば,図の自由体図から,トルクの釣合い式は

$$-R + T' = 0, \quad -T' + T = 0 \tag{5.14}$$

となり,丸軸内部に作用するトルク T' と支持トルク R は

$$T' = T, \quad R = T \tag{5.15}$$

と求まる.したがって,先端に生じるねじれ角は,式 (5.11) より

$$\varphi = \frac{T'l}{GI_p} = \frac{Tl}{GI_p} = \frac{32Tl}{\pi d^4 G} \tag{5.16}$$

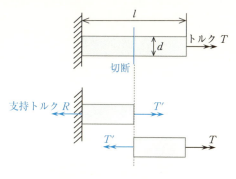

図 5.5 トルクを受ける軸

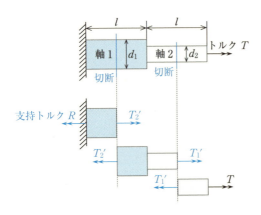

図 5.6 トルクを受ける段付き丸軸

となる．ねじれ角は作用するトルクと丸軸の長さに比例し，丸軸の直径の4乗とせん断弾性係数に反比例する．また，丸軸に生じるせん断応力は，式(5.12)より

$$\tau = \frac{T'}{I_p}r = \frac{T}{\dfrac{\pi d^4}{32}}r = \frac{32T}{\pi d^4}r \tag{5.17}$$

となる．せん断応力は，中心 $r=0$ で 0，表面 $r=d/2$ において最大となり，その大きさは次式により与えられる．

$$\tau_{\max} = \frac{32T}{\pi d^4}\frac{d}{2} = \frac{16T}{\pi d^3} \tag{5.18}$$

次に，**図 5.6** に示すように，一端が壁に固定され，他端にトルク T を受ける段付き軸を考えよう．軸1および軸2の直径はそれぞれ d_1, d_2 とし，いずれの棒も長さを l，せん断弾性係数を G とする．図の自由体図から釣合い式は

$$-R + T_1' = 0, \quad -T_1' + T_2' = 0, \quad -T_2' + T = 0 \tag{5.19}$$

となり，各軸の内部に作用するトルク T_1', T_2' と支持トルク R は

$$T_1' = T_2' = T, \quad R = T \tag{5.20}$$

と求まる．したがって，各軸のねじれ角は，

$$\varphi_1 = \frac{T_1' l}{G\dfrac{\pi d_1^4}{32}} = \frac{32Tl}{\pi d_1^4 G}, \quad \varphi_2 = \frac{T_2' l}{G\dfrac{\pi d_2^4}{32}} = \frac{32Tl}{\pi d_2^4 G} \tag{5.21}$$

となる．段付き軸全体のねじれ角は，次式のように計算できる．

$$\varphi = \varphi_1 + \varphi_2 = \frac{32Tl}{\pi d_1^4 G} + \frac{32Tl}{\pi d_2^4 G} = \frac{32Tl}{\pi G}\frac{d_1^4 + d_2^4}{d_1^4 d_2^4} \tag{5.22}$$

また，各軸に生じる最大せん断応力は，

$$\tau_{\max 1} = \frac{T_1'}{\dfrac{\pi d_1^4}{32}}\frac{d_1}{2} = \frac{16T}{\pi d_1^3}, \quad \tau_{\max 2} = \frac{T_2'}{\dfrac{\pi d_2^4}{32}}\frac{d_2}{2} = \frac{16T}{\pi d_2^3} \tag{5.23}$$

となる．$d_1 > d_2$ である場合，$\tau_{\max 1} < \tau_{\max 2}$ であることから，太い軸1より細い

軸2において大きなねじれ角とせん断応力が発生することがわかる.

図5.7に示すように，せん断弾性係数がG，長さがlで直径がd_1からd_2に変化する丸軸の一端を壁に固定し，他端にトルクTを作用させた場合を考える．トルクの釣合い式は，図5.5の直径が一定の丸軸に関する釣合い式(5.14)と等しく，発生する内部トルクT'と支持トルクRも同じく式(5.15)となる．

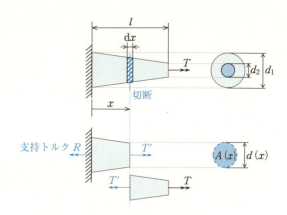

図5.7 トルクを受ける直径が変化する丸軸

次に，トルクにより生じるねじれ角を考える．直径が一定である場合，各部のねじれ角も一様であることから，式(5.16)より簡単に算出できる．一方，直径が変化する場合，各部で断面二次極モーメントが異なることから，微小部分を考える必要がある．左端の壁からxだけ離れた位置での直径$d(x)$は，

$$d(x) = \frac{d_2 - d_1}{l} x + d_1 \tag{5.24}$$

と表すことができる (4.1節)．位置xにおける比ねじれ角$\theta(x)$は，

$$\theta(x) = \frac{T}{GI_p} = \frac{32\,T}{\pi (d(x))^4 G} = \frac{32\,T\,l^4}{\pi G (d_2 - d_1)^4} \left(x + \frac{d_1 l}{d_2 - d_1} \right)^{-4} \tag{5.25}$$

となる．位置xにおける長さ$\mathrm{d}x$の微小部分に生じるねじれ角$\mathrm{d}\varphi$は，

$$\mathrm{d}\varphi = \theta(x)\,\mathrm{d}x = \frac{32\,T\,l^4}{\pi G (d_2 - d_1)^4} \left(x + \frac{d_1 l}{d_2 - d_1} \right)^{-4} \mathrm{d}x \tag{5.26}$$

となる．軸全体のねじれ角φは，各微小部分がもたらすねじれ角$\mathrm{d}\varphi$を左端$x=0$から右端$x=l$まで総和したものであるから，次のように積分値として求められる．

$$\varphi = \int \mathrm{d}\varphi = \int_0^l \theta(x)\,\mathrm{d}x = \frac{32\,T\,l^4}{\pi G (d_2 - d_1)^4} \int_0^l \left(x + \frac{d_1 l}{d_2 - d_1} \right)^{-4} \mathrm{d}x$$

$$= \frac{32\,T\,l^4}{\pi G (d_2 - d_1)^4} \left[-\frac{1}{3} \left(x + \frac{d_1 l}{d_2 - d_1} \right)^{-3} \right]_0^l = \frac{32\,T\,l}{3\pi G} \frac{d_1^2 + d_1 d_2 + d_2^2}{d_1^3 d_2^3} \tag{5.27}$$

また，位置 x における最大せん断応力は，

$$\tau_{\max}(x) = \frac{T}{\dfrac{\pi (d(x))^4}{32}} \frac{d(x)}{2} = \frac{16\,T\,l^3}{\pi(d_2-d_1)^3}\left(x+\frac{d_1 l}{d_2-d_1}\right)^{-3} \tag{5.28}$$

と表せ，最も細くなる先端 $x=l$ において以下の最大値に達する．

$$\tau_{\max}(l) = \frac{16\,T}{\pi d_2{}^3} \tag{5.29}$$

5.3 不静定問題

図 5.8 に示すように，長さ l, 直径 d, せん断弾性係数 G である軸の両端の点 A および点 C を垂直な壁に固定し，点 B にトルク T を作用させる場合を考える．AB 間と BC 間の長さをそれぞれ a, b とする．AB 間および BC 間に生じるトルク T_1' および T_2' を求めるため，それぞれの区間で垂直な断面で切断する．両端に生じる支持トルクを R_A および R_C とすれば，自由体図から力の釣合い式は，

$$-R_A + T_1' = 0, \quad -T_1' + T + T_2' = 0, \quad -T_2' + R_C = 0 \tag{5.30}$$

となる．ここで，未知数は AB 間および BC 間で発生するトルク T_1', T_2' と点 A および点 C に生じる支持トルク R_A, R_C であり，未知数の数は 4 である．これに対して，釣合い式(5.30)の数は 3 で，未知数よりも釣合い式の数が少ないことから，不静定問題であることがわかる．両端が固定された場合，軸全体での回転角は 0 であることから，ねじり変形に関する条件式として

$$\varphi_1 + \varphi_2 = 0 \tag{5.31}$$

が成立する．AB 間および BC 間のねじれ角は，トルクを用いて

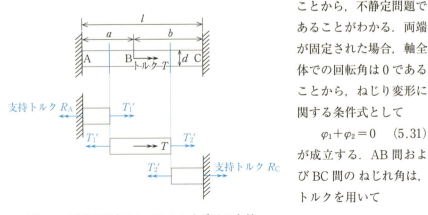

図 5.8 両端が固定されてトルクを受ける丸軸

$$\varphi_1 = \frac{T_1' a}{GI_p}, \quad \varphi_2 = \frac{T_2' b}{GI_p} \tag{5.32}$$

と表せるため，式(5.31)は

$$\frac{T_1' a}{GI_p} + \frac{T_2' b}{GI_p} = 0 \tag{5.33}$$

と書き換えることができる．$a+b=l$ であることに注意して，式(5.30)と式(5.33)を連立して解けば，それぞれのトルクは

$$T_1' = \frac{bT}{l}, \quad T_2' = -\frac{aT}{l} \tag{5.34}$$

と求まる．

AB間およびBC間に生じる最大せん断応力は，

$$\tau_{\max 1} = \frac{T_1'}{I_p}\frac{d}{2} = \frac{16T}{\pi d^3 l}b, \quad \tau_{\max 2} = \frac{T_2'}{I_p}\frac{d}{2} = -\frac{16T}{\pi d^3 l}a \tag{5.35}$$

となり，長さが短い区間のせん断応力が大きくなることがわかる．一方，トルクTが作用する点Bのねじれ角の大きさφ_Bは，次のように求められる．

$$\varphi_B = \frac{T_1' a}{GI_p} = \frac{32abT}{\pi d^4 Gl}\left(=\left|\frac{T_2' b}{GI_p}\right| = \frac{32abT}{\pi d^4 Gl}\right) \tag{5.36}$$

続いて，図5.9に示すように，両端が壁に固定された段付き軸にトルクTが作用する場合を考えよう．軸1および軸2の断面の直径はそれぞれd_1, d_2, せん断弾性係数はG_1, G_2, 長さはいずれもlとする．軸1および軸2のトルクをT_1', T_2', 両端に生じる支持力をR_A, R_Cとすれば，自由体図からトルクの釣合い式

$$-R_A + T_1' = 0, \quad -T_1' - T + T_2' = 0, \quad -T_2' + R_C = 0 \tag{5.37}$$

が成り立つ．また，両端が壁に固定されていることから，段付き軸全体での回転角は0である．すなわち，

$$\varphi_1 + \varphi_2 = \frac{T_1' l}{G_1 \frac{\pi d_1^4}{32}} + \frac{T_2' l}{G_2 \frac{\pi d_2^4}{32}} = 0 \tag{5.38}$$

式(5.37)と式(5.38)を連立して解けば，それぞれのトルクは

$$T_1' = -\frac{G_1 d_1^4 T}{G_1 d_1^4 + G_2 d_2^4}, \quad T_2' = \frac{G_2 d_2^4 T}{G_1 d_1^4 + G_2 d_2^4} \tag{5.39}$$

と求まる．

軸1および軸2に生じる最大せん断応力は，

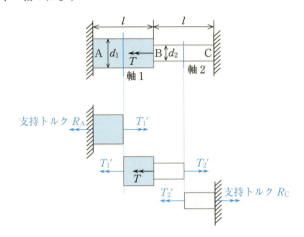

図 5.9 両端が固定されてトルクを受ける段付き丸軸

$$\left.\begin{array}{l}\tau_{\max 1}=\dfrac{T_1'}{\dfrac{\pi d_1{}^4}{32}}\dfrac{d_1}{2}=-\dfrac{16\,G_1 d_1\,T}{\pi(G_1 d_1{}^4+G_2 d_2{}^4)}\\[2ex]\tau_{\max 2}=\dfrac{T_2'}{\dfrac{\pi d_2{}^4}{32}}\dfrac{d_2}{2}=\dfrac{16\,G_2 d_2\,T}{\pi(G_1 d_1{}^4+G_2 d_2{}^4)}\end{array}\right\} \quad (5.40)$$

となる.一方,トルク T が作用する点 B のねじれ角の大きさ φ_B は,

$$\varphi_B=\left|\dfrac{T_1'\,l}{G_1\dfrac{\pi d_1{}^4}{32}}\right|=\dfrac{32\,T\,l}{\pi(G_1 d_1{}^4+G_2 d_2{}^4)}\left(=\dfrac{T_2'\,l}{G_2\dfrac{\pi d_2{}^4}{32}}=\dfrac{32\,T\,l}{\pi(G_1 d_1{}^4+G_2 d_2{}^4)}\right) \quad (5.41)$$

となる.

最後に,**図 5.10** に示すように,長さ l,せん断弾性係数 G_1,断面二次極モーメント I_{p1} である中実丸軸を,長さ l,せん断弾性係数 G_2,断面二次極モーメント I_{p2} である中空円筒(パイプ)の中心に配置した組合せ軸を考えよう.組合せ軸の上端および下端を剛板で連結し,剛板が平行に保ったままトルクを作用させる.丸軸およびパイプに生じるトルクをそれぞれ T_1', T_2' とすれば,自由体図からトルクの釣合い式

$$T-T_1'-T_2'=0 \quad (5.42)$$

が成り立つ.二つの未知数に対して釣合い式は一つであるため,変形に関する

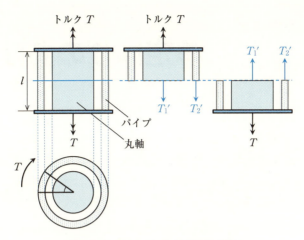

図 5.10 トルクを受ける組合せ軸

条件式が必要である．ここで，丸軸とパイプのねじれ角は等しい．すなわち，

$$\varphi_1 = \varphi_2 \tag{5.43}$$

トルクを使って書き換えると，

$$\frac{T_1' l}{G_1 I_{p1}} = \frac{T_2' l}{G_2 I_{p2}} \tag{5.44}$$

となる．トルクの釣合い式(5.42)と変形の条件式(5.44)を連立して，丸軸とパイプのトルクを求めると，

$$T_1' = \frac{G_1 I_{p1}}{G_1 I_{p1} + G_2 I_{p2}} T, \quad T_2' = \frac{G_2 I_{p2}}{G_1 I_{p1} + G_2 I_{p2}} T \tag{5.45}$$

を得る．丸軸とパイプのねじれ角は，次式となる．

$$\varphi_1 = \varphi_2 = \frac{T_1' l}{G_1 I_{p1}} \left(= \frac{T_2' l}{G_2 I_{p2}} \right) = \frac{T l}{G_1 I_{p1} + G_2 I_{p2}} \tag{5.46}$$

第6章 静定はりの曲げ

前章までは，細長い（ある仮想断面での内力分布が一様と仮定できる程度に細長い）棒状部材に長さ方向の引張・圧縮外力あるいはトルクが作用する場合を取り扱ったが，このような部材を 棒 あるいは 軸（bar）と呼ぶ．

本章では，同様な細長い棒状部材の長さ方向に垂直な外力が作用する場合を解説する．このような外力が作用する棒状部材は はり（beam）と呼ばれ，機械・構造物の至る所で使用されている．一方，細長い部材の長さ方向に圧縮外力が作用することで発生する不安定現象である座屈に注目した場合，この部材は 柱（column）と呼ばれ，第8章で扱うことになる．

6.1 はりの支持方法とはりに作用する外力の種類

外力の作用により曲げを受ける細長い棒状の部材を はり という．はりの 軸線（axis line）（はりの各横断面の図心を長さ方向につなげて得られる線）が直線であるものを 真直はり（straight beam），曲線であるものを 曲がりはり（curved beam）という．また，引張り・圧縮の問題でも，力の釣合いのみを用いて解ける静定問題と，力の釣合いのみでは解けない不静定問題があった．はりの場合にも 静定はり（statically determinate beam）の問題と 不静定はり（statically indeterminate beam）の問題があるが，ここでは，真直の静定はりのみを取り扱う．はりの静定問題を解析する際にも，力とモーメントの釣合い，応力の定義，ひずみの定義 および フックの法則 の四つの項目を用いれば十分であることを理解する．

(1) はりの支持方法

実際の はりの支持方法は複雑な支持形態となるが，それらを理想化した支持方法として，図6.1に示すような3種類がある．

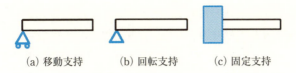

図6.1 はりの支持方法

(a) 移動支持（movable support）：支持点の上下方向の移動を拘束し，かつ回転・長さ方向の移動が自由な支持方法
(b) 回転支持（hinged support）：支持点の上下方向および長さ方向の移動を拘束し，かつ回転が自由な支持方法
(c) 固定支持（fixed support）：支持点の上下方向および長さ方向の移動を拘束し，かつ回転も拘束する支持方法

（2）はりに作用する外力の種類

はりに作用する外力も実際には複雑な形態になるが，それらの理想的な作用方法として，図6.2に示すような2種類の外力とモーメントを考える．

(a) 集中外力（concentrated force）：はりの1点に集中して作用する外力（P[N]）
(b) 分布外力（distributed force）：はりの表面に分布して作用する外力（p[N/m]）（特に，図のように外力の大きさが一定の場合を等分布外力と呼ぶ）
(c) モーメント（moment）：eだけ離れた2点に大きさが同じで向きが逆の二つの力P（偶力）が作用することにより発生するモーメント（$M_0 = Pe$[N·m]）

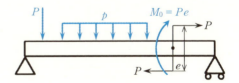

図6.2 はりに作用する集中外力，分布外力およびモーメント

6.2 はりの種類

6.1節で述べた支持方法と外力の組合せにより，様々な種類の構造体としてのはりが考えられる．ここでは，支持方法の組合せとして最も基本的な2種

類のはりである回転支持と移動支持で支持された単純支持はり（simply supported beam）およびはりの一方を固定支持で支持された片持ちはり（cantilever beam）を取り上げる．これら2種類のはりは静定はりであるが，これ以外の支持方法の組合せによるはりは不静定はりとなり，取扱いが多少複雑になるため，第7章で改めて取り上げる．

単純支持はりの場合には，はりの長さではなく，スパン（span）と呼ばれる支持点間の距離が重要である．また，片持ちはりの場合，固定支持されている端を固定端（fixed end），他端を自由端（free end）という．さらに，これら2種類のはりの任意点に集中外力が作用する問題，全長にわたって等分布外力が作用する問題，および両端あるいは自由端にモーメントが作用する問題を考える．すなわち，本章では，2種類のはりに3種類の外力が作用する下記6種類のはりを取り扱うものとし，それらを図6.3に示す．

(a) 左端からaの距離に集中外力Pが作用するスパンlの単純支持はり
(b) 固定端からaの距離に集中外力Pが作用する長さlの片持ちはり
(c) 全長にわたって等分布外力pが作用するスパンlの単純支持はり
(d) 全長にわたって等分布外力pが作用する長さlの片持ちはり

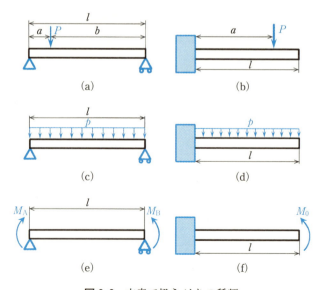

図6.3 本章で扱うはりの種類

(e) 両端にモーメント M_A, M_B が作用するスパン l の単純支持はり
(f) 自由端にモーメント M_0 が作用する長さ l の片持ちはり

　次節以降では，まず，これらの はりに作用する支持点からの 支持力（suppoting force）あるいは 支持モーメント（supporting moment）を明らかにした後，任意の横断面に発生する せん断力（shearing force）および 曲げモーメント（bending moment）を求める．次に，曲げモーメントに起因する 曲げ応力（bending stress）について説明し，最後に はりの変形（deformation of beam）について考える．

6.3　せん断力と曲げモーメント

(1) せん断力と曲げモーメントの向き

　図6.3に示したような何らかの外力が作用する はりの長さ方向の任意位置における 横断面（transverse plane）（この断面は材料の内部にあるため，仮想断面 と呼ばれる）には，せん断力 F と 曲げモーメント M が発生する．このせん断力と曲げモーメントを考える際，図を用いることにより考察が容易になるため，せん断力と曲げモーメントを表す矢印の向きを 図6.4のように約束する．すなわち，せん断力は，作用している横断面内部に黒点で示す時計針の中心をとったとき，その横断面付近を時計の進む向きに回す向きを正とする．また，曲げモーメントは，横断面付近の はりを下に凸になるように変形させる向きを正とする．

図6.4　せん断力と曲げモーメントの向き

(2) 集中外力が作用する単純支持はり

　まず，図6.5に示すように任意点に 集中外力 P が作用するスパン l の 単純支持はり を考え，はりに作用する支持点からの支持力を明らかにした後，任

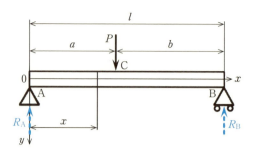

図 6.5 任意点に集中外力が作用する単純支持はり

意の横断面に発生するせん断力, 曲げモーメントを求める.

① 支持点に発生する支持力

はりは左端点 A と右端点 B で支持され, 点 A と点 B との距離であるスパンを l とする. 点 A を座標原点とし, 座標軸 x をはりの長さ方向右向きに, 座標軸 y を鉛直方向下向きに設定する (はりの問題を考える場合は, 慣例的に座標 y は下向きを正とする). なお, 座標軸 x は, 通常 軸線 と一致する.

点 A から距離 a の点 C (点 B から $b = l-a$) に集中外力 P が作用すると, 支持点 A, B にはそれぞれ破線で示すような 支持力 R_A, R_B が発生する. この支持力 R_A, R_B を力とモーメントの釣合いを用いて求めよう.

上下方向の 力の釣合い および点 A まわりの モーメントの釣合い より, 次式が得られる.

$$P - R_A - R_B = 0, \quad Pa - R_B l = 0 \tag{6.1}$$

この場合, 力とモーメントの向きは, いずれの向きを正としてもよいが, ここでは, 下向きの力を正, 時計針の進む向きのモーメントを正とした. なお, 先に約束したせん断力と曲げモーメントの向きは, 横断面に作用する諸量に対するものであり, ここで扱っている力とモーメントとは別であることに注意する必要がある.

式 (6.1) より支持力 R_A, R_B が次のように求まる.

$$R_A = \frac{Pb}{l}, \quad R_B = \frac{Pa}{l} \tag{6.2}$$

② 任意位置にある横断面に発生する せん断力および曲げモーメント

次に, 点 A から x の位置にある横断面に発生するせん断力 F および曲げ

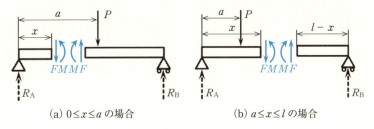

図 6.6 横断面と自由体

モーメント M を求める．ただし，図 6.6 のように横断面の位置が外力の作用点の左側か右側かにより，考えるべき自由体が異なるため，(a) AC 間 $(0 \leq x \leq a)$，(b) CB 間 $(a \leq x \leq l)$ の領域に分けて考える必要がある．

(a) AC 間 $(0 \leq x \leq a)$ の場合

6.3(1)項で約束したせん断力と曲げモーメントの正の向きを考慮し，図 6.6(a)に示すように横断面に作用するせん断力を F，曲げモーメントを M とすると，横断面の左側にある自由体に作用する上下方向の力の釣合いおよび点 x まわりのモーメントの釣合いより，次式が得られる．

$$F - R_A = 0, \quad R_A x - M = 0 \tag{6.3}$$

式(6.2)を考慮すれば，式(6.3)よりせん断力 F，曲げモーメント M が次のように求まる．

$$F = R_A = \frac{Pb}{l}, \quad M = R_A x = \frac{Pb}{l} x \ (0 \leq x \leq a) \tag{6.4}$$

(b) CB 間 $(a \leq x \leq l)$ の場合

横断面の左右で二つの自由体が存在するが，一般に，その自由体に作用する力あるいはモーメントの数の少ない自由体を対象とすることにより計算が容易になる．したがって，図 6.6(b)の横断面の右側の自由体を考える．自由体に作用する上下方向の力の釣合い式および点 x まわりのモーメントの釣合い式は

$$-F - R_B = 0, \quad M - R_B(l-x) = 0 \tag{6.5}$$

式(6.2)を考慮すれば，式(6.5)よりせん断力 F，曲げモーメント M は

$$F = -R_B = -\frac{Pa}{l}, \quad M = R_B(l-x) = \frac{Pa}{l}(l-x) \ (a \leq x \leq l) \tag{6.6}$$

③ せん断力図と曲げモーメント図

式(6.4),(6.6)で示すように,はりの横断面に生じるせん断力 F と曲げモーメント M は,横断面の位置 x によって変化する.これらがはりの軸線に沿って変化する様子を視覚的に確認するため,横断面の位置 x を横軸に,せん断力 F または曲げモーメント M を縦軸にとった図式表示を用いるのが便利である.これらをそれぞれ せん断力図(Shearing Force Diagram:SFD)および 曲げモーメント図(Bending Moment Diagram:BMD)と呼び,通常,横軸より上側に正,下側に負の値をとる.式(6.4),(6.6)で表したように,せん断力 F は一定であり,曲げモーメント M は直線的に変化するため,せん断力図および曲げモーメント図は容易に 図6.7 のようになる.

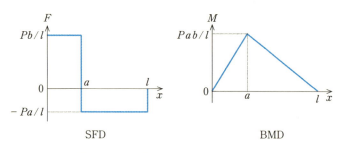

図6.7 せん断力図と曲げモーメント図

(3) 集中外力が作用する片持ちはり

次に,図6.8 に示すように,任意点に 集中外力 P が作用する長さ l の 片持ちはり を考える.

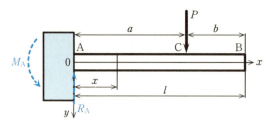

図6.8 任意点に集中外力が作用する片持ちはり

① 支持点に発生する支持力と支持モーメント

はりの左端点 A は固定端，右端点 B は自由端であり，はりの長さを l とする．点 A から距離 a の点 C（自由端 B から $b = l - a$）に集中外力 P が作用すると，支持点 A には破線で示すような 支持力 R_A および 支持モーメント M_A が発生する．この支持力および支持モーメント R_A, M_A を求めよう．

上下方向の 力の釣合い および点 A まわりの モーメントの釣合い より，次式が得られる．

$$P - R_A = 0, \quad Pa - M_A = 0 \tag{6.7}$$

式(6.7)より，支持力 R_A および支持モーメント M_A が次のように求まる．

$$R_A = P, \quad M_A = Pa \tag{6.8}$$

② 任意位置にある横断面に発生する せん断力および曲げモーメント

次に，点 A から x の位置にある横断面に発生する せん断力 F および曲げモーメント M を求めるために，単純支持はりの場合と同様，図 6.9 に示すように (a) AC 間 $(0 \leq x \leq a)$，(b) CB 間 $(a \leq x \leq l)$ の領域に分けて考える．

(a) AC 間 $(0 \leq x \leq a)$ の場合

図 6.9(a) に示すように，横断面に作用する せん断力を F，曲げモーメントを M とすると，横断面の左側にある自由体に作用する上下方向の 力の釣合い および点 x まわりの モーメントの釣合い より，次式が得られる．

$$F - R_A = 0, \quad R_A x - M - M_A = 0 \tag{6.9}$$

式(6.8)を考慮すれば，式(6.9)より せん断力 F，曲げモーメント M が次のように求まる．

$$F = R_A = P, \quad M = R_A x - M_A = -P(a - x) \;(0 \leq x \leq a) \tag{6.10}$$

(b) CB 間 $(a \leq x \leq l)$ の場合

図 6.9(b) において，横断面の右側の自由体の 力の釣合い および モーメン

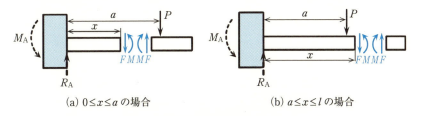

(a) $0 \leq x \leq a$ の場合　　　　(b) $a \leq x \leq l$ の場合

図 6.9　横断面と自由体

トの釣合いを考えると，明らかに

$$F = 0, \quad M = 0 \quad (a \leq x \leq l) \tag{6.11}$$

③ せん断力図と曲げモーメント図

式(6.10), (6.11)で表した せん断力 F および曲げモーメント M の せん断力図および曲げモーメント図は，容易に **図6.10** のようになることがわかる．

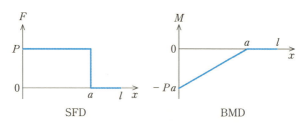

図6.10 せん断力図と曲げモーメント図

（4）等分布外力が作用する単純支持はり

これまでは，集中外力が作用する はりを取り扱ってきた．ここでは，**図 6.11** に示すように，はりの全長にわたって単位長さ当たり p の 等分布外力 が作用するスパン l の 単純支持はり を考える．

① 支持点に発生する支持力

等分布外力 p によって点 A から距離 x の位置にある微小長さ dx の部分に作用する外力は $p\,dx$ である．また，この外力 $p\,dx$ による点 A まわりのモーメントは $xp\,dx$ となる．こ

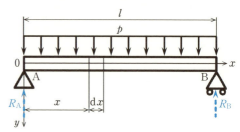

図6.11 全長にわたって等分布外力が作用する単純支持はり

のことを考慮して，支持力 R_A, R_B を力とモーメントの釣合いを用いて求めよう．なお，等分布外力 p による下向きの合力は pl，合力 pl による点 A まわりのモーメントは $pl/2$ となることは明らかであるが，上述のように，微小長さを対象に考えることにより分布外力 p が位置 x の任意関数 $p_0 f(x)$ で与えられた場合も，同様に解析できる．

上下方向の力の釣合いおよび点 A まわりのモーメントの釣合いより，次式が得られる．

$$\int_0^l p\,dx - R_A - R_B = 0, \quad \int_0^l p x\,dx - R_B l = 0 \tag{6.12}$$

式(6.12)より，支持力 R_A, R_B が次のように求まる．

$$R_A = R_B = \frac{pl}{2} \tag{6.13}$$

なお，この場合は，問題の対称性（symmetry）を考慮すると，明らかに $R_A = R_B$ である条件が得られる．したがって，支持力 R_A, R_B を求めるための条件は，式(6.12)に示す二つの条件と $R_A = R_B$ である条件の合計三つの条件から計算が容易となるような二つの条件を選択して求めればよい．

② **任意位置にある横断面に発生するせん断力および曲げモーメント**

点 A から x の位置にある横断面に発生するせん断力 F および曲げモーメント M を求めよう．これまで扱ってきた集中外力が作用する場合は，横断面の位置によって対象とする自由体が変わるため，領域を分けて考える必要があった．本問題の場合は，**図 6.12** に示すように考えるべき自由体は横断面の位置に無関係となり，場合分けは必要ない．

図 6.12 に示すように，点 A から x の位置にある横断面に作用するせん断力を F，曲げモーメントを M とし，横断面の左側にある自由体を考える．ただし，記号 x は自由体の長さを示す定数として用いられているため，ギリシャ文字の ξ を使用する．点 A から ξ の位置にある微小長さ $d\xi$ に作用する外力は $p\,d\xi$，この外力 $p\,d\xi$ による点 x まわりのモーメントは $-(x-\xi)p\,d\xi$ となる．このことを考慮すると，上下方向の力の釣合いおよび点 x まわりのモーメントの釣合いより，次式が得られる．

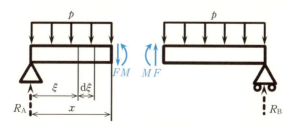

図 6.12 横断面と自由体

$$F - R_A + \int_0^x p\,d\xi = 0, \quad R_A x - M - \int_0^x p(x-\xi)\,d\xi = 0 \tag{6.14}$$

式(6.14)より，せん断力 F，曲げモーメント M が次のように求まる．

$$\left.\begin{array}{l} F = R_A - [p\xi]_0^x = \dfrac{pl}{2} - px = \dfrac{p}{2}(l-2x) \\[2mm] M = R_A x - p\left[x\xi - \dfrac{\xi^2}{2}\right]_0^x = \dfrac{pl}{2}x - \dfrac{p}{2}x^2 = \dfrac{px}{2}(l-x) \end{array}\right\} \tag{6.15}$$

③ せん断力図と曲げモーメント図

集中外力が作用する場合のせん断力は一定，曲げモーメントは直線的に変化するため，せん断力図と曲げモーメント図は容易に得られた．等分布外力が作用する本問題の場合，せん断力は直線的に変化するが，曲げモーメントは二次曲線的に変化するため，曲げモーメント図を作成するためには，三つの条件が必要となる．その内の二つは，$x=0$，$x=l$ での曲げモーメントが 0，すなわち，$(M)_{x=0} = (M)_{x=l} = 0$ で決定できる．もう一つは，例えば極値を考えることにより次のように得られる．式(6.15)の第2式を x で微分したものを0とした $dM/dx = pl/2 - px = 0$ を満足する x は $x=l/2$ であり，曲げモーメントが $x=l/2$ で極値（最大値）$M_{\max} = (M)_{x=l/2} = pl^2/8$ となることがわかる．

したがって，式(6.15)で表したせん断力 F および曲げモーメント M のせん断力図および曲げモーメント図は図6.13のようになる．

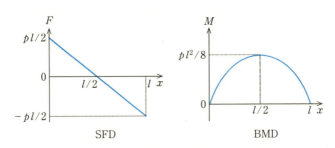

図6.13 せん断力図と曲げモーメント図

(5) 等分布外力が作用する片持ちはり

次に，図6.14に示すように全長にわたって単位長さ当たり p の等分布外力が作用する長さ l の片持ちはりを考える．

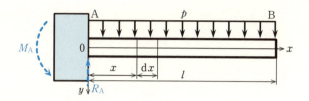

図 6.14 全長にわたって等分布外力が作用する片持ちはり

① 支持点に発生する支持力と支持モーメント

単純支持はりの場合と同様に，等分布外力によって点 A から距離 x の位置にある微小長さ dx の部分に作用する外力は $p\,dx$，点 A まわりのモーメントは $xp\,dx$ となる．このことを考慮して，支持力 および 支持モーメント R_A，M_A を求めよう．上下方向の 力の釣合い および点 A まわりの モーメントの釣合い より，次式が得られる．

$$\int_0^l p\,dx - R_A = 0, \quad \int_0^l px\,dx - M_A = 0 \tag{6.16}$$

式 (6.16) より，支持力 R_A および支持モーメント M_A が次のように求まる．

$$R_A = \int_0^l p\,dx = [px]_0^l = pl, \quad M_A = \int_0^l px\,dx = p\left[\frac{x^2}{2}\right]_0^l = \frac{pl^2}{2} \tag{6.17}$$

② 任意位置にある横断面に発生するせん断力および曲げモーメント

図 6.15 に示す横断面の左側にある自由体を考える．点 A から ξ の位置にある微小長さ $d\xi$ に作用する外力は $p\,d\xi$，点 x まわりのモーメントは $-(x-\xi)p\,d\xi$ となり，上下方向の 力の釣合い および点 x まわりの モーメントの釣合い より，次式が得られる．

$$F - R_A + \int_0^x p\,d\xi = 0, \quad R_A x - M - M_A - \int_0^x p(x-\xi)\,d\xi = 0 \tag{6.18}$$

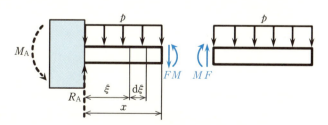

図 6.15 横断面と自由体

式 (6.18) より,せん断力 F,曲げモーメント M が次のように求まる.

$$F = R_A - [p\xi]_0^x = pl - px = p(l-x)$$
$$M = R_A x - M_A - p\left[x\xi - \frac{\xi^2}{2}\right]_0^x = plx - \frac{pl^2}{2} - \frac{px^2}{2} = -\frac{p}{2}(l-x)^2$$

(6.19)

③ せん断力図と曲げモーメント図

等分布外力が作用する単純支持はりの場合と同様に,曲げモーメント図を作成するためには三つの条件が必要となる.その内の二つは,$x=0$, $x=l$ での曲げモーメントが $(M)_{x=0} = -pl^2/2$, $(M)_{x=l} = 0$ である.また,式 (6.19) の第2式を x で微分したものを0とした $dM/dx = pl - px = 0$ を満足する x は $x = l$ であり,曲げモーメントが $x = l$ で極値(最大値)$M_{max} = (M)_{x=l} = 0$ となることがわかる.したがって,式 (6.19) で表した せん断力 F および曲げモーメント M のせん断力図および曲げモーメント図は **図 6.16** のようになる.

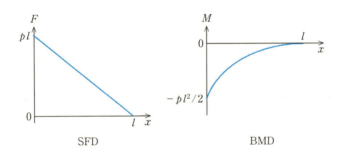

図 6.16 せん断力図と曲げモーメント図

(6) モーメントが作用する単純支持はり

図 6.17 に示すような,はりの両端にモーメント M_A, M_B が作用するスパン l の単純支持はり を考える.ここで使用しているモーメント M_A は,片持ちはりの支持モーメントとは別のもので,外からの偶力として作用するモーメントである.

① 支持点に発生する支持力

支持力 R_A, R_B を力とモーメントの釣合いを用いて求めよう.上下方向の力の釣合い および点 A まわりの モーメントの釣合い より,次式が得られる.

6.3 せん断力と曲げモーメント 105

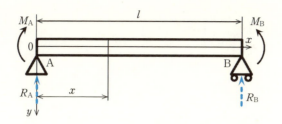

図6.17 両端にモーメントが作用する単純支持はり

$$-R_A - R_B = 0, \quad M_A - R_B l - M_B = 0 \tag{6.20}$$

式(6.20)より，支持力 R_A, R_B が次のように求まる．

$$-R_A = R_B = \frac{M_A - M_B}{l} \tag{6.21}$$

② 任意位置にある横断面に発生する せん断力および曲げモーメント

点 A から x の位置にある横断面に発生する せん断力 F および曲げモーメント M を求めよう．図6.18 に示すように，点 A から x の位置にある横断面に作用する せん断力を F，曲げモーメントを M とし，横断面の左側にある自由体を考える．上下方向の 力の釣合い および点 x まわりの モーメントの釣合い より，次式が得られる．

$$F - R_A = 0, \quad R_A x - M + M_A = 0 \tag{6.22}$$

式(6.22)より，せん断力 F，曲げモーメント M が次のように求まる．

$$F = R_A = \frac{M_B - M_A}{l}, \quad M = R_A x + M_A = \frac{M_B - M_A}{l} x + M_A \tag{6.23}$$

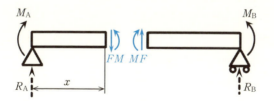

図6.18 横断面と自由体

③ せん断力図と曲げモーメント図

仮に，$M_A < M_B$ とした場合，$R_A > 0$, $R_B < 0$ となり，式(6.23)で表したせ

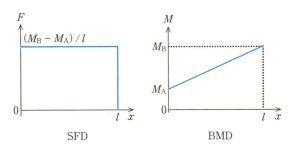

図 6.19　せん断力図と曲げモーメント図

ん断力 F および曲げモーメント M のせん断力図および曲げモーメント図は図 6.19 のようになる．

(7) モーメントが作用する片持ちはり

次に，図 6.20 に示すように，自由端に モーメント M_0 が作用する長さ l の 片持ちはり を考える．

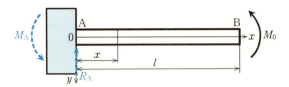

図 6.20　自由端にモーメントが作用する片持ちはり

① 支持点に発生する支持力と支持モーメント

支持力および支持モーメント R_A, M_A を求めよう．上下方向の 力の釣合い および点 A まわりの モーメントの釣合い より，次式が得られる．

$$-R_A=0, \quad -M_A-M_0=0 \tag{6.24}$$

式 (6.24) より，支持力 R_A および支持モーメント M_A が次のように求まる．

$$R_A=0, \quad M_A=-M_0 \tag{6.25}$$

② 任意位置にある横断面に発生する せん断力および曲げモーメント

図 6.21 に示す横断面の左側にある自由体を考えると，上下方向の 力の釣合い および点 x まわりの モーメントの釣合い より，次式が得られる．

$$F-R_A=0, \quad R_A x-M-M_A=0 \tag{6.26}$$

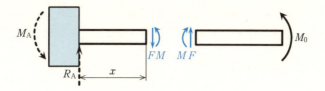

図 6.21 横断面と自由体

式(6.26)より，せん断力 F，曲げモーメント M が次のように求まる．

$$F = R_A = 0, \quad M = -M_A = M_0 \tag{6.27}$$

③ せん断力図と曲げモーメント図

式(6.27)で表したせん断力 F および曲げモーメント M のせん断力図および曲げモーメント図は **図 6.22** のようになる．曲げモーメント $M = M_0$ が一定となっており，後述するように，このはりは円弧状に変形することになる．

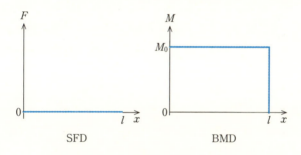

図 6.22 せん断力図と曲げモーメント図

6.4 はりの応力

これまで見てきたように，はりに 集中外力，分布外力，モーメント などの軸線に対して垂直方向の外力が作用すると，はりの任意点における横断面（軸線に垂直な仮想断面）にはある大きさの曲げモーメント M とせん断力 F が生じる．曲げモーメント M とせん断力 F は，はりの横断面の形状には無関係であるが，これらに起因するはりの横断面に生じる垂直応力 σ とせん断応力 τ は横断面の形状に依存する．後述するように，曲げモーメント M によって生じる応力は垂直応力であり，この応力 σ を 曲げ応力 と呼ぶ．

本節では，曲げ応力と横断面の形状との関係を詳しく調べる．また，せん断力 F による せん断応力 τ については結果のみ示す．

(1) はりの曲げ応力

はりの曲げ応力を考える際，次の二つの事項を前提とする．① はりの断面形状は対称軸を有しており，曲げ変形はこの対称軸を含む面内に生じる．② 材料の弾性特性は引張りと圧縮に対して同じであるとする．さらに，「変形前軸線に垂直であった平面は，変形後も曲がった軸線に垂直な平面である」というオイラー–ベルヌーイ（Euler-Bernoulli）の仮定をおく．この仮定は，はりの材質が一様で，変形があまり大きくないときには十分に正確である．

一様な断面を有する はりの任意の横断面に曲げモーメント M が作用するとき，はりに生じる曲げ応力について考えよう．図 6.23(a) に示すように，はりの微小要素 ABCD の変形に注目する．変形前の面 AD および面 BC は真直な軸線に垂直な平面である．ここで，微小要素とは，その微小要素に作用する曲げモーメントが一定で，軸線の変形が円弧状と考えられる程度に微小であることを意味する．

この微小要素に正の曲げモーメント M が作用すると，図 6.23(b) に示すように，微小要素は下に凸になるように変形する．オイラー–ベルヌーイの仮定により，変形後の面 A′D′ および面 B′C′ は曲がった軸線に垂直な平面である．このとき，はりの面 A′B′ は長さ方向に伸び，面 C′D′ は長さ方向に縮むため，長さ方向に伸縮しない面 m′n′ が存在する．このように，変形前後に伸縮しない面 mn および面 m′n′ を 中立面（neutral surface）といい，中立面と横断面の交線を 中立軸（neutral axis）と呼ぶ（軸線は面 mn あるいは面 m′n′ 上にあるため，便宜上，軸線を軸線 mn ある

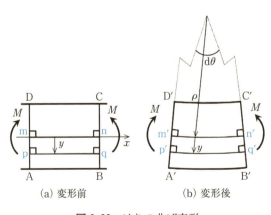

図 6.23　はりの曲げ変形

いは軸線 m′n′ と呼ぶことがあるが，混同しないように注意すること）．

中立面から y の距離にある面 pq が変形後に面 p′q′ となったとする．前述のように，面 A′D′ は変形後も曲がった軸線に垂直な平面であるから，面 A′D′ と面 p′q′ は直交している．したがって，軸線 m′n′ の曲率半径（radius of curvature）を ρ，中心角（center angle）を $d\theta$ とすると，図 6.23(b) より $\overparen{\mathrm{p'q'}}$ は

$$\overparen{\mathrm{p'q'}} = (\rho + y)d\theta$$

また，$\overparen{\mathrm{m'n'}}$ は伸縮しないので，次のように求まる．

$$\overline{\mathrm{pq}} = \overline{\mathrm{mn}} = \overparen{\mathrm{m'n'}} = \rho\, d\theta$$

$\overparen{\mathrm{p'q'}}$ に生じる縦ひずみ ε は ひずみの定義 式(3.27) より

$$\varepsilon = \frac{\overparen{\mathrm{p'q'}} - \overline{\mathrm{pq}}}{\overline{\mathrm{pq}}} = \frac{(\rho+y)d\theta - \rho\,d\theta}{\rho\,d\theta} = \frac{y}{\rho} \tag{6.28}$$

式(6.28) と フックの法則 (3.36) より，垂直応力 σ は

$$\sigma = E\varepsilon = E\frac{y}{\rho} \tag{6.29}$$

式(6.29) で求まる垂直応力 σ を 曲げ応力 という．

式(6.28)，(6.29) より，縦ひずみ ε と曲げ応力 σ は中立軸あるいは中立面を境として，図 6.24(a) の面 B′C′ 上の y 軸方向（はりの高さ方向）に直線的に変化する．また，曲げ応力は断面内で引張応力と圧縮応力が生じ，中立軸から離れるに従って曲げ応力の絶対値は大きくなることがわかる．

応力の定義 式(3.15) より，図 6.24(b) に示した微小面積 dA には，その微小

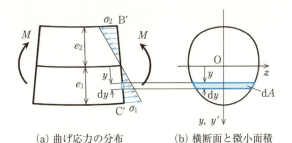

(a) 曲げ応力の分布 　　(b) 横断面と微小面積

図 6.24　曲げ応力と横断面

面積に作用する応力 σ により $\sigma \mathrm{d}A$ の内力が生じる．一方，面 B'C' 上の曲げ応力による内力の総和は 0 となる必要があるので，横断面全体の断面積を A とすると

$$\int_A \sigma \mathrm{d}A = 0 \tag{6.30}$$

となる．式 (6.29) を 式 (6.30) に代入すると，

$$\frac{E}{\rho} \int_A y \mathrm{d}A = \frac{E}{\rho} S_z = 0 \tag{6.31}$$

ここで，y は中立軸 z からの距離であり，

$$S_z = \int_A y \mathrm{d}A \tag{6.32}$$

を 断面一次モーメント（geometrical moment of area）と呼ぶ．式 (6.31)，(6.32) より，中立軸に関する断面一次モーメントは 0 となり，中立軸は図心を通ることを示している．また，この事実を用いることにより，任意断面形状の中立軸の位置を求めることができるが，ここでは省略する．

一方，図 6.24(b) を考慮すると，図 6.24(a) の垂直応力を誘起する内力 $\sigma \mathrm{d}A$ によって生じるモーメント $y(\sigma \mathrm{d}A)$ を断面全体に積分したものは，断面 B'C' に作用する曲げモーメント M に等しく，次式が成立する．

$$M = \int_A \sigma y \mathrm{d}A \tag{6.33}$$

式 (6.33) に 式 (6.29) を代入すると，

$$M = \frac{E}{\rho} \int_A y^2 \mathrm{d}A = \frac{E I_z}{\rho} \tag{6.34}$$

ここで，

$$I_z = \int_A y^2 \mathrm{d}A \tag{6.35}$$

で定義される I_z は，断面の中立軸に関する 断面二次モーメント（moment of inertia of area）と呼ばれ，断面形状によってのみ定まる量である．本章では，中立軸である z 軸に関する断面二次モーメントを I_z と記すが，明らかに z 軸に関するものであることがわかっているとき，I_z を I と記すこともある．

式 (6.34) より，曲率 $1/\rho$ は

$$\frac{1}{\rho} = \frac{M}{E I_z} \tag{6.36}$$

となる．ここで，EI_z は曲げ剛性（flexural rigidity）と呼ばれ，曲げにくさの指標となる．式(6.29)と式(6.36)を用いると，曲げ応力 σ は

$$\sigma \equiv \sigma(x, y) = \frac{M}{I_z} y \tag{6.37}$$

となる．すなわち，曲げ応力 $\sigma \equiv \sigma(x, y)$ は，位置 x の関数である曲げモーメント M と中立軸 z からの距離 y との積に比例し，断面二次モーメント I_z に反比例する．

式(6.37)および図6.24(a)からわかるように，中立軸から最も離れた位置で曲げ応力は最大となり，曲げモーメントが正（負）ならば，次に示すように下側表面 $y = e_1$ で最大の引張（圧縮）応力 σ_1，上側表面 $y = e_2$ で最大の圧縮（引張）応力 σ_2 が生じる．

$$\sigma_1 \equiv \sigma_1(x) = \frac{M}{I_z} e_1 = \frac{M}{Z_1}, \quad \sigma_2 \equiv \sigma_2(x) = -\frac{M}{I_z} e_2 = -\frac{M}{Z_2} \tag{6.38}$$

ここで，応力 σ_1, σ_2 は位置 x の関数である．また，Z_1, Z_2 は中立軸に関する断面係数（modulus of section）と呼ばれており，次式で定義される．

$$Z_1 = \frac{I_z}{e_1}, \quad Z_2 = \frac{I_z}{e_2} \tag{6.39}$$

Z_1, Z_2 のうち，値の小さいほうを Z とすれば，最大曲げ応力 $|\sigma|_{\max}$ は

$$|\sigma|_{\max} = \frac{|M|_{\max}}{Z} \tag{6.40}$$

で与えられる．したがって，はりに生じる最大曲げ応力を小さくするためには最大曲げモーメント $|M|_{\max}$ を小さくし，断面係数が大きくなるような断面形状とすればよい．

(2) 断面二次モーメントと断面係数

前述のように，はりの曲げ応力や最大曲げ応力を求めるとき，断面の中立軸に関する断面二次モーメント I_z および断面係数 Z の値を知る必要があることがわかった．そこで，断面二次モーメント I_z および断面係数 Z を図6.25に示す基本的な3種類の断面形状について求めてみよう．

① 長方形断面

図6.25(a)に示した高さ h，幅 b の長方形断面の場合について，中立軸に関する断面二次モーメント I_z および断面係数 Z を求める．まず，中立軸は図心

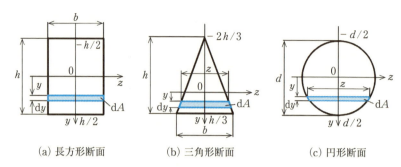

(a) 長方形断面　　(b) 三角形断面　　(c) 円形断面

図6.25 各種はりの横断面

を通ることから，中立軸は上下面から $h/2$ の位置にある．ここで，中立軸を z 軸，中立軸に直交する横断面の対称軸に沿って y 軸をとり，y 軸と z 軸の交点を原点 O とする座標系 (y, z) を設定する．

式(6.35)より，断面二次モーメント I_z は，座標 y の位置にある微小面積が $dA = b\,dy$ であることを考慮すると，次のように求まる．

$$I_z = \int_A y^2\,dA = \int_{-h/2}^{h/2} y^2 b\,dy = \frac{bh^3}{12} \tag{6.41}$$

また，式(6.39)より断面係数 Z は中立軸から上下面までの距離 $h/2$ で断面二次モーメントを割ることにより，次のようになる．

$$Z = Z_1 = Z_2 = \frac{I_z}{h/2} = \frac{bh^2}{6} \tag{6.42}$$

② **三角形断面**

次に，図6.25(b)に示した高さ h，幅 b の三角形断面の場合について考えよう．中立軸は図心を通ることから，中立軸は下面から $h/3$，上面(頂点)から $2h/3$ の位置にある．長方形断面の場合と同様な座標系 (y, z) を設定すると，座標 y の位置にある微小面積 dA の z 軸方向の長さ z は

$$z = \frac{b}{h}\left(\frac{2h}{3} + y\right)$$

となる．したがって，断面二次モーメント I_z は，微小面積が $dA = z\,dy$ であることを考慮すると

$$I_z = \int_A y^2\,dA = \int_{-2h/3}^{h/3} y^2 \frac{b}{h}\left(\frac{2h}{3}+y\right)dy = \frac{b}{h}\int_{-2h/3}^{h/3}\left(\frac{2h}{3}y^2 + y^3\right)dy$$

$$= \frac{b}{h}\left[\frac{2h}{3}\frac{y^3}{3} + \frac{y^4}{4}\right]_{-2h/3}^{h/3} = \frac{bh^3}{36} \tag{6.43}$$

この場合，中立軸から上下面までの距離は，それぞれ $2h/3$, $h/3$ であることを考慮すると，Z_1, Z_2 は次式となる．

$$Z_1 = \frac{I_z}{h/3} = \frac{bh^2}{12}, \quad Z_2 = \frac{I_z}{2h/3} = \frac{bh^2}{24}$$

断面係数 Z は Z_1, Z_2 のうち，値の小さいほうであり，

$$Z = Z_2 = \frac{bh^2}{24} \tag{6.44}$$

③ 円形断面

図 6.25(c) に示した直径 d の円形断面の場合について考えよう．中立軸は図心（中心）を通ることから，中立軸は上下面から $d/2$ の位置にある．同様な座標系 (y, z) において，座標 y の位置にある微小面積 $\mathrm{d}A$ の z 軸方向の長さ z は

$$z = 2\sqrt{\left(\frac{d}{2}\right)^2 - y^2}$$

となる．したがって，断面二次モーメント I_z は，微小面積 $\mathrm{d}A = z\,\mathrm{d}y$ であり，被積分関数が偶関数であることを考慮すると

$$I_z = \int_A y^2 \mathrm{d}A = 2\int_{-d/2}^{d/2} y^2 \sqrt{\left(\frac{d}{2}\right)^2 - y^2}\,\mathrm{d}y = 4\int_0^{d/2} y^2 \sqrt{\left(\frac{d}{2}\right)^2 - y^2}\,\mathrm{d}y \tag{6.45}$$

式 (6.45) を計算するために

$$y = \frac{d}{2}\sin\theta$$

と置けば，

$$\left. \begin{array}{l} \mathrm{d}y = \dfrac{d}{2}\cos\theta \cdot \mathrm{d}\theta, \quad y^2 = \left(\dfrac{d}{2}\right)^2 \sin^2\theta \\[6pt] \sqrt{\left(\dfrac{d}{2}\right)^2 - y^2} = \sqrt{\left(\dfrac{d}{2}\right)^2 - \left(\dfrac{d}{2}\right)^2 \sin^2\theta} = \dfrac{d}{2}\cos\theta \end{array} \right\} \tag{6.46}$$

式 (6.46) を用いれば，式 (6.45) は

$$I_z = 4\int_0^{\pi/2} \left(\frac{d}{2}\right)^2 \sin^2\theta \left(\frac{d}{2}\right)^2 \cos^2\theta \cdot \mathrm{d}\theta = 4\left(\frac{d}{2}\right)^4 \int_0^{\pi/2} \sin^2\theta \cos^2\theta \cdot \mathrm{d}\theta \tag{6.47}$$

一方，三角関数の倍角の公式より

$$\sin^2\theta = \frac{1}{2}\{1 - \cos(2\theta)\}, \quad \cos^2\theta = \frac{1}{2}\{1 + \cos(2\theta)\}$$

であり，式 (6.47) の被積分関数は，

$$\sin^2\theta\cos^2\theta = \frac{1}{4}\{1-\cos^2(2\theta)\} = \frac{1}{4}\left[1-\frac{1}{2}\{1+\cos(4\theta)\}\right]$$
$$= \frac{1}{8}\{1-\cos(4\theta)\} \tag{6.48}$$

式(6.48)を式(6.47)に代入すれば，断面二次モーメントが次のように計算される．

$$I_z = 4\left(\frac{d}{2}\right)^4 \int_0^{\pi/2} \frac{1}{8}\{1-\cos(4\theta)\}\mathrm{d}\theta = \frac{d^4}{2^5}\int_0^{\pi/2}\{1-\cos(4\theta)\}\mathrm{d}\theta$$
$$= \frac{d^4}{2^5}\left[\theta - \frac{1}{4}\sin(4\theta)\right]_0^{\pi/2} = \frac{\pi d^4}{64} \tag{6.49}$$

断面係数 Z は，

$$Z = Z_1 = Z_2 = \frac{I_z}{d/2} = \frac{\pi d^3}{32} \tag{6.50}$$

④ 断面二次モーメントを計算するための定理

これまでは，長方形断面，三角形断面および円形断面の断面二次モーメントを式(6.35)の定義式に基づいて計算した．ここでは，断面二次モーメントを容易に求めるための二つの定理を示し，その定理を用いて三角形断面と円形断面の断面二次モーメントを求めてみよう．

【定理1】

図 6.26(a) において，図心を通る z 軸に関する断面二次モーメントを I_z，$y=-e$ の位置にある z 軸に平行な z' 軸に関する断面二次モーメントを $I_{z'}$ とし，断面積を A とすれば

$$I_{z'} = I_z + Ae^2 \tag{6.51}$$

が成立し，これを断面二次モーメントの平行軸定理（parallel axis theorem）という．

〈証明〉

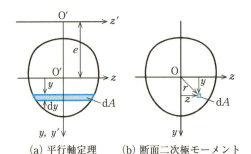

(a) 平行軸定理　　(b) 断面二次極モーメント

図 6.26 断面二次モーメントを計算するための定理

z 軸から微小面積 $\mathrm{d}A$ にまでの距離を y とすると

$$I_{z'} = \int_A (y+e)^2 \mathrm{d}A = \int_A y^2 \mathrm{d}A + 2e\int_A y\mathrm{d}A + e^2\int_A \mathrm{d}A = I_z + 2eS_z + e^2 A$$

ただし，

$$I_z = \int_A y^2 \mathrm{d}A, \quad S_z = \int_A y \mathrm{d}A, \quad A = \int_A \mathrm{d}A$$

S_z は式(6.32)で定義される断面一次モーメントであるが，z 軸は中立軸であるため，$S_z = 0$ であり，式(6.51)が証明された．

【定理2】

図 6.26(b)に示したように，互いに直交する y, z 軸に関する断面二次モーメントを I_y, I_z とし，y, z 軸の交点 O に関する断面二次極モーメントを

$$I_p = \int_A r^2 \mathrm{d}A$$

とするとき

$$I_p = I_y + I_z \tag{6.52}$$

が成立する．ここで，r は交点 O から微小面積 $\mathrm{d}A$ までの距離である．

〈証明〉

それぞれの定義を用いると

$$I_p = \int_A r^2 \mathrm{d}A = \int_A (z^2 + y^2) \mathrm{d}A = \int_A z^2 \mathrm{d}A + \int_A y^2 \mathrm{d}A = I_y + I_z$$

したがって，式(6.52)が証明された．

⑤ **三角形断面**（定理1を用いた場合）

定理1を用いて，**図 6.27**(a)に示す高さ h，幅 b の三角形断面の断面二次モーメント I_z を用いて求めてみよう．前述のように，中立軸は下面から $h/3$，上面から $2h/3$ の位置にある．座標系 (y, z) に加え，下面に沿った z' 軸と z' 軸に直交する y 軸と逆向きの η 軸からなる座標系 (η, z) を設定する．z' 軸から η の位置にある微小面積 $\mathrm{d}A$ の z 軸方向の長さ z' は

$$z' = \frac{b}{h}(h - \eta)$$

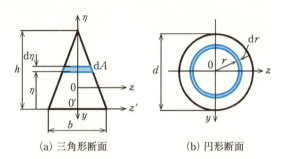

(a) 三角形断面 (b) 円形断面

図 6.27 三角形断面と円形断面

となる．定理1より，断面二次モーメント I_z は，微小面積が $dA = z'd\eta$ であることを考慮すると

$$I_z = I_{z'} - Ae^2 = \frac{b}{h}\int_0^h \eta^2(h-\eta)d\eta - \frac{bh}{2}\left(\frac{h}{3}\right)^2 = \frac{bh^3}{12} - \frac{bh^3}{18} = \frac{bh^3}{36} \quad (6.53)$$

⑥ **円形断面**（定理2を用いた場合）

定理2を用いて，図6.27(b)に示した直径 d の円形断面の断面二次モーメント I_z を用いて求めてみよう．中立軸は上下面から $d/2$ の位置にある．円形断面の場合，$I_y = I_z$ であるため

$$I_z = I_y = \frac{I_p}{2} = \frac{1}{2}\int_A r^2 dA = \frac{1}{2}\int_0^{d/2} r^2 2\pi r dr = \pi\left[\frac{r^4}{4}\right]_0^{d/2} = \frac{\pi d^4}{64} \quad (6.54)$$

以上のように，定理1あるいは定理2を用いることにより，三角形断面および円形断面の断面二次モーメント I_z が容易に求まることがわかる．

(3) はりのせん断応力

はりの横断面に作用するせん断力 F により，横断面にはせん断応力 τ が発生する．後述するように，せん断応力 τ は曲げ応力 σ に比べて十分に小さいため，ここでは，高さ h，幅 b の長方形断面と半径 a の円形断面の場合について結果のみを示す．

① 長方形断面

はりの横断面が高さ h，幅 b の長方形形状の場合，中立軸から y の位置におけるせん断応力 τ は次式で与えられる．

$$\tau = \frac{3}{2}\frac{F}{bh}\left(1 - \frac{4y^2}{h^2}\right) = \frac{3}{2}\tau_{\text{mean}}\left(1 - \frac{4y^2}{h^2}\right) \quad (6.55)$$

ここで，τ_{mean} はせん断力 F を断面積 bh で割った値で，平均せん断応力を意味する．すなわち，せん断応力 τ は放物線状に変化し，上下の自由表面（$y = \pm h/2$）で0，中立軸上（$y = 0$）で横断面での最大値

$$\tau_0 = (\tau)_{y=0} = \frac{3}{2}\frac{F}{bh} = \frac{3}{2}\tau_{\text{mean}} \quad (6.56)$$

となり，横断面での最大せん断応力は平均せん断応力 τ_{mean} の3/2倍となっている．曲げ応力が中立軸上で0となり，上下の自由表面で最大値となることとは対照的である．

② 円形断面

はりの横断面が半径 a の円形形状の場合，中立軸から y の位置における せん断応力 τ は，次式となる．

$$\tau = \frac{4}{3} \frac{F}{\pi a^2} \left(1 - \frac{y^2}{a^2}\right) = \frac{4}{3} \tau_{\text{mean}} \left(1 - \frac{y^2}{a^2}\right) \tag{6.57}$$

長方形断面の場合と同様に，せん断応力 τ は放物線状に変化し，上下の自由表面 ($y = \pm a$) で 0，中立軸上 ($y = 0$) における横断面での最大値は

$$\tau_0 = (\tau)_{y=0} = \frac{4}{3} \frac{F}{\pi a^2} = \frac{4}{3} \tau_{\text{mean}} \tag{6.58}$$

となり，横断面での最大せん断応力は，平均せん断応力 τ_{mean} の 4/3 倍となっている．

(4) はりの曲げ応力とせん断応力の比較

例として，自由端に集中外力 P が作用する長さ l，高さ h，幅 b の長方形断面の片持ちはりに発生する曲げ応力とせん断応力を比較する．はりに発生する最大曲げモーメント $|M|_{\text{max}}$ および最大せん断力 $|F|_{\text{max}}$ は，式(6.10)の a を l と置き換え，$x = 0$ とすることにより

$$|M|_{\text{max}} = Pl, \quad |F|_{\text{max}} = P \tag{6.59}$$

式(6.40)，式(6.56)より，最大曲げ応力 $|\sigma|_{\text{max}}$，最大せん断応力 $|\tau_0|_{\text{max}}$ は

$$|\sigma|_{\text{max}} = \frac{|M|_{\text{max}}}{Z} = \frac{Pl}{bh^2/6} = \frac{6Pl}{bh^2}, \quad |\tau_0|_{\text{max}} = \frac{3}{2} \frac{|F|_{\text{max}}}{bh} = \frac{3}{2} \frac{P}{bh} \tag{6.60}$$

最大曲げ応力 $|\sigma|_{\text{max}}$ と最大せん断応力 $|\tau_0|_{\text{max}}$ の比を計算すると，

$$\frac{|\tau_0|_{\text{max}}}{|\sigma|_{\text{max}}} = \frac{3}{2} \frac{P}{bh} \times \frac{bh^2}{6Pl} = \frac{1}{4} \frac{h}{l} \tag{6.61}$$

となる．細長い棒状部材を対象とするはり理論が成立するのは，$h/l < 0.1$ である．したがって，最大曲げ応力に対する最大せん断応力は 2.5% 程度となり，はりの強度設計上，せん断応力は無視しても差し支えないことがわかる．

6.5 はりの変形

これまで見てきたように，はりが曲げられる場合，はりには曲げモーメント

とせん断力が働き，はりの横断面に曲げ応力とせん断応力が発生することを示した．これらの作用により，直線であったはりの軸線は変形して曲線になる．ここでは，曲げモーメントによる変形を調べるとともに，重ね合せの原理を用いることにより，複雑な外力を受ける問題が単純な外力を受ける問題の解を用いて表されることを示す．また，せん断による変形についても概説する．

(1) たわみの基礎式

図 6.28(a)に示すように，はりの左端を原点とし，はりの軸線に沿った右向きを x 軸の正の向き，下向きを y 軸の正の向きとする座標系 (x, y) を考える．なお，本節のようにはりの変形状態を図示する場合は，図(a)のように直線 AB で変形前のはりの軸線を表し，曲線で曲がった状態にあるはりの軸線を示す．曲がった軸線の一部を図(b)のように拡大して示すと，CC′ が点 C の変位 v であり，これを たわみ (deflection) といい，$v = v(x)$ で表される曲がった軸線 C′D′ を たわみ曲線 (deflection curve) と呼ぶ．また，たわみ曲線の接線と元の軸線となす角 i を点 C での たわみ角 (angle of inclination) という．

図 6.28(b)を参照すれば，変形が小さい場合，たわみ角 i は

$$i \approx \tan i \approx \frac{dv}{dx} \tag{6.62}$$

と近似できる．点 C′ と ds だけ離れた点 D′ におけるそれぞれの接線に垂直な線の交点が曲率中心の E である．したがって，∠C′ED′ はたわみ角の変化 $-di$ に等しい．なお，点 D′ における たわみ角は点 C′ におけるそれより減少

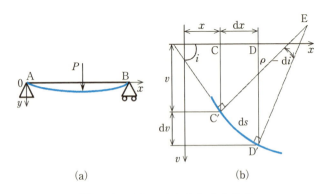

図 6.28　はりのたわみとたわみ角

するため，負符号を付している．曲がった軸線の曲率半径を ρ とすると，$ds = \rho(-di)$ であり，式(6.62)および $ds \approx dx$ であることを考慮すると，

$$\frac{1}{\rho} = -\frac{di}{ds} \approx -\frac{di}{dx} = -\frac{d^2v}{dx^2} \tag{6.63}$$

と表される．式(6.36)を式(6.63)に代入すると，次式が得られる．

$$\frac{d^2v}{dx^2} = -\frac{M}{EI_z} \tag{6.64}$$

式(6.64)を たわみの基礎式 (fundamental equation for bending deflection of beam) という．

6.3節で示したように，一般に曲げモーメント M は x の関数として与えられる．得られた曲げモーメント M を式(6.64)に代入した微分方程式を順次積分することにより，たわみ角 $i = dv/dx$，たわみ v が次のように求まる．

$$i = \frac{dv}{dx} = -\int \frac{M}{EI_z} dx + c_1 \tag{6.65}$$

$$v = \int i\, dx = \int \left[-\int \frac{M}{EI_z} dx + c_1 \right] dx + c_2 = -\iint \frac{M}{EI_z} dx\, dx + c_1 x + c_2 \tag{6.66}$$

二つの積分定数 c_1, c_2 は，はりの 支持条件（境界条件） によって決定される．このようにして たわみ角，たわみを求める方法を 重複積分法 (double-integration method) という．

6.1節で紹介したように，はりの支持方法には，移動支持，回転支持および固定支持の3種類があった．この内，移動支持は前述の「曲げ応力の合力は0となる必要がある」ことを満足するためであり，通常，移動支持と回転支持は区別することなく単純支持と呼ぶ．これらの支持方法を用いて積分定数を決定するためには，固定支持および単純支持の条件を たわみ角，たわみを用いた式で表す必要がある．

① 固定支持の場合，支持点で たわみとたわみ角が0であるから，支持点において

$$v = 0, \quad i = \frac{dv}{dx} = 0 \tag{6.67}$$

② 単純支持の場合，支持点で たわみと曲げモーメントが0であるから，支持点において

$$v = 0, \quad M = \frac{d^2 v}{dx^2} = 0 \tag{6.68}$$

すなわち，固定支持の場合は，その支持点で二つの条件が与えられる．一方，6.3 節で明らかなように単純支持の支持点では曲げモーメントは自動的に 0 となっており，式 (6.68) の第 2 式は積分定数を決定するための条件として用いることはできず，単純支持の場合は，その支持点で一つの条件が与えられることになる．

以降では，6 種類のはりを対象に，たわみの基礎式と支持条件を用いて，x の関数としてのたわみ角およびたわみを求める．特に，せん断力と曲げモーメントを表す式が外力の作用する点の左右で異なる集中外力の作用するはりの場合には，たわみの基礎式と支持条件の他に，連続条件が必要になることを理解する．

(2) 集中外力が作用する単純支持はり

図 6.29 に示す左端から $a = l - b$ の位置に集中外力 P が作用するスパン l の単純支持はりを考えよう．式 (6.4) および式 (6.6) より，支持点 A から x の距離にある横断面に生じる曲げモーメント M は

$$M = \begin{cases} M_1 = \dfrac{Pb}{l} x & (0 \leq x \leq a) \\ M_2 = \dfrac{Pa}{l}(l-x) & (a \leq x \leq l) \end{cases} \tag{6.69}$$

すなわち，外力の作用する点 C の左側と右側では，曲げモーメントの分布状態が異なっているため，AC 間と CB 間に分けて考える必要がある．なお，下添字 1，2 で AC 間と CB 間の諸量を表すものとする．また，このはりの支持条件（境界条件）は単純支持であるから，本問題の支持条件は式 (6.68) より

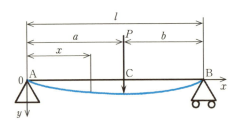

図 6.29 任意点に集中外力が作用する単純支持はり

$$(v)_{x=0} = (v_1)_{x=0} = 0, \quad (v)_{x=l} = (v_2)_{x=l} = 0 \tag{6.70}$$

① AC 間 $(0 \leq x \leq a)$ の場合

式(6.69)の第1式で与えられる曲げモーメント M をたわみの基礎式(6.64)に代入して順次積分すれば

$$\frac{d^2 v_1}{dx^2} = -\frac{M_1}{EI_z} = -\frac{Pb}{EI_z l} x \tag{6.71}$$

$$i_1 = \frac{dv_1}{dx} = -\frac{Pb}{2EI_z l} x^2 + c_{11} \tag{6.72}$$

$$v_1 = -\frac{Pb}{6EI_z l} x^3 + c_{11} x + c_{21} \tag{6.73}$$

式(6.70)の第1式に式(6.73)を代入すると,

$$(v_1)_{x=0} = -\frac{Pb}{6EI_z l} \times 0^3 + c_{11} \times 0 + c_{21} = 0 \tag{6.74}$$

したがって, $c_{21}=0$ と決定される.

② CB 間 $(a \leq x \leq l)$ の場合

式(6.69)の第2式の曲げモーメント M をたわみの基礎式に代入して順次積分すれば,

$$\frac{d^2 v_2}{dx^2} = -\frac{M_2}{EI_z} = -\frac{Pa}{EI_z l} (l-x) \tag{6.75}$$

$$i_2 = \frac{dv_2}{dx} = \frac{Pa}{2EI_z l} (l-x)^2 + c_{12} \tag{6.76}$$

$$v_2 = -\frac{Pa}{6EI_z l} (l-x)^3 - c_{12}(l-x) + c_{22} \tag{6.77}$$

式(6.70)の第2式に式(6.77)を代入すると,

$$(v_2)_{x=l} = -\frac{Pa}{6EI_z l} \times 0^3 - c_{12} \times 0 + c_{22} = 0 \tag{6.78}$$

したがって, $c_{22}=0$ と決定される.

式(6.70)の支持条件で決定できた積分定数は, c_{21} と c_{22} の2個である. 残りの2個の積分定数 c_{11} と c_{12} を決定するためには, 新たな条件が必要である. 解析の都合上, AC 間と CB 間で分けて考えてきたが, おのおのの領域のはりは, 外力の作用点 C$(x=a)$ で滑らかにつながっている必要がある. この条件を 連続条件 (continuity condition) といい, 具体的には, おのおのの領域のはりの $x=a$ におけるたわみ角とたわみを等しくする条件となる. この条件を式で表すと,

$$(i_1)_{x=a} = (i_2)_{x=a}, \quad (v_1)_{x=a} = (v_2)_{x=a} \tag{6.79}$$

$c_{21} = c_{22} = 0$ であることを考慮して，式(6.79)に式(6.72)，(6.73)および式(6.76)，(6.77)を代入すると，c_{11} と c_{12} を未知量とする次の連立方程式が得られる．

$$-\frac{Pba^2}{2EI_zl} + c_{11} = \frac{Pab^2}{2EI_zl} + c_{12}, \quad -\frac{Pba^3}{6EI_zl} + c_{11}a = -\frac{Pab^3}{6EI_zl} - c_{12}b \tag{6.80}$$

式(6.80)を c_{11}, c_{12} について解けば，

$$c_{11} = \frac{Pab(l+b)}{6EI_zl}, \quad c_{12} = -\frac{Pab(l+a)}{6EI_zl} \tag{6.81}$$

$c_{21} = c_{22} = 0$ であることを考慮し，式(6.81)を式(6.72)，(6.73)に代入すると，AC間のたわみ角とたわみは

$$\left.\begin{array}{l} i = i_1 = \dfrac{dv_1}{dx} = \dfrac{Pb}{6EI_zl}\{a(l+b) - 3x^2\} \\ v = v_1 = \dfrac{Pb}{6EI_zl}x\{a(l+b) - x^2\} \end{array}\right\} \quad (0 \leq x \leq a) \tag{6.82}$$

同様に，式(6.81)を式(6.76)，(6.77)に代入すると，CB間のたわみ角とたわみは

$$\left.\begin{array}{l} i = i_2 = \dfrac{dv_2}{dx} = -\dfrac{Pa}{6EI_zl}\{b(l+a) - 3(l-x)^2\} \\ v = v_2 = \dfrac{Pa}{6EI_zl}(l-x)\{b(l+a) - (l-x)^2\} \end{array}\right\} \quad (a \leq x \leq l) \tag{6.83}$$

(3) 集中外力が作用する片持ちはり

図6.30に示す固定端から a の距離に集中外力 P が作用する長さ l の片持ちはりを考える．式(6.10)，式(6.11)より，固定端Aから x の距離にある横断面に生じる曲げモーメント M は

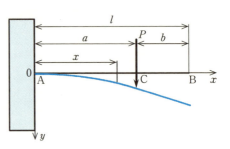

図6.30 任意点に集中外力が作用する片持ちはり

$$M = \begin{cases} M_1 = -P(a-x) & (0 \leq x \leq a) \\ M_2 = 0 & (a \leq x \leq l) \end{cases} \tag{6.84}$$

この場合も，外力の作用する点 C の左側と右側では，曲げモーメントの分布状態が異なっているため，AC 間と CB 間に分けて考える必要がある．また，このはりの支持条件は固定支持であるから，本問題の支持条件は式(6.67)より

$$(v)_{x=0} = (v_1)_{x=0} = 0, \quad (i)_{x=0} = (i_1)_{x=0} = 0 \tag{6.85}$$

① AC 間 $(0 \leq x \leq a)$ の場合

式(6.84)の第 1 式で与えられる曲げモーメント M をたわみの基礎式(6.64)に代入して順次積分すれば

$$\frac{d^2 v_1}{dx^2} = -\frac{M_1}{EI_z} = \frac{P}{EI_z}(a-x) \tag{6.86}$$

$$i_1 = \frac{dv_1}{dx} = \frac{P}{EI_z}\left(ax - \frac{1}{2}x^2 + c_{11}\right) \tag{6.87}$$

$$v_1 = \frac{P}{EI_z}\left(\frac{a}{2}x^2 - \frac{1}{6}x^3 + c_{11}x + c_{21}\right) \tag{6.88}$$

このはりの固定端 A における支持条件を表す式(6.85)に式(6.87)および式(6.88)を代入すると，

$$\left. \begin{array}{l} (v_1)_{x=0} = \dfrac{P}{EI_z}\left(\dfrac{a}{2} \times 0^2 - \dfrac{1}{6} \times 0^3 + c_{11} \times 0 + c_{21}\right) = 0 \\[2mm] (i_1)_{x=0} = \dfrac{P}{EI_z}\left(a \times 0 - \dfrac{1}{2} \times 0^2 + c_{11}\right) = 0 \end{array} \right\} \tag{6.89}$$

したがって，$c_{11} = 0$，$c_{21} = 0$ と決定される．

② CB 間 $(a \leq x \leq l)$ の場合

式(6.84)の第 2 式の曲げモーメント M をたわみの基礎式に代入して順次積分すれば，

$$\frac{d^2 v_2}{dx^2} = -\frac{M_2}{EI_z} = 0 \tag{6.90}$$

$$i_2 = \frac{dv_2}{dx} = c_{12} \tag{6.91}$$

$$v_2 = c_{12}x + c_{22} \tag{6.92}$$

式(6.91)および式(6.92)に含まれる積分定数 c_{12} と c_{22} は，単純支持はりの場合と同様に式(6.79)の連続条件から決定される．$c_{11} = c_{21} = 0$ であることを考慮して，式(6.79)に式(6.87)，(6.88)および式(6.91)，(6.92)を代入すると，

c_{12} と c_{22} を未知量とする次の連立方程式が得られる．

$$\frac{P}{EI_z}\left(a^2-\frac{a^2}{2}\right)=c_{12}, \quad \frac{P}{EI_z}\left(\frac{a^3}{2}-\frac{a^3}{6}\right)=c_{12}a+c_{22} \tag{6.93}$$

式(6.93)を c_{12}, c_{22} について解けば，

$$c_{12}=\frac{Pa^2}{2EI_z}, \quad c_{22}=-\frac{Pa^3}{6EI_z} \tag{6.94}$$

$c_{11}=c_{21}=0$ であることを考慮すると，AC間のたわみ角とたわみは

$$\left.\begin{array}{l} i=i_1=\dfrac{dv_1}{dx}=\dfrac{P}{2EI_z}x(2a-x) \\ v=v_1=\dfrac{P}{6EI_z}x^2(3a-x) \end{array}\right\} \quad (0\leq x\leq a) \tag{6.95}$$

また，式(6.94)を式(6.91)と式(6.92)に代入すると，CB間のたわみ角とたわみは

$$\left.\begin{array}{l} i=i_2=\dfrac{dv_2}{dx}=\dfrac{Pa^2}{2EI_z} \\ v=v_2=\dfrac{Pa^2}{6EI_z}(3x-a) \end{array}\right\} \quad (a\leq x\leq l) \tag{6.96}$$

すなわち，AC間は三次曲線状にたわむが，CB間のはりは直線のまま傾斜する．

(4) 等分布外力が作用する単純支持はり

図6.31に示す全長にわたって等分布外力 p が作用するスパン l の単純支持はりを考えよう．式(6.15)より，支持点 A から x の距離にある横断面に生じる曲げモーメント M は

$$M=\frac{p}{2}(lx-x^2) \tag{6.97}$$

この場合，曲げモーメントの分布状態が一つの式で表されるため，領域分けは必要ない．また，このはりの支持条件は単純支持であるから，本問題の支持条件は

$$(v)_{x=0}=0, \quad (v)_{x=l}=0 \tag{6.98}$$

したがって，式(6.97)で与えられ

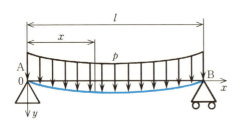

図6.31 全長にわたって等分布外力が作用する単純支持はり

る曲げモーメント M を たわみの基礎式(6.64)に代入して順次積分すれば，

$$\frac{d^2v}{dx^2} = -\frac{M}{EI_z} = -\frac{p}{2EI_z}(lx - x^2) \tag{6.99}$$

$$i = \frac{dv}{dx} = -\frac{p}{2EI_z}\left(\frac{l}{2}x^2 - \frac{1}{3}x^3 + c_1\right) \tag{6.100}$$

$$v = -\frac{p}{2EI_z}\left(\frac{l}{6}x^3 - \frac{1}{12}x^4 + c_1 x + c_2\right) \tag{6.101}$$

式(6.98)に 式(6.101)を代入すると，c_1 と c_2 を未知量とする次の連立方程式が得られる．

$$\left.\begin{aligned}(v)_{x=0} &= -\frac{p}{2EI_z}\left(\frac{l}{6}\times 0^3 - \frac{1}{12}\times 0^4 + c_1 \times 0 + c_2\right) = 0 \\ (v)_{x=l} &= -\frac{p}{2EI_z}\left(\frac{l}{6}\times l^3 - \frac{1}{12}\times l^4 + c_1 \times l + c_2\right) = 0\end{aligned}\right\} \tag{6.102}$$

式(6.102)を c_1, c_2 について解けば，

$$c_1 = -\frac{l^3}{12}, \quad c_2 = 0 \tag{6.103}$$

式(6.103)を 式(6.100), (6.101)に代入すると，たわみ角と たわみは

$$i = \frac{dv}{dx} = \frac{p}{24EI_z}(4x^3 - 6lx^2 + l^3), \quad v = \frac{p}{24EI_z}(x^4 - 2lx^3 + l^3 x) \tag{6.104}$$

外力および支持方法の対称性により，両支持点 A, B における たわみ角は $i_A = -i_B$ であり，はりの最大たわみ角 i_{max} は両支持点で，最大たわみ v_{max} ははり中央で生じ，次のようになる．

$$i_{max} = i_A = \frac{pl^3}{24EI_z} = -i_B, \quad v_{max} = (v)_{x=l/2} = \frac{5pl^4}{384EI_z} \tag{6.105}$$

(5) 等分布外力が作用する片持ちはり

図6.32 に示す全長にわたって等分布外力 p が作用する長さ l の片持ちはりを考える．式(6.19)より，固定端 A から x の距離にある横断面に生じる曲げモーメント M は

$$M = -\frac{p}{2}(l-x)^2 = -\frac{p}{2}(l^2 - 2lx + x^2) \tag{6.106}$$

また，この はりの支持条件は固定支持であるから，本問題の支持条件は

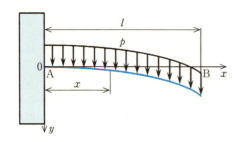

$$(v)_{x=0} = 0, \quad (i)_{x=0} = 0 \tag{6.107}$$

式(6.106)で与えられる曲げモーメント M をたわみの基礎式(6.64)に代入して順次積分すれば，

図6.32 全長にわたって等分布外力が作用する片持ちはり

$$\frac{d^2v}{dx^2} = -\frac{M}{EI_z} = \frac{p}{2EI_z}(l^2 - 2lx + x^2) \tag{6.108}$$

$$i = \frac{dv}{dx} = \frac{p}{2EI_z}\left(l^2x - lx^2 + \frac{1}{3}x^3 + c_1\right) \tag{6.109}$$

$$v = \frac{p}{2EI_z}\left(\frac{l^2}{2}x^2 - \frac{l}{3}x^3 + \frac{1}{12}x^4 + c_1x + c_2\right) \tag{6.110}$$

支持条件式(6.107)に式(6.109)と式(6.110)を代入すると，

$$\left.\begin{array}{l}(i)_{x=0} = \dfrac{p}{2EI_z}\left(l^2 \times 0 - l \times 0^2 + \dfrac{1}{3} \times 0^3 + c_1\right) = 0 \\ (v)_{x=0} = \dfrac{p}{2EI_z}\left(\dfrac{l^2}{2} \times 0^2 - \dfrac{l}{3} \times 0^3 + \dfrac{1}{12} \times 0^4 + c_1 \times 0 + c_2\right) = 0\end{array}\right\} \tag{6.111}$$

式(6.111)より

$$c_1 = 0, \quad c_2 = 0 \tag{6.112}$$

となる．このとき，c_1, c_2 は次元の異なる定数であるため，$c_1 = c_2 = 0$ とは書かないように注意する．式(6.112)を式(6.109)，(6.110)に代入すると，たわみ角とたわみは

$$i = \frac{dv}{dx} = \frac{p}{6EI_z}(x^3 - 3lx^2 + 3l^2x), \quad v = \frac{p}{24EI_z}(x^4 - 4lx^3 + 6l^2x^2) \tag{6.113}$$

明らかに，はりの最大たわみ角 i_{max} および最大たわみ v_{max} は，はりの自由端 $x = l$ で生じ，次のようになる．

$$i_{max} = (i)_{x=l} = \frac{pl^3}{6EI_z}, \quad v_{max} = (v)_{x=l} = \frac{pl^4}{8EI_z} \tag{6.114}$$

(6) モーメントが作用する単純支持はり

図 6.33 に示すように,支持点 A, B にそれぞれモーメント M_A, M_B が作用するスパン l の単純支持はりを考えよう.式(6.23)より,支持点 A から x の距離にある横断面に生じる曲げモーメント M は

$$M = \frac{M_B - M_A}{l} x + M_A \tag{6.115}$$

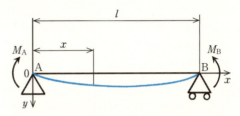

図 6.33 両端にモーメントが作用する単純支持はり

また,このはりの支持条件は単純支持であるから,本問題の支持条件は

$$(v)_{x=0} = 0, \quad (v)_{x=l} = 0 \tag{6.116}$$

したがって,式(6.115)で与えられる曲げモーメント M をたわみの基礎式(6.64)に代入して順次積分すれば,

$$\frac{d^2 v}{dx^2} = -\frac{M}{EI_z} = -\frac{1}{EI_z}\left(\frac{M_B - M_A}{l} x + M_A\right) \tag{6.117}$$

$$i = \frac{dv}{dx} = -\frac{1}{EI_z}\left(\frac{M_B - M_A}{2l} x^2 + M_A x + c_1\right) \tag{6.118}$$

$$v = -\frac{1}{EI_z}\left(\frac{M_B - M_A}{6l} x^3 + \frac{M_A}{2} x^2 + c_1 x + c_2\right) \tag{6.119}$$

支持条件式(6.116)に 式(6.119)を代入すると,c_1 と c_2 を未知量とする次の連立方程式が得られる.

$$\left.\begin{array}{l}(v)_{x=0} = -\dfrac{1}{EI_z}\left(\dfrac{M_B - M_A}{6l} \times 0^3 + \dfrac{M_A}{2} \times 0^2 + c_1 \times 0 + c_2\right) = 0 \\ (v)_{x=l} = -\dfrac{1}{EI_z}\left(\dfrac{M_B - M_A}{6l} l^3 + \dfrac{M_A}{2} l^2 + c_1 l + c_2\right) = 0\end{array}\right\} \tag{6.120}$$

式(6.120)を c_1, c_2 について解けば,

$$c_1 = -\frac{(2M_A + M_B)l}{6}, \quad c_2 = 0 \tag{6.121}$$

式(6.121)を 式(6.118),(6.119)に代入すると,たわみ角とたわみは

$$\left.\begin{array}{l}i=\dfrac{dv}{dx}=\dfrac{1}{6EI_zl}\{3(M_A-M_B)x^2-6M_Alx+(2M_A+M_B)l^2\}\\[2mm] v=\dfrac{1}{6EI_zl}\{(M_A-M_B)x^3-3M_Alx^2+(2M_A+M_B)l^2x\}\end{array}\right\} \quad (6.122)$$

もし，$M_A=M_B$ ならば，たわみは左右対称になるため，両支持点 A, B における たわみ角は $i_A=-i_B$，最大たわみ角 i_{max} は両支持点で，最大たわみ v_{max} ははり中央で生じ，次のようになる．

$$i_{max}=i_A=\dfrac{M_Al}{2EI_z}=-i_B, \quad v_{max}=(v)_{x=l/2}=\dfrac{M_Al^2}{8EI_z} \quad (6.123)$$

なお，式(6.21)より支持反力 $R_A=R_B=0$ となり，はりには一様な曲げモーメント M_A が作用し，はりは円弧状に曲げられる．

(7) モーメントが作用する片持ちはり

図 6.34 に示すように，自由端 B にモーメント M_0 が作用する長さ l の片持ちはりを考える．式(6.27)より，固定端 A から x の距離にある横断面に生じる曲げモーメント M は一定であり

$$M=M_0 \quad (6.124)$$

また，このはりの支持条件は固定支持であるから，本問題の支持条件は

$$(v)_{x=0}=0, \quad (i)_{x=0}=0 \quad (6.125)$$

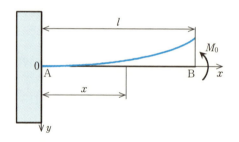

図 6.34 自由端にモーメントが作用する片持ちはり

式(6.124)で与えられる曲げモーメント M をたわみの基礎式(6.64)に代入して順次積分すれば，

$$\dfrac{d^2v}{dx^2}=-\dfrac{M}{EI_z}=-\dfrac{M_0}{EI_z} \quad (6.126)$$

$$i=\dfrac{dv}{dx}=-\dfrac{M_0}{EI_z}(x+c_1) \quad (6.127)$$

$$v=-\dfrac{M_0}{EI_z}\left(\dfrac{1}{2}x^2+c_1x+c_2\right) \quad (6.128)$$

支持条件式 (6.125) に 式 (6.127) と 式 (6.128) を代入すると,

$$\left.\begin{array}{l}(i)_{x=0} = \dfrac{M_0}{EI_z}(0 + c_1) = 0 \\ (v)_{x=0} = -\dfrac{M_0}{EI_z}\left(\dfrac{1}{2} \times 0^2 + c_1 \times 0 + c_2\right) = 0\end{array}\right\} \quad (6.129)$$

式 (6.129) より,

$$c_1 = 0, \quad c_2 = 0 \qquad (6.130)$$

となる. 式 (6.130) を 式 (6.127), (6.128) に代入すると, たわみ角とたわみは

$$i = \dfrac{\mathrm{d}v}{\mathrm{d}x} = -\dfrac{M_0}{EI_z}x, \quad v = -\dfrac{M_0}{2EI_z}x^2 \qquad (6.131)$$

明らかに, はりの最大たわみ角 $i_{\max}$ および最大たわみ $v_{\max}$ ははりの自由端 $x = l$ で生じ, 次のようになる.

$$i_{\max} = (i)_{x=l} = -\dfrac{M_0 l}{EI_z}, \quad v_{\max} = (v)_{x=l} = -\dfrac{M_0 l^2}{2EI_z} \qquad (6.132)$$

(8) 中央に集中外力が作用する単純支持はり

図 6.35 に示す中央に集中外力 P が作用するスパン l の単純支持はりを考えよう. この問題は, 先の任意点に集中外力 P が作用するスパン l の単純支持はりの特別な場合であり, その解は, 式 (6.82) に $a = b = l/2$ を代入することにより得られる. しかし, 任意点に集中外力 P が作用するスパン l の単純支持はりの解析は, 前述のように曲げモーメント M を求める際に領域分けが必要となるため, たわみの基礎式の一般解を領域毎に求めることになる. したがって, 4個の積分定数を2個の支持条件と2個の連続条件によって決定することになり, 多くの計算が必要であった. ここでは, 対称性 を考慮して, 中央に集中外力 P が作用するスパン l の単純支持はりの問題を解いてみよう.

図 6.35 の集中外力 P が作用している点 C の左右では 対称性 が成立するため, 点 C の左側の領域である AC 間 ($0 \leq x \leq l/2$) のみを考えれば十分である. 式

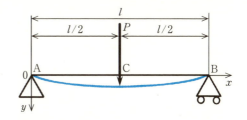

図 6.35　中央に集中外力が作用する単純支持はり

(6.4)に $b=l/2$ を代入することにより，支持点 A から $x\,(0\leq x\leq l/2)$ の距離にある横断面に生じる曲げモーメント M は

$$M=\frac{P}{2}x \quad (0\leq x\leq l/2) \tag{6.133}$$

また，AC 間 $(0\leq x\leq l/2)$ において支持されているのは，$x=0$ の点 A のみであり，支持条件は，

$$(v)_{x=0}=0 \tag{6.134}$$

一方，$x=l/2$ の点 C は支持されているわけではないが，対称性によりたわみ角が 0 となる必要があるため，次式が成り立つ．

$$(i)_{x=l/2}=0 \tag{6.135}$$

式(6.133)で与えられる曲げモーメント M をたわみの基礎式(6.64)に代入して順次積分すれば，

$$\frac{\mathrm{d}^2 v}{\mathrm{d}x^2}=-\frac{P}{2EI_z}x \quad (0\leq x\leq l/2) \tag{6.136}$$

$$i=\frac{\mathrm{d}v}{\mathrm{d}x}=-\frac{P}{4EI_z}x^2+c_1 \quad (0\leq x\leq l/2) \tag{6.137}$$

$$v=-\frac{P}{12EI_z}x^3+c_1 x+c_2 \quad (0\leq x\leq l/2) \tag{6.138}$$

式(6.134)に式(6.138)を代入すると

$$(v)_{x=0}=-\frac{P}{12EI_z}\times 0^3+c_1\times 0+c_2=0 \tag{6.139}$$

となり，$c_2=0$ と決定される．また，式(6.135)に式(6.137)を代入すると，

$$(i)_{x=l/2}=-\frac{P}{4EI_z}\times\left(\frac{l}{2}\right)^2+c_1=0 \tag{6.140}$$

したがって，

$$c_1=\frac{Pl^2}{16EI_z} \tag{6.141}$$

となる．$c_2=0$ であることを考慮して，式(6.141)を式(6.137)，(6.138)に代入すると，領域 $0\leq x\leq l/2$ におけるたわみ角とたわみは，

$$\left.\begin{aligned}i=\frac{\mathrm{d}v}{\mathrm{d}x}&=\frac{P}{16EI_z}(l^2-4x^2)\\ v&=\frac{P}{48EI_z}x(3l^2-4x^2)\end{aligned}\right\} \quad (0\leq x\leq l/2) \tag{6.142}$$

6.6 重ね合せ法

これまでは，単純な外力が作用する場合について考えてきた．一般に，フックの法則が成立する範囲では，多くの外力が作用するときの応力および変形の状態は，個々の外力が単独に作用した場合の解を単に重ね合わせたものに等しい．これを重ね合せの原理（principle of superposition）という．この原理によって，複雑な外力が作用する問題もいくつかの簡単な外力が作用する問題を組み合わせることにより求めることができる．

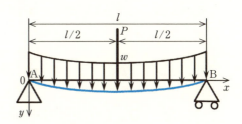

図 6.36　集中外力と等分布外力が作用する単純支持はり

例として，図 6.36 に示すように，はり中央に集中外力 P および全長にわたって等分布外力 w が作用するスパン l の単純支持はりを考え，最大たわみ $v_{\max}$ を求めてみよう．この場合は，① 中央に集中外力 P のみが作用するスパン l の単純支持はりの問題と ② 全長にわたって等分布外力 w のみが作用する同様の単純支持はりの問題を別々に解いて加え合わせればよい．いずれの問題の解も既に求められているので，① の集中外力 P のみによる問題の解に下添字 P，② の等分布外力 w のみによる問題の解に下添字 w を付けて示すことにする．

① の場合，集中外力 P がはりの中央に作用しているので，たわみは左右対称となる．式 (6.142) より，集中外力 P のみによるたわみ v_P は，

$$v_P = \frac{P}{48EI_z} x(3l^2 - 4x^2) \quad (0 \leq x \leq l/2) \tag{6.143}$$

また，最大たわみ $v_{\max P}$ ははり中央で生じ，次のようになる．

$$v_{\max P} = (v_P)_{x=l/2} = \frac{Pl^3}{48EI_z} \tag{6.144}$$

② の場合の解は，式 (6.104) で与えられている．式 (6.104) 中の p を w で置き換えることにより，等分布外力 w のみによるたわみ v_w は，

$$v_w = \frac{w}{24EI_z}(x^4 - 2lx^3 + l^3 x) \tag{6.145}$$

はりの中央で生じる最大たわみ $v_{\max w}$ は，

$$v_{\max w} = (v_w)_{x=l/2} = \frac{5wl^4}{384EI_z} \tag{6.146}$$

最大たわみ $v_{\max P}$ と $v_{\max w}$ はともに はり中央で生じるため，重ね合せの原理より，集中外力と等分布外力が同時に作用する場合の最大たわみ $v_{\max}$ は

$$v_{\max} = v_{\max P} + v_{\max w} = \frac{Pl^3}{48EI_z} + \frac{5wl^4}{384EI_z} \tag{6.147}$$

6.7　せん断力によるたわみ

これまでは，曲げモーメントによるたわみを扱ってきたが，はりはせん断力によってもたわみを生じる．式(6.55)や式(6.57)に示したように，横断面のせん断応力は一様に分布していないので，正確には軸線に垂直な横断面は変形後湾曲して曲面となる．しかし，はり理論の適用範囲内の細長いはりの場合，せん断による影響は小さく，平面を保持されると仮定しても実用上差し支えない．

図 6.37 に示すように，はりの微小長方形要素は，せん断力の作用により破線で図示したように変形し，せん断によるたわみ曲線の傾斜は中立軸上のせん断ひずみ γ に等しい．式(6.56)や式(6.58)で示される中立軸上のせん断応力 τ_0 が，はりの横断面に一様に作用していると仮定して，はりの微小長さ dx に生じる微小たわみを dv_s とすると，フックの法則より

$$\gamma = \frac{\tau_0}{G} = \frac{\kappa F}{AG} = \frac{dv_s}{dx} \tag{6.148}$$

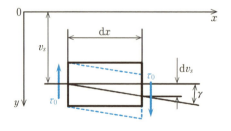

図 6.37　せん断によるはりのたわみ

ここで，G は材料の横弾性係数，F はせん断力，A ははりの断面積である．また，κ はせん断応力 τ_0 と平均せん断応力 τ_{mean} の比であり，前述のように長方形断面の場合 $\kappa = 3/2$，円形断面の場合 $\kappa = 4/3$ である．

6.7 せん断力によるたわみ

式(6.148)を積分することにより、せん断力によるたわみが次式のように求まる．

$$v_s = \frac{\kappa}{AG}\int F\,\mathrm{d}x + c \tag{6.149}$$

ここで，積分定数 c は支持条件から決定される．

例として，自由端に集中外力 P が作用する長さ l，高さ h，幅 b の長方形断面の片持ちはりの自由端に発生する曲げモーメントによる最大たわみ $v_{\max}$ と，せん断力による最大たわみ $v_{\max S}$ を比較してみよう．曲げモーメントによる最大たわみ $v_{\max}$ は，式(6.95)の a を l と置き換え，$x=l$ とすることにより

$$v_{\max} = \frac{Pl^3}{3EI_z} = \frac{Pl^3}{3E} \times \frac{12}{bh^3} = \frac{4Pl^3}{Ebh^3} \tag{6.150}$$

一方，せん断力による最大たわみ $v_{\max S}$ は，支持条件 $(v_s)_{x=0}=0$ より $c=0$ であり，せん断力 F が一定値 P であるため

$$v_{\max S} = (v_s)_{x=l} = \left(\frac{\kappa Px}{AG}\right)_{x=l} = \frac{\kappa Pl}{AG} = \frac{3}{2} \times \frac{1}{bh} \times \frac{Pl}{G} = \frac{3Pl}{2Gbh} \tag{6.151}$$

第10章で述べる縦弾性係数 E，横弾性係数 G およびポアソン比 ν 間の関係式

$$G = \frac{E}{2(1+\nu)} \tag{6.152}$$

を考慮して $v_{\max}$ と $v_{\max S}$ の比を計算すると，

$$\frac{v_{\max S}}{v_{\max}} = \frac{3Pl}{2Gbh} \times \frac{Ebh^3}{4Pl^3} = \frac{3}{8}\frac{E}{G}\left(\frac{h}{l}\right)^2 = \frac{3}{4}(1+\nu)\left(\frac{h}{l}\right)^2 \tag{6.153}$$

細長い棒状部材を想定すると，$h/l < 0.1$，ポアソン比は一般に $\nu = 0.3$ 程度であり，せん断力によるたわみは，曲げモーメントによるたわみの約1%程度となる．したがって，通常の細長いはり ($h/l < 0.1$) の場合には，せん断力によるたわみを無視しても差し支えない．

第7章 材料強度学の基礎

7.1 破壊事故の現状

　機械や構造物を設計する場合，材料の強さを考えて用いる部材の断面積などを決定しなければならない．このとき，必要最小限度の考慮は「部材に加わる応力が，その材料の 降伏応力 を超えないこと」である．

　仮に，その部材に加わる応力が材料の降伏応力を超えたら何が起こるであろうか？ 金属材料を引っ張った場合に得られる応力と ひずみとの関係を思い出そう．比較的小さい応力が加わる場合には，ひずみは応力に比例して生じ，かつその応力が取り除かれると ひずみが0になる，いわゆる 弾性変形（elastic deformation）をする．ところが，部材に加わる応力がその材料の降伏応力を超えるような場合，ひずみは比例的に増える場合よりさらに大きな量が発生する．さらには，応力が取り除かれても ひずみが残ってしまう，いわゆる 塑性変形（plastic deformation）を起こす．

　このことを われわれが設計する機械に置き換えて考えてみよう．塑性変形を起こすということは，使用するうちに元に戻らない変形が残ってしまうことを意味する．例えば，回転軸の中心に合わせて開けられている穴が使用中にずれてしまうと，この回転軸が回転できなくなる．つまり，機械が継続して使用できなくなることになる．繰り返すが，設計の大原則は，「あらゆる部材に加わる応力が降伏応力を超えてはならない」ということである．

　現在，設計・製作され一般に出回っている機械は，すべてこの基準が必ず守られて設計・製作されているといっても過言ではない．このように，十分安全な設計がなされているにもかかわらず，実際には機械の 破壊事故（fracture）が後を立たない．その原因を調査した結果の一例が 図7.1 である．図から読み取れるように，機械の破壊事故原因の大部分を占めているのが「疲労

7.1 破壊事故の現状

（fatigue）」である．疲労は，たとえ小さな応力であっても，それが部材に繰り返し加わることにより，部材に破壊が生じる現象のことである．先に述べたように，部材には材料の降伏応力以下の応力しか加わらないように設計されているにもかかわらず，疲労による破壊（疲労破壊）は生じる．例えば，航空機や自動車など人命に関わるような使われ方をする機械が疲労破壊することは絶対に避けなければならないし，設計に携わる者にとって，疲労破壊を起こさせない設計をすることは義務でもある．

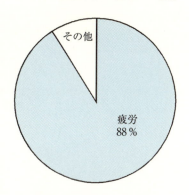

図7.1 破壊事故の原因

部材に繰返し応力（cyclic stress）が加わる場合には，疲労によって部材の破壊が生じることを念頭に置かなければならない．それでは，このような疲労破壊が生じる状況がほかにもないか，もう少し詳しく調べてみよう．

疲労は，応力が繰り返し加わることにより起こる．したがって，部材に外力が繰り返し加わる状況は，これに該当することは容易に理解できる．最も理解しやすい疲労破壊が懸念される状況である．**図7.2**に示すような天井クレーンで荷物を吊り下げる場合を考えてみよう．荷物が吊り上げられると，各部位には応力が発生する．クレーンは，荷物を吊り上げ，場所を移動させ，目的とする場所に荷物を下ろすために用いられる．荷物を降ろすと各部位に生じた応力は開放され，自重による成分を除けば各部位の応力は0となる．このような状況を何度も繰り返して使用される機械がクレーンである．したがって，クレーンにも疲労破壊は起こる．クレーンの疲労破壊は荷物の落下事故を意味するので，これは絶対に避けなければならない．

一方，疲労破壊を防ぐのが難しいのは，このような簡単な負荷状況だ

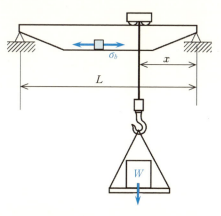

図7.2 天井クレーンにおける繰返し負荷

136　第7章　材料強度学の基礎

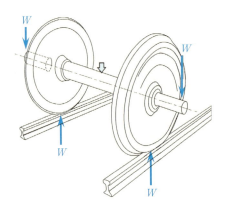

図7.3　鉄道車軸における負荷

けではないところにある．外力の大きさが一定で変化しない状況にあるにもかかわらず，疲労破壊が生じることもある．その代表的なものが，車軸に代表される 回転曲げ（rotating bending）と呼ばれる状況である．図7.3 は，鉄道車両の足回りを模式的に示したものである．車軸の両端に車輪が取り付けられており，車体重量を支える構造になっている．車体の重量は車両の使用状況により変化するが，たとえ車体重量が変化しない場合であっても，車軸には必ず繰返し応力が生じる．車軸は，上部からの車体重量を支えることにより曲げ変形を起こす．すなわち，車軸上部表面（図の白矢印の箇所）には引張りの曲げ応力が発生する．鉄道車体は，レールの上を走行するために用いられるものであるので，この状況で車軸は回転する．車軸が回転すると，先ほど引張応力が生じていた箇所の応力は，回転とともに値が減少する．軸が 1/4 回転すると応力値は 0 に，さらに 1/4 回転すると，圧縮の応力となる．その後，さらに 1/2 回転すれば，再度引張りの応力になる．このように，軸の回転とともに軸材料は引張応力 → 圧縮応力 → 引張応力を繰り返し受けることになる．これにより，車軸が疲労破壊を起こす．これが，回転曲げ による疲労である．

　外部からの負荷がまったくない場合にも，疲労破壊は起こり得る．運転の起動・停止，あるいは温度変化によるものがそれである．ガスタービンなどに代表される機器は，運転とともに本体温度が上昇する．機器は，所定の場所に固定されているから，機器本体の温度上昇に伴い，本体は膨張しようとするが，周囲からこの変形が阻止される．それにより 熱応力 が発生する．運転を停止すると，機器の温度が室温まで下がってくる．これに伴い，熱応力も開放される．この温度上昇，冷却の繰返しにより機器には応力が繰り返し加わることになるので，疲労破壊が生じることがある．

　温度に高低差がある液体が流れる場合にも同様のことが起こる．図7.4 に，その様子を模式的に示す．このような状況でも変動する 熱応力 が繰り返し発

生し，疲労破壊が生じる．

外部から直接的な繰返し負荷がなくても疲労破壊する例として，振動に伴う疲労破壊がある．発電所の熱交換器に代表される構造にこのような状況が生じたことがある．例えば，**図7.5**に示すような長いパイプが林立している熱交換機を考えてみよう．このとき，長いパイプは片持ちはりの構造となっており，容易に振動を起こす．振動を食い止める留め金がしっかり取り付けられていない場合には，パイプの振動が起こる．その結果，パイプの支持端には繰返し曲げ応力が加わることになり，パイプの疲労破壊が起こる．

以上のように，疲労破壊は，単純に外部からの力が変化する場合に加えて，外部負荷が変化しない場合にも数多くの要因によって起こり得る．これらをまとめたものが**図7.6**である．外部負荷の大きさが変化しないからといって，疲労破壊への配慮をおろそかにすべきでないことを理解してほしい．

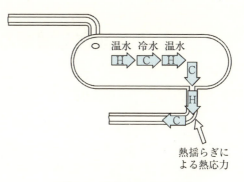

図7.4 熱揺らぎによる疲労

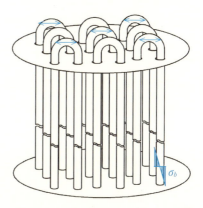

図7.5 熱交換器内のパイプの振動

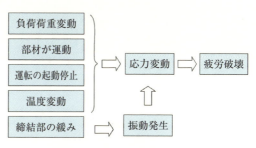

図7.6 疲労の原因となる要素

7.2 疲労破壊の力学的取扱い

(1) 疲労試験とS-N曲線

疲労破壊の現象を最初に定量的に明らかにしたのは，ドイツの鉄道技師であったヴェーラーである．彼は，鉄道車両の車軸が折損し，脱線事故がしばしば起こることに疑念をもち，実験室内で車軸に外力が加わる状況を再現し，一連の系統的な実験を行った．図7.7は，ヴェーラーの実験装置を模式的に示したものである．両端に加える外力をいろいろな値に設定し，軸を回転させ，軸が破壊するまでの回転数を調べた．先に述べた回転曲げ負荷下の疲労試験を行ったのである．彼は，縦軸に車軸に加えた応力を横軸に破壊したときの回転数（これを破断繰返し数（number of cycles to failure）という）をとって，その実験結果を図にまとめた．このとき，図の横軸は対数軸で表現した．その結果，負荷応力が大きいとき，軸が破壊する破断繰返し数は小さく，負荷応力が小さいときには破断繰返し数は大きいこと，さらにこれをまとめた図では，その関係が右下がりのほぼ直線となることを見出した．これは，ヴェーラー線図（Wöhler curve）あるいはS-N曲線（S-N curve）と呼ばれ，材料の疲労特性を表現する最も重要なデータとなっている．

材料の種類や負荷の様式によって疲労特性は異なるので，このヴェーラーの実験以来，現在に至るまで種々の形式で疲労試験が行われ，材料の疲労特性が調べられている．その代表的なものは，ヴェーラーが行ったと同種の

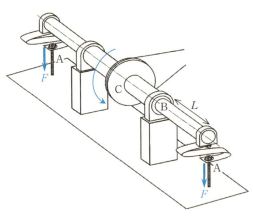

Aのねじ長さを調整し，負荷力Fを発生させる．B部が試験部で，ここにはF×Lの曲げモーメントが加わる．Cのプーリに回転機からの回転を伝えると，試験部Bに繰返しの応力が加わる

図7.7　ヴェーラーの実験

7.2 疲労破壊の力学的取扱い　139

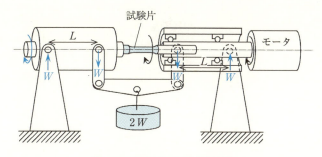

図7.8　回転曲げ疲労試験機

回転曲げ疲労試験 に加え，引張・圧縮疲労試験，平面曲げ疲労試験 などである．

　回転曲げ試験機の模式図を 図7.8 に示す．おもりにより負荷の大きさを決め，破断するまでモータを回転させることにより疲労試験が実現される．引張・圧縮疲労試験には，図7.9 に示すような電気油圧式疲労試験機がよく用いられる．正弦波に代表される発信波形信号をコントロールボックスによりその振幅や中心電圧を調整し，これを電磁弁に伝える．電磁弁は，圧力の加わった作動油をアクチュエータの上下に振り分ける．

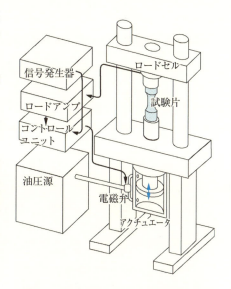

図7.9　電気油圧式サーボ疲労試験機

これにより，アクチュエータは上下方向の力を出力し，これに接続した試験片に負荷を与える．負荷力はロードセルにより検出され，命令信号との差異を調べる．信号の差異が大きければ，これを参考に命令信号の大きさを調整するフィードバック制御を行い，正確な負荷を実現している．この試験機は，現在最も利用されている疲労試験機の一つである．平面曲げ試験には，図7.10 に示すような一定の角変位を繰り返す機構を用いた平面曲げ疲労試験機がよく用いられている．

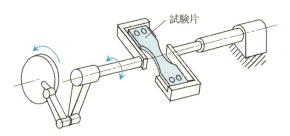

図 7.10 平面曲げ疲労試験機

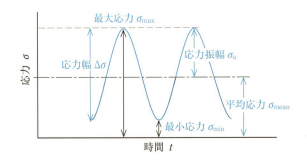

図 7.11 繰返し応力

　繰返し応力の波形で最も標準的で簡単なものは，回転曲げ試験でも用いられる 正弦波形 である．図7.11に，繰返し応力の波形の一例を示す．一定振幅で変化する応力に対して，最大の値をとるときの応力値を 最大応力（maximum stress）σ_{max}，最小の値を 最小応力（minimum stress）σ_{min} と呼び，その中央値（あるいは平均値）を 平均応力（mean stress）σ_{mean} と呼んでいる．平均応力 σ_{mean} から最大応力 σ_{max} まで，あるいは平均応力 σ_{mean} から最小応力 σ_{min} までの応力の変化幅を 応力振幅（stress amplitude）σ_a，その2倍，すなわち最大応力 σ_{max} から最小応力 σ_{min} までの範囲を 応力幅（stress range）$\Delta\sigma$ と呼び，これらは疲労における負荷を取り扱ううえで重要な量となっている．一般に，S-N曲線は縦軸に応力幅 $\Delta\sigma$ ではなく，応力振幅 σ_a をとって描かれる．

　平均応力は繰返し応力の中心値であるから，応力波形の位置を表していることになるが，別の表現方法として，次式で定義される 応力比（stress ratio）R もよく用いられる．

7.2 疲労破壊の力学的取扱い

$$R = \frac{\sigma_{\min}}{\sigma_{\max}} \quad (7.1)$$

応力が0となる位置を中心に，正負等しく応力が変化するとき，すなわち引張りと圧縮が繰り返し負荷されるとき，これを 両振り負荷 といい，応力比 R は-1となる．一方，最小応力が0で，最大応力が正，すなわち引張負荷のみで構成されるとき，これを 片振り負荷 といい，$R=0$ となる．

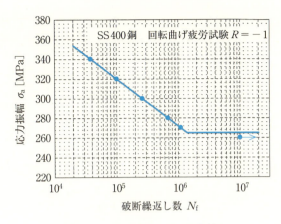

図 7.12 SS 400 鋼の S-N 曲線

図 7.12 に，回転曲げ負荷において得られた炭素鋼 SS 400 の S-N 曲線 を示す．多く材料において，S-N 曲線は右下がりの直線関係で表すことができる．しかし，ある応力振幅まで下がると，そこからは破断しなくなる応力値が現れる．これは，この応力振幅以下の応力の繰返しに対しては，この材料は疲労破壊しないことを意味する．疲労を考慮して行われる設計を 疲労設計 (fatigue design) と称するが，疲労設計を行ううえで疲労破壊を生じさせない応力振幅の値は重要である．この疲労破壊を起こさなくなる応力振幅の値のことを 疲労限度 (fatigue limit, endurance limit) と呼び，σ_{w_0} の記号で表す．また，この疲労限度を用いて疲労破壊を起こさせないように設計することを 疲労限度設計 という．

このように，S-N 曲線が右下がりの直線と横軸に平行な直線の2直線で構成される場合には，疲労限度の見積もりが容易である．しかし，アルミニウム合金に代表される非鉄金属ではこのようにはならないことが多い．図 7.13 に，アルミニウム合金 7075-T6 に対して得られた S-N 曲線を示すが，右下がりに連続的でなだらかな曲線となっており，先の SS 400 鋼で見られたような急に横軸に平行となるような直線が現れず，明確な疲労限度を決めることができない．このような材料に対しては疲労限度設計を行うことができないので，ある繰返し数までは疲労破壊を起こさせないように設計する 有限寿命設計 を行

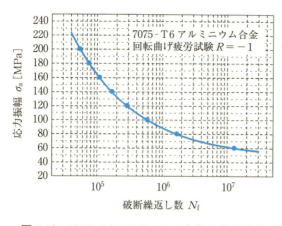

図7.13 7075-T6アルミニウム合金のS-N曲線

うことになる．

疲労限度設計を行うためには部材に使用する材料の疲労限度を知る必要があるが，それを知るにはS-N曲線を完成させる必要がある．そのためには，数多くの材料の準備と長時間の疲労試験を多数回行う必要があるので，疲労限度の値を知ることは容易ではない．しかし，簡便に鉄鋼材料の疲労限度の概算値を推定する方法がある．動的外力に対する強度が疲労強度であるとすれば，静的外力に対する強度，すなわち引張試験で得られる各種強度と，動的強度には密接な関係があることが知られている．また，ビッカース硬さ に代表される材料の硬さと強度にも密接な関係があることが知られている．

すなわち，鉄鋼材料の疲労限度 σ_{w_0} と静的強度である引張強さ σ_B，ならびにビッカース硬さ HV との間には，次のような実験式がほぼ成立することが知られている．

$$\sigma_{w_0} = \frac{1}{2}\sigma_B \tag{7.2}$$

$$\sigma_{w_0} = \frac{9.8}{6}HV \tag{7.3}$$

対象としている鉄鋼材料の引張強さ σ_B やビッカース硬さ HV を求めることは，それほど時間を要しないので，簡便に疲労限度を予測する方法として，上記の式はしばしば用いられる．

(2) 疲労強度の統計的性質

S-N曲線の章では，S-N曲線は直線群（あるいは1本の曲線）で表現することができると説明した．これは，応力振幅が決まれば破断に至る繰返し数は

唯一に決まるような説明になっていたかも知れないが，正確にいうと，そのようにはならない．破壊という現象は確率論的に起こる現象であって，ちょうど，その回数で破壊が起こるといい当てることは不可能である．しかし確率的にいって，例えば 50 % の確率で破壊が起こるような応力繰返しの回数を予測することはできる．この破壊確率が 50 % である破断繰り返し数を結んだ線が前節で示した S-N 曲線である．

破断繰返し数が確率的様相を示すことは，同一材料で多数の試験片を用意し，同じ応力振幅の負荷条件のもとで多数回疲労試験を行って，破断繰返し数を調べるとよくわかる．応力振幅を一つのレベルに決めても，破断する繰返し数は唯一には決まらず，実際にはそのあたりを中心にばらつくことになる．ばらつくといういい方は正確な表現ではないが，破壊は確率的な現象であるので，破断繰返し数は確率分布に従うことを意味する．破断繰返し数の統計的性質は簡単ではないが，縦軸に目を向けると，ある特定の繰返し数で破断する応力レベルは，図 7.14 に示すようにほぼ正規分布に従うことが知られている．これを利用して，設計上特に重要である疲労限度を統計的に決定する方法がいくつか提案されている．一つは，プロビット法（probit method）である．これは，応力レベルの確率分布が正規分布に従うことを前提に，多数の試験データに対して正規分布を当てはめる手法であり，統計学的には最も確かな疲労限度算出方法といえる．しかし，この方法では用意しなければなければならない疲労片本数が非常に多く，実験にも多くの手間暇を要する点が最大のデメリットである．プロビット法の手順は，以下のとおりである．

まず，いろいろな応力レベルで多数の試験片を用いて疲労試験を行い，あらかじめ設定した十分大きい打ち切り回数までに破断したか，未破断であったかを調べる．次に，疲労限度の平均値 μ と標準偏差 s の値を仮定する．

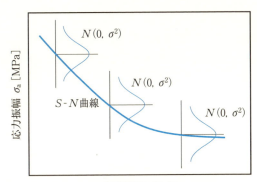

図 7.14 S-N 曲線の統計的性質

各応力レベル別に破断した本数から，その応力レベル σ_i における破壊確率 P_i を求める．次に，応力レベル σ_i から基準化応力 u_i を求める．

$$u_i = \frac{\sigma_i - \mu}{s} \tag{7.4}$$

次式により確率密度 z_i を求め，これを破壊確率 P_i^* に換算する．

$$\begin{aligned} z_i &= \frac{1}{\sqrt{2\pi}} \exp\left(-\frac{u_i}{2}\right) \\ P_i^* &= \int_{-\infty}^{u_i} z(u) \, \mathrm{d}u \end{aligned} \tag{7.5}$$

実測データから求めた破壊確率 P_i と計算で求めた破壊確率 P_i^* を用いて基準化応力を修正する．

$$u_i^* = u_i - \frac{P_i^* - P_i}{z_i} \tag{7.6}$$

この基準化応力 u_i^* を用いて再度破壊確率 P_i^* を求める．この値が収束するまで同様の手順を繰り返すことにより，正確な疲労限度の平均値 μ と標準偏差 s が求められる．

一方，プロビット法に比べてその統計的な精度は落ちるが，より簡便な方法としてステアケース法（staircase method）がある．ステアケース法による疲労限度の算出手順は，以下のとおりである．

まず，疲労限度の平均値に近い応力レベルと，応力レベルを変更して調べる際の応力変化幅（これを応力階差という）d の値を設定する．その後，疲労試験を行い，打ち切り回数までに破断したか未破断であったかを調べる．破断した場合は，応力階差 d だけ応力レベルを下げて再度疲労試験する．未破断であれば，応力階差 d だけ応力レベルを上げて再度疲労試験を行う．次の試験結果が破断か未破断かによって，同様の手順で応力レベルを再設定し，疲労試験を繰り返す．十分な回数の試験を行った後に，応力レベル σ_i ごとの破断試験片本数（あるいは，未破断試験片本数）n_i を集計すると，疲労限度の平均値 μ と標準偏差 s は，以下の式で求められる．

$$\mu = \sigma_0 + d\left(\frac{a}{N} \pm 0.5\right)$$

復号は，破断数を調べた場合はマイナス，未破断数を調べた場合はプラスとなる．

$$s = 1.62 d\left(\frac{bN - a^2}{N^2} + 0.029\right) \tag{7.7}$$

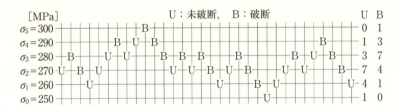

図 7.15 ステアケース法による疲労試験手順

ここで，σ_0 は実験で出現した最も低い応力レベル，また $N=\sum_i n_i$　$a=\sum_i i \cdot n_i$　$b=\sum_i i^2 \cdot n_i$ である．

図 7.15 に，ステアケース法に従って試験した履歴の一例を示す．この試験結果から得られた破断数や未破断数を用いることにより，この材料の疲労限度の平均値や標準偏差を統計的に求めることができる．

(3) 平均応力の影響

疲労限度は種々の因子の影響を受ける．その中でも最も大きな影響を与える因子の一つが平均応力 σ_{mean} である．最も標準的な繰返し負荷様式は，応力 0 を中心とした両振り引張・圧縮負荷である．しかし，引張りの平均応力が加わった状態で応力の変動成分が加わると，材料の耐疲労特性は低下する．

図 7.16 は，種々の引張平均応力の負荷下で疲労限度がどのような値になる

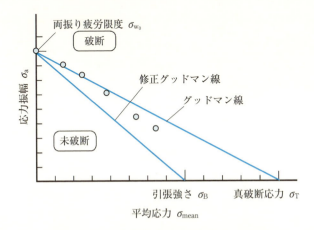

図 7.16 疲労限度に及ぼす平均応力の影響

かをまとめたものである．図より明らかなように，両振り負荷条件で求めた疲労限度 σ_{w_0} に比べて，引張負荷が強くなればなるほど疲労限度は低下することが読み取れる．平均応力として引張負荷が大きくなればなるほど，材料にとって厳しい状況になることは容易に想像できる．この様子を定式化したものがいくつか提案されている．その中でも，次式で表されるグッドマン線（Goodman line）は有名である．

$$\sigma_w = \left(1 - \frac{\sigma_{mean}}{\sigma_T}\right)\sigma_{w_0} \tag{7.8}$$

ここで，σ_w：平均応力の影響を考慮した疲労限度，σ_{mean}：平均応力，σ_T：真破断応力，σ_{w_0}：両振り疲労限度である．

上式中の真破断応力 σ_T の値が入手できない場合には，より汎用的な機械的性質である引張強さ σ_B を用いる場合もある．これは，修正グッドマン線と呼ばれ，グッドマン線を用いる場合よりも安全側の評価値を与える．

$$\sigma_w = \left(1 - \frac{\sigma_{mean}}{\sigma_B}\right)\sigma_{w_0} \tag{7.9}$$

ここで，σ_B：引張強さである．

（4）組合せ応力による疲労

車軸に代表される回転軸には，自重が加わることにより曲げ負荷が加わるのに加えて，回転力を伝えなければならないので，ねじりも同時に加わる．これは，垂直応力，せん断応力の異なる2成分の応力が同時に加わることになるので，疲労強度に対する考え方も少し複雑になる．このような組合せの応力に対する疲労限度の考え方でよく用いられる方法は，1/4だ円説に基づくものである．横軸に垂直応力振幅 σ_a を引張圧縮疲労限度 σ_w で無次元化した値を，また縦軸にせん断応力振幅 τ_a をせん断応力に対する疲労限度（ねじり疲労限度）τ_w で無次元化した値をとって破壊したかどうかの状況を図示すると，図

σ_w：引張圧縮疲労限度
τ_w：ねじり疲労限度

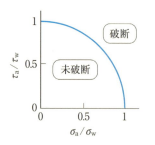

図7.17　組合せ応力による疲労破壊

7.17に示すような曲線状の境界線が得られる．負荷状態がこの1/4だ円（無次元化後は真円）の内側であるか，外側であるかを調べることによって，破壊するか破断しないかを判別することができる．

(5) 切欠き効果

切欠きのような断面減少部がある場合，その部分では応力が集中する．すなわち，切欠き底では公称応力として計算される応力値よりも大きな値の応力が発生する．このような切欠きの応力集中による応力値の増加分を表す指標として応力集中係数（stress concentration factor）α がある．応力集中係数 α は，その形状や寸法のみによって決まる数値であり，切欠き底の応力が公称応力の何倍の値となるかを与える定数である．例えば，図7.18に示すような長径 $2a$，短径 $2b$，孔の曲率半径 $r(=b^2/a)$ であるだ円孔の応力集中係数 α は次式で与えられる．

$$\alpha = 1 + 2\sqrt{\frac{a}{r}} \tag{7.10}$$

切欠き底の応力 σ_{root} は，公称応力（nominal stress）σ_n に応力集中係数 α を乗じることにより求められる．

$$\sigma_{\text{root}} = \alpha \sigma_n \tag{7.11}$$

切欠き底の応力が大きくなるということは，切欠きがあることによって疲労に対しても弱くなることを意味する．このとき，単純に考えると，応力集中により応力が大きくなった分だけ疲労に対しても弱くなると考えるのが順当である．しかし，実際には応力集中により大きな値となった応力ほどには疲労に影響を与えない．これは，金属材料の疲労破壊が材料表面でのみ起こる現象ではないことに起因する．表面から2～3個の結晶粒に応力が加わり，これらの結晶粒が繰返し負荷を受けること

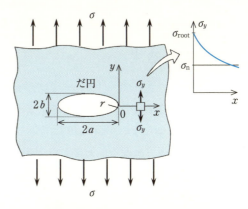

図7.18 切欠きによる応力集中

により，疲労破壊が始まるためである．すなわち，切欠き底を含めてある程度内部にまで入った領域の応力の平均値が疲労強度を決めることを意味する．

切欠きがある部材の疲労設計を行うには，切欠きがある場合の疲労限度を知る必要があるが，この値は応力集中係数からは直接求められない．ここで必要な情報は，切欠きがない平坦な試験片の疲労限度 σ_{w_0}（これを 平滑材疲労限度 という）に対して，切欠きがある場合の疲労限度 σ_{w_k}（これを 切欠き材疲労限度 という）がどれだけ小さくなるかの情報である．平坦な試験片の疲労限度と切欠きがある場合の疲労限度との比のことを 切欠き係数 (fatigue notch factor) β という．

$$\beta = \frac{\sigma_{w_0}}{\sigma_{w_k}} \tag{7.12}$$

切欠き係数 β は応力集中係数 α より幾分か小さな値となるが，その程度は材料に依存する．これを数値化するために，次式で与えられる 切欠き感度係数 (fatigue notch sensitivity factor) η を定義する．

$$\eta = \frac{\beta - 1}{\alpha - 1} \tag{7.13}$$

切欠き感度係数は，その名の表すとおり，この数値が1に近ければ疲労強度は切欠きによる応力集中の影響を大きく受け，切欠きに敏感であることを意味する．また，この値が小さければ，応力集中係数の値ほどには疲労限度は低下しない，つまり切欠きに鈍感になることを意味している．この切欠き感度係数は，材料により決まる材料定数であるので，この値を用いれば応力集中係数 α から切欠き係数 β の値を推定することができる．

(6) 寸法効果

応力が同じであれば，材料のサイズが大きくても小さくても，力学状態は同じと考えられる．疲労の場合にもそのように考えるのが順当と思われるが，実際にはそうはならない．**図 7.19** は，いろいろな直径の S35C 鋼試験片を用いて求められた疲労限度の値をまとめたものである．試験片が細い場合には疲労限度の値は大きめの値となり，大型の部材では疲労限度が小さくなる．このことは，小型試験片を使って求められた疲労限度の値を用いて大型部材を設計すると，それは危険側の設計となることを意味する．これを疲労強度における

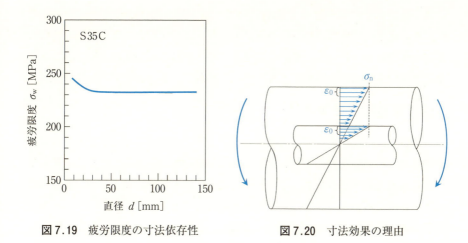

図7.19 疲労限度の寸法依存性　　**図7.20** 寸法効果の理由

寸法効果(size effect)という．寸法効果が生じる理由は，主に二つある．

一つは，材料が大型になると表面積が増えるため疲労破壊の起点となりうる欠陥の存在確率が上がる．すなわち，大きいほうが破断確率が上昇することである．

もう一つは，応力勾配に起因するもので，特に曲げ疲労強度において顕著に現れる．切欠き効果のところでも説明したように，疲労は表面から少し内部に入った領域(**図7.20** 中の ε_0)までの応力によって生じる．しかし，図に示すように表面での公称応力 σ_n が同じであっても試験片直径の大小により，ε_0 の領域における応力の平均値には差異が生じる．すなわち，大型部材における応力の平均値のほうが大きくなる．これが，大型部材の疲労限度が小さくなる理由である．

(7) 表面処理および残留応力の影響

疲労の開始は表面近傍で生じることから，材料に施された表面処理によっても疲労限度は大きく変化する．表面を硬化することにより疲労強度を上昇させる手法は有効であり，実際にもしばしば用いられている．また，表面処理の種類によっては表面に残留応力(residual stress)を付与することができる．残留応力とは，外部から何ら外力や温度変化を加えていなくても，部材内部に存在している応力をいう．例えば，引張りの残留応力が残っているような場合

には，平均応力効果の節でも説明したように，疲労限度は低下することになる．その低下の程度は，残留応力を平均応力とみなすことにより正確に見積もることができる．このことを逆に応用すれば，材料表面に圧縮の残留応力を残すことができれば疲労限度を上昇させることができることを意味している．

(8) 影響因子のまとめ

疲労限度は，部材を疲労で破壊させないように設計するうえで極めて重要な値であり，この値を知ることができなければ疲労設計を実施することはできない．これまで述べてきたように，疲労限度の値は多数の影響因子の影響を受け低下する場合もあり，場合によっては上昇したりもする．ここでは，これまで説明で取り上げた影響因子をすべて網羅した疲労限度の値 σ_w を算出するための式を掲載する．

$$\sigma_\mathrm{w} = \frac{\zeta_1 \zeta_2}{\beta}\left(1 + \frac{\sigma_\mathrm{mean}}{\sigma_\mathrm{T}}\right)\sigma_\mathrm{w_0} \tag{7.14}$$

ここで，ζ_1：寸法効果による疲労限度減少係数（$0 < \zeta_1 < 1$），ζ_2：表面仕上げによる疲労限度減少係数（$0 < \zeta_2 < 1$），β：切欠き係数（$\beta > 1$），σ_mean：平均応力，σ_T：真破断応力，$\sigma_\mathrm{w_0}$：小型試験片による平滑材両振り疲労限度である．

(9) 実働荷重下における疲労

これまでは，負荷される応力の振幅が一定である場合の疲労現象について取り扱ってきた．しかし，実機が受ける応力は周波数，振幅ともに変動するのが一般的である．このような状況に対して，疲労破壊を予測する方法として，ここではまず一定の周波数で応力振幅のみが σ_1，σ_2 の2段に変動する場合を考えよう．

図7.21のように，応力振幅 σ_1 の応力が n_1 回繰り返され，引き続き応力振幅 σ_2 が n_2 回繰り返されるような実働応力下での破断繰返し数の推定には，次式で表現されるマイナー則（Miner's law）が用いられる．

$$\frac{n_1}{N_1} + \frac{n_2}{N_2} = 1 \tag{7.15}$$

この式の左辺の合計値が1となるとき，その材料の疲労破壊が生じるという考え方である．ここで，N_1，N_2 はそれぞれ応力振幅 σ_1，σ_2 のみが作用したとき

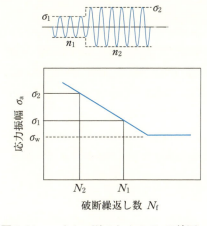
図 7.21 マイナー則のための S-N 線図の利用

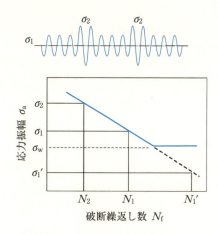
図 7.22 修正マイナー則の考え方

の破断繰返し数である．この式中，n_1/N_1 や n_2/N_2 は，それぞれの応力レベルに対する材料の 疲労損傷度（liner cumulative damage）という．

この法則によれば，2段目で破断に至るまでの繰返し数 n_2 は

$$n_2 = N_2\left(1 - \frac{n_1}{N_1}\right) \tag{7.16}$$

で予測できることになる．

これに加えて，図 7.22 に示す σ_1' のように，疲労限度以下であるような応力振幅の繰返応力が多数回加わるような状況を考えてみよう．一定振幅応力しか加わらない場合では，応力振幅が疲労限度以下であれば，疲労破壊は起こることはない．マイナー則で考えても，疲労限度より低い応力レベル σ_1' は損傷に寄与しないことになる．しかし，疲労限度以上の応力振幅 σ_2 が少数回でも負荷された場合，状況は大きく変わる．実働荷重下では，このような低い応力レベルであっても疲労損傷が累積することが知られている．疲労限度よりも低い応力レベル σ_1' が n_1' 回負荷された場合の損傷を考慮するには，まず図に破線で示すように S-N 曲線の傾斜部を延長し，これを用いて得られる仮想破断繰返し数 N_1' を求める．この N_1' を用いて疲労損傷度を n_1'/N_1' で算定するとよいことがわかっている．この方法は，修正マイナー則（modified Miner's law）と呼ばれている．

(10) 低サイクル疲労

これまで取り扱ってきた疲労は，繰返し数が 10^4 回を超えるような長い寿命を有する疲労である．これを 高サイクル疲労 (high cycle fatigue) と呼んでいる．これに対して，10^4 回以下で破壊が起こるような短い寿命の疲労もある．これを 低サイクル疲労 (low cycle fatigue) と呼んでいる．

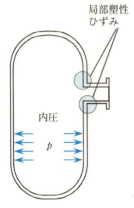

図 7.23　圧力容器における塑性変形

圧力容器などでは，30～40 年の寿命の間に想定される応力繰返し数は 10^4 回を越えることはまずない．この場合に，S-N 曲線に基づき高サイクル疲労設計をすると，安全すぎることになる．このような場合には，本節で述べる低サイクル疲労に基づく設計を行えばよい．低サイクル疲労設計では，図 7.23 に示すような応力集中部で局部的な塑性変形（塑性ひずみ (plastic strain)）を許容する．この場合，設計の基本となるのは S-N 曲線（応力振幅-破断繰返し数）ではなく，$\Delta\varepsilon_P$-N 曲線（塑性ひずみ幅-破断繰返し数）となる．$\Delta\varepsilon_P$ は，図 7.24 に示すような繰返し応力-ひずみ関係に表されるヒステリシスの幅に相当す

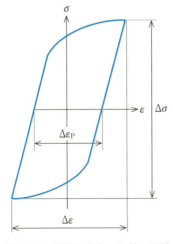

図 7.24　繰返し応力-ひずみ関係

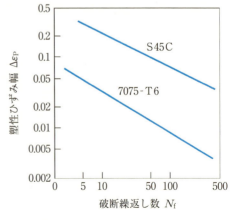

図 7.25　マンソン-コフィン則

る．このとき，塑性ひずみ幅 $\Delta\varepsilon_\mathrm{P}$ と破断繰返し数 N との間には，次式のようなマンソン-コフィン則（Manson-Coffin rule）が成立することが知られている（図7.25）．

$$\Delta\varepsilon_\mathrm{P} N^\alpha = C \tag{7.17}$$

α の値は，材料にあまり依存せず $\alpha=0.5$ となることが多い．また，C の値は材料の破断延性値 ε_f に近い値であり，材料の物性値である絞り ϕ [%] を用いると，$\varepsilon_\mathrm{f} = \log_e[100/(100-\phi)]$ で求めることができる．

7.3 切欠きの力学

(1) 切欠きとき裂

き裂（crack）の力学を考える前に，まず切欠きの力学を考えてみよう．図7.26 のように，無限に広い板の中央に長径 $2a$，短径 $2b$，孔の曲率半径 r であるだ円孔が開いている状況を考える．遠方で応力 σ を受けるとき，だ円孔により応力集中が起こる．このとき板が弾性体であるとすると，y 方向応力 σ_y は切欠き先端からの距離 x の関数として次式で与えられる．

$$\sigma_y = \sigma\left\{\sqrt{\frac{a}{2x+r}}\left(1+\frac{r}{2x+r}\right)+\frac{r}{2x+r}\right\} \tag{7.18}$$

き裂は，切欠き先端の曲率 r が 0 になったものと考えることができるから，き裂先端の応力を与える式は，次式のようになる．

$$\sigma_y = \sigma\sqrt{\frac{a}{2x}} \tag{7.19}$$

き裂の問題を弾性力学に基づき，より正確に考えてみよう．図7.27 に示すような無限に広い板に全長さ $2a$ のき裂がある．これが遠方で負荷応力 σ を受けたとき，き裂先端での y 方向応力 σ_y は，次式で与えられる．

$$\sigma_y = \frac{\sigma(a+x)}{\sqrt{x(2a+x)}} \tag{7.20}$$

これを級数展開すると，次のような式が得られる．

$$\sigma_y = \frac{\sigma\sqrt{a}}{\sqrt{2x}}\left\{1+\frac{3}{4a}x-\frac{5}{16a}x^2+\frac{1}{6a}x^3-\cdots\right\} \tag{7.21}$$

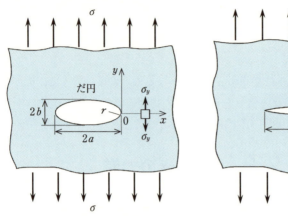

図7.26 だ円孔による応力集中　　図7.27 無限平板中のき裂

き裂先端に話を限定しよう．き裂先端近傍では x は 0 に近くなるから，{ }内の第 2 項以下は 0 に収束する．すなわち，き裂先端近傍では { } 内は 1 とみなすことができるので，y 方向応力 σ_y は

$$\sigma_y = \sigma \sqrt{\frac{a}{2x}} \tag{7.22}$$

で近似的に与えられる．これは，だ円切欠きをき裂へと変化させて得られた式とまったく同じ式である．

次に，き裂先端での応力がどれほどの大きさになるかを調べてみよう．それは，式 (7.19)，式 (7.22) のいずれの式においても x に 0 を代入すればよい．その場合明らかなように，分母が 0 となり，応力は無限大となる．これまでは応力の値を求め，その大きさを議論することにより材料の力学状態を議論することができた．しかし，き裂がある場合には，どのような状況であってもき裂先端の応力は無限大となり，大小関係を論じられなくなることがわかる．

(2) 応力拡大係数

き裂の問題は応力では論じられないことがわかったが，これは式 (7.19) あるいは式 (7.22) の分母が 0 になることに起因する．そこで，これらの式の分子にのみ着目してみよう．その前にこれらの式の分母，分子に $\sqrt{\pi}$ を便宜

的に乗じておく．

$$\sigma_y = \frac{\sigma\sqrt{\pi a}}{\sqrt{2\pi x}} \tag{7.23}$$

この式からわかるように，き裂先端からほんの少し遠ざかった位置での応力の大小は，この分子に比例することになる．すなわち，き裂先端近傍の応力は，この分子の大きさで決まることを意味している．そこで，この分子の部分のみを抜き出して，取り扱うことにしよう．これを K と表し，応力拡大係数 (stress intensity factor) と呼んでいる．

$$K = \sigma\sqrt{\pi a} \tag{7.24}$$

式 (7.24) に示すとおり，応力拡大係数 は き裂長さ (crack length) a と 応力 σ から求められるパラメータであり，き裂先端近傍の 応力場 の強さを表している．すなわち，き裂の問題は応力拡大係数により取扱いが可能となり，き裂先端近傍の応力は次式で与えられることがわかる．

$$\sigma_y = \frac{K}{\sqrt{2\pi x}} \tag{7.25}$$

一方，同一の仮想断面における応力に垂直応力と 二つの せん断応力が独立して存在するように，応力拡大係数にも 図 7.28 に示すように独立成分が三つある．

き裂を上下に開口させる負荷形態である モードⅠ（開口型），き裂を前後にスライドさせるような負荷形態である モードⅡ（面内せん断型），き裂を左右にスライドさせるような負荷形態である モードⅢ（面外せん断型）の3種類である．それぞれに対して，応力拡大係数を定義することができる．

$$\text{モードⅠ（開口型）} \quad K_1 = \sigma\sqrt{\pi a} \tag{7.26}$$

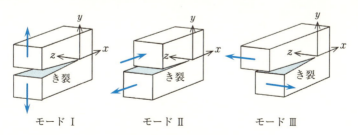

図 7.28　き裂の3モード

モードⅡ（面内せん断型）$K_{II} = \tau\sqrt{\pi a}$ (7.27)

モードⅢ（面外せん断型）$K_{III} = \tau\sqrt{\pi a}$ (7.28)

通常の部材は開口型の破壊が生じることが多い．そこで，本書では応力拡大係数 K_I を単に K と表記することにする．

(3) 形状補正係数

無限に広い板にき裂がある場合のき裂先端近傍の応力場を代表する量である応力拡大係数は式 (7.24) で表現できるが，現実には無限に広い板などは存在しない．実際には，有限な幅の板にき裂が発生する．その場合，板の端の影響が応力分布にも強く現れる．そこで，正確な応力場を表現する応力拡大係数には何らかの補正が必要になる．これが形状補正係数 F である．

この形状補正係数 F は，いろいろな状況を想定し，ほとんどの場合について評価式が求められている．通常は，き裂長さ a を板幅 W で除すことにより得られる無次元化き裂長さ a/W の関数として表現されている．代表的な例として有限な幅の板の中央にき裂がある場合（図 7.29）と片側の端に縁き裂が入っている場合（図 7.30）について，形状補正係数 F の代表的な値を表 7.1 にまとめて示す．

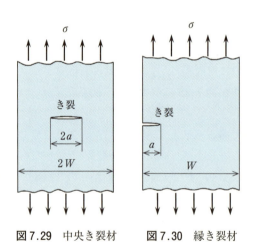

図 7.29　中央き裂材　　図 7.30　縁き裂材

表 7.1　中央き裂材・縁き裂材の形状補正係数 F の値

a/W	0.0	0.1	0.2	0.3	0.4	0.5
中央き裂材の F	1.000	1.006	1.025	1.060	1.113	1.193
縁き裂材の F	1.120	1.183	1.370	1.660	2.104	2.826

(4) 塑性域寸法と小規模降伏条件

ここまでは，対象とする材料は弾性変形のみを起こすという仮定のもとで議論してきた．弾性の仮定のもとでは，き裂先端の応力 σ_y は無限に大きな値となる．しかし，現実の金属材料では，降伏応力 σ_Y 以上の応力が加わると塑性変形を起こす．またこのときには，弾性状態のときとは異なり，変形に応じて応力が比例的に増加することはなく，ある程度の応力の値で頭打ちになる．すなわち，き裂先端にはこのような塑性変形を起こしている部分が必ずあり，き裂先端でも応力は無限大になることはない．本節では，このことについて考えてみよう．

この塑性変形を起こしている部分を き裂先端塑性域（plastic zone size）と呼ぶが，その寸法はどのくらいであろうか．先の議論で き裂先端の応力分布 σ_y は式（7.25）で与えられることが示されているから，**図7.31** に示すように応力 σ_y がその材料の降伏応力 σ_Y 以上になる x の範囲を求めればよい．すなわち，式（7.25）の左辺に降伏応力 σ_Y を代入し，そのときの き裂先端からの距離 x を求めれば，それが塑性域寸法 ω_P の近似値になる．

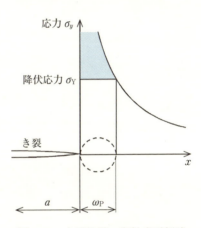

図7.31 き裂先端の塑性変形領域

$$\sigma_Y = \frac{K}{\sqrt{2\pi\omega_P}} \tag{7.29}$$

$$\omega_P = \frac{1}{2\pi}\left(\frac{K}{\sigma_Y}\right)^2 \tag{7.30}$$

実際の き裂先端塑性域はこれより大きな寸法になるが，第一次近似としては，この値を き裂先端塑性域の寸法として利用することができる．

さて，き裂に負荷が加わる場合には必ず塑性変形を伴うことになるが，そうなると，弾性を仮定して展開してきた本章での議論がすべて成立しなくなることになる．正確にはそのとおりであるが，き裂先端塑性域寸法 ω_P が十分小さい場合には，その周囲の弾性領域の変形が支配的となり，塑性変形の影響が無

視できる．これを小規模降伏（small scale yielding）といい，この状況下では応力拡大係数 K がき裂先端応力場の強さを代表する量となることが知られている．

(5) 破壊じん性

強度設計を行う場合，応力には降伏応力 σ_Y や引張強さ σ_B などの限界値が存在し，危険部位に生じる応力がこのような応力の値を超えないような設計を行っている．それでは，部材にき裂がある場合はどうであろうか．き裂先端近傍の応力場の状況は応力拡大係数 K で代表されるから，応力拡大係数の限界値について知っておく必要がある．

材料にき裂が存在する場合，ある程度の大きさの応力拡大係数値になると，急速破壊を生じる．この限界値を破壊じん性値（fracture toughness）K_c と呼んでいる．本来，この値は材料によって定まる材料定数であるが，形状・寸法に依存することが知られている．図 7.32 に，その様子を示す．図の横軸には材料の厚さをとって，その厚さの試験片を用いて求められた破壊じん性値を表示する．板の厚さが薄い場合，き裂先端での応力状態は平面応力状態に近くなり，破断面にはせん断型の壊れ方をしている部分が多くを占める．その結果，破壊じん性値は高い値を示す．一方，板の厚さが厚くなると，き裂先端での応力状態は平面ひずみ状態に近くなり，破断面には負荷方向に垂直となり，破壊じん性値も低い値で一定となる．この値が真の材料定数値であり，これを平面ひずみ破壊じん性値（plane strain fracture toughness）K_{Ic} と呼んでいる．き裂を有する材料の設計には，この平面ひずみ破壊じん性値を用いるべきであり，設計における最も重要な値となっている．本書では，平面ひずみ

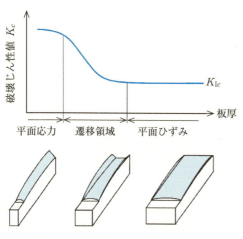

図 7.32 破壊じん性値の板厚依存性

7.3 切欠きの力学

表 7.2 各種材料の降伏応力と破壊じん性の代表値

材料名	降伏応力 σ_Y [MPa]	破壊じん性値 K_{Ic} [MPa$\sqrt{m}$]
S 35 C 鋼	370	174
2 1/4 Cr-1 Mo 鋼	427	90
Cr-Mo-V 鋼	647	71
3.5 Ni-Mo-V 鋼	714	65
Ni-Cr-Mo-V 鋼	735	55
2219-T 87	360	55
7075-T 6	495	25

破壊じん性値 K_{Ic} を単に破壊じん性値と呼ぶことにする.

表 7.2 に,具体的な金属材料の破壊じん性値 K_{Ic} をその材料の降伏応力 σ_Y とともに示す.一見してわかるように,降伏応力が高い材料は,破壊じん性値が低くなることがわかる.

(6) 損傷許容設計

設計を行う場合,危険部位の応力が降伏応力を超えないように配慮すべきである.すなわち,次式の基準が守られる.

$$\sigma < \sigma_Y \tag{7.31}$$

しかし,このような設計だけでは極めて不十分である.なぜなら,き裂などの欠陥が想定される場合や疲労などが原因で き裂が発生した場合には降伏応力のみを基準とした設計は意味をなさなくなるからである.

き裂などの存在を許し,それでも破壊が生じないように配慮して設計することを 損傷許容設計(damage tolerant design)と呼んでいる.前節までで述べたように,き裂がある場合の危険部位の応力状態は応力拡大係数で取り扱うことができ,その限界値は 破壊じん性値 で与えられるから,これらを用いて,次のような基準を考えることができる.

$$K < K_{Ic} \tag{7.32}$$

それでは,材料の内部に き裂の存在を想定して設計する場合,どのくらいの長さの き裂を想定すればよいのであろうか? 通常,金属材料などの素材は,各種非破壊検査法により検査され,き裂などの欠陥が存在しないことを確

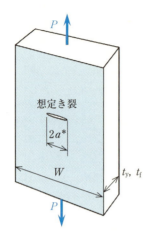

図 7.33 平板の最適板厚設計

認した後,出荷されている.しかし,そのような場合であっても欠陥がないと考えるのは極めて危険である.あらゆる非破壊検査法には,その手法に応じて検出できる限界寸法が存在する.いい換えると,検出限界以下の寸法の欠陥は見つけることができない.つまり,至る所にそのような長さのき裂や欠陥が存在していると考えるほうが自然である.したがって,損傷許容設計で用いるき裂長さは,この 検出限界寸法 とするべきである.

ここで,損傷許容設計の実例として最適材料選定に用いる例を紹介する.図 7.33 に示すような板の幅が W と決められ,外力 P を受ける板を設計しよう.用いる材料の降伏応力を σ_Y とするとき,設計板厚 t_y は次式で与えられる.

$$\frac{P}{W t_y} < \sigma_Y \Rightarrow t_y > \frac{P}{W \sigma_Y} \quad (7.33)$$

この式からも明らかなように,用いる材料の降伏応力が高ければ高いほど,設計板厚 t_y は薄くすることができることがわかる.

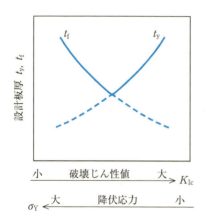

図 7.34 損傷許容設計による最適解

一方,材料内部に欠陥の存在を想定した損傷許容設計を考えよう.想定欠陥寸法を a^*,用いる材料の破壊じん性値を K_{Ic} とすると,設計板厚 t_f は

$$\frac{P}{W t_f}\sqrt{\pi a^*} < K_{Ic} \Rightarrow t_f > \frac{P}{W K_{Ic}}\sqrt{\pi a^*} \quad (7.34)$$

で得られる.ここでも,用いる材料の破壊じん性値が高ければ高いほど設計板厚 t_f は薄くすることができる.

降伏に対しても,き裂に対しても,安全を保証する設計を考えるとき,破壊

じん性の節でも触れたように，降伏応力が高い材料の破壊じん性値は小さくなる．したがって，降伏応力の高い材料を用いると，降伏のみを考えれば確かに薄くできるが，き裂による破壊をも考えた場合には，その逆に厚くする必要が生じてくる．この様子を図示したのが図7.34である．2種類の設計板厚は互いに交差する関係となるため，最も板厚を薄くすることができる材料は2種類の設計板厚の曲線の交点付近に位置する材料であることがわかる．これが損傷許容設計を考慮した設計であり，このことより最適な素材を選定できることになる．

(7) 疲労き裂進展

疲労破壊の話に戻ろう．疲労は応力が繰り返し負荷されるもとで起こる現象であることは既に理解していると思うが，そのメカニズムについてより詳しく調べてみよう．

上下方向に引張・圧縮負荷が加わると，この負荷方向と45°の角度をなす方向には最大せん断応力が発生する．多結晶からなる金属材料の表面には負荷方向に対して45°方向にすべり変形が生じやすい向きをもっている結晶粒が少なからずある．これが図7.35のすべり面き裂であり，これが疲労破壊の基点となる．これは，ちょうど整えられたトランプカードの上面を繰り返し左右に動かすと，側面は不揃いとなり凹凸が現れる様子によく似ている．先ほどの結晶粒についてもこれと同じ現象が起こり，表面に凹凸が現れ，これがき裂の開始点となる（疲労の第1段階）．このき裂は，最大負荷方向に直角となる向きに角度を変えて少し進んだ後（第2a段階），負荷に完全に垂直な面

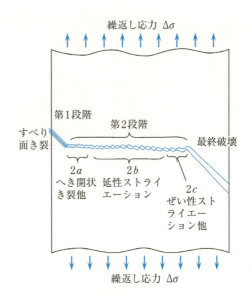

図7.35 疲労き裂進展モデル

を定常的に進展する（第 2b 段階）．そして，ある程度の長さにまで き裂が成長し，残りの断面積が少なくなった段階で，急速破壊に転じる（第 2c 段階）．以上が，疲労破壊の全容である．

このときの応力繰返し 1 回当たりに き裂の進む量を き裂進展速度（crack growth rate）da/dN と呼ぶが，これはある規則性をもっていることが知られている．疲労き裂は繰返しの応力を受けるので，き裂の問題を解決できるパラメータである応力拡大係数を用いる場合には，応力幅 $\Delta\sigma$ に対して定義された応力拡大係数（これを 応力拡大係数幅（stress intensity factor range）と称する）$\Delta K = \Delta\sigma\sqrt{\pi a}$ を用いる必要がある．図 7.36 は，き裂進展速度 da/dN をそのときの き裂の応力拡大係数幅 ΔK に対してまとめたものである．この図の両軸とも対数を取っていることに注意してほしい．図より，き裂進展速度 da/dN は応力拡大係数幅 ΔK と 1 対 1 に対応していることがわかる．さらに，第 2b 段階の き裂に対しては直線関係を示すこともわかる．この部分を定式化したのが，次の パリス則（Paris law）である．

$$\frac{da}{dN} = C(\Delta K)^m \tag{7.35}$$

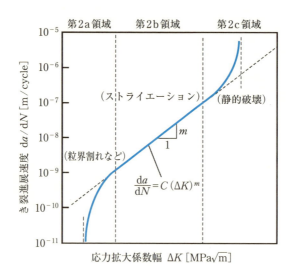

図 7.36　き裂進展速度と応力拡大係数幅との関係

ここで，C, m は材料定数で，金属材料の場合 m は 2.0〜7.0 の値となる．

この式を用いると，き裂が最終破壊に到達するまでの応力繰返しの回数を算出することが可能になる．すなわち，き裂が最終破断に至るまでに進む距離をき裂進展速度で除すことにより，それに至るまでの応力繰返し回数を予測することができる．

一方，この 第 2b 段階 のき裂は極めて特徴的な機構で進展していることが知られている．それは，図 7.37 に模式的に示すように，1 回の応力繰返しに対して き裂先端鈍化と鋭化を繰り返すことにより進展する機構である．この場合，1 回の応力繰返しによってき裂が進んだ後には，図 7.38 に示すような

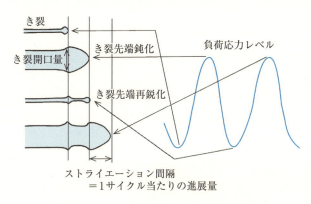

図 7.37 ストライエーション形成の機構

破断面に縞模様が残る．これを ストライエーション (striation) と呼んでいる．ストライエーションは，疲労によってき裂が進んだことを示す有力な証拠であるといえる．加えて，このストライエーション模様の間隔（ストライエーション間隔）は重要な意味をもっ

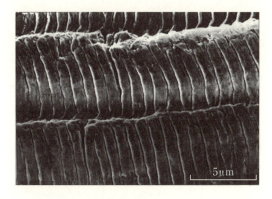

図 7.38 破面上のストライエーション

ている．ストライエーション形成機構でも説明したとおり，この間隔は1回の応力繰返しによって生じたものであるから，ストライエーション間隔 は，このときのき裂進展速度と対応していることになる．すなわち，破壊事故が生じた場合，破面上にストライエーションが見つかれば，これは疲労によって生じた破壊であることがわかる．さらには，ストライエーションが観察された位置にき裂があったときのき裂進展速度が，ストライエーション間隔 からわかることになる．さらに，式（7.35）のパリス則 を使えば，そのときに負荷されていた応力拡大係数幅 ΔK の値を予測することができる．

　破面上において，き裂発生点からその場所までの距離がき裂長さということになるから，き裂長さ a が判明すれば応力拡大係数幅 ΔK から応力幅 $\Delta\sigma$ が求められることになる．すなわち，事故当時どれくらいの負荷が加えられていたかを知ることができることになる．これは，事故分析に大いに役立つ情報となる．

第8章 不静定はりの曲げ

　第6章では，力とモーメントの釣合い式から未知である支持力および支持モーメントを求めることができる静定はり（statically determinate beam）を取り扱ったが，本章では力とモーメントの釣合い式だけでは支持力および支持モーメントを求めることができない不静定はり（statically indeterminate beam）を解説する．静定はりと不静定はりの比較を表8.1にまとめる．これまでの静定はりの場合，片持ちはりでは固定点において支持力と支持モーメントが発生し，単純支持はりでは両支持点において支持力が生じる．いずれの

表8.1　静定はりと不静定はりの比較

	支持条件	未知数 n	不静定次数 $m = n - 2$
静定問題	片持ちはり	R_A, M_A $n=2$	$m=0$
	単純支持はり	R_A, R_B $n=2$	$m=0$
不静定問題	一端固定他端支持はり	R_A, R_B, M_B $n=3$	$m=1$
	固定はり	R_A, R_B, M_A, M_B $n=4$	$m=2$
	連続はり	R_1, R_2, R_3 $n=3$	$m=1$

はりでも未知量の数は 2 であり，未知量の数から釣合い式の数を引いた不静定次数（degree of redundancy）はいずれも 0 となる．一方，本章で取り扱う不静定はりの場合，一端固定他端支持はりでは支持点において支持力，固定点において支持力と支持モーメントが発生し，未知量の数は 3，不静定次数は 1 となる．また，固定はりでは両固定点において支持力と支持モーメントが発生し，未知量の数は 4，不静定次数は 2 となる．さらに，複数のスパンを連結した場合は連続はり（continuous beam）と呼ばれ，表中に示すように二つのスパンを連結して単純支持した場合では，各支持点において支持力が生じることから，未知量の数は 3，不静定次数は 1 となる．このように不静定はりの場合，不静定次数は 1 以上となり，不静定次数の数だけ未知量を決定するための式が不足する．このような場合，たわみ角とたわみに関する境界条件も利用して未知量を決定する．

本章では，不静定はりの基本的な解法としてたわみの基礎式を用いた解法を解説するほか，重ね合わせの原理に基づいた解法についても紹介する．8.1 節では一端固定他端支持はり，8.2 節では固定はりを取り扱う．一方，8.3 節では連続はりの解法に便利な 3 モーメントの式（theorem of three moments）を導出し，様々な連続はりへの応用例を解説する．また，8.4 節では複数の静定はりが接触した状態で外力を受け，互いに干渉して不静定問題になる場合についても紹介する．さらに，8.5 節において複数の棒が回転不可な剛結合されたラーメン構造についても触れる．

8.1　一端固定他端支持はり

（1）集中外力が作用する場合

不静定はりとして，図 8.1 に示すように任意点に集中外力 P が作用するスパン l の一端固定他端支持はりから始めよう．支持点 A に生じる支持力を R_A，固定点 B に生じる支持力と支持モーメントをそれぞれ R_B，M_B とすれば，中立軸に垂直な方向の力と点 A まわりのモーメントの釣合い式は，

$$P - R_A - R_B = 0, \quad Pa - R_B l + M_B = 0 \tag{8.1}$$

となる．第 6 章の静定はりと同様に，本章でも下向きの力を正，右回り（時計

8.1 一端固定他端支持はり

針の進む向き）のモーメントを正とする．三つの未知量 R_A, R_B, M_B を二つの釣合い式(8.1)だけでは決定できないため，任意の横断面に生じる曲げモーメントを求め，たわみの基礎式を用いてたわみ角とたわみに関する境界条件を考える必要がある．横断面が集中外力 P を受ける左側と右側に位置する場合では，考えるべき自由体が異なることから，

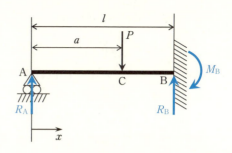

図8.1 任意点に集中外力を受ける一端固定他端支持はり

図8.2に示すように横断面が区間 AC $(0 \leq x \leq a)$ と区間 CB $(a \leq x \leq l)$ にある場合に分けて力とモーメントの釣合いを考える．横断面に生じるせん断力を F, 曲げモーメントを M とすれば，図(a)に示す区間 AC で切断した左側の自由体に関する力とモーメントの釣合い式は，

$$F - R_A = 0, \quad Fx - M = 0 \tag{8.2}$$

となる．これより，未知量の支持力 R_A を用いて，せん断力と曲げモーメントは，

$$F = R_A, \quad M = Fx = R_A x \tag{8.3}$$

と表せる．得られた式(8.3)の曲げモーメントを第6章のたわみの基礎式(6.64)に代入すれば，

$$\frac{d^2 v}{dx^2} = -\frac{M}{EI} = -\frac{1}{EI} R_A x \tag{8.4}$$

を得る．ここで，EI ははりの曲げ剛性を意味する．式(8.4)を逐次積分すれば，区間 AC のたわみ角 i_{AC} とたわみ v_{AC} は，

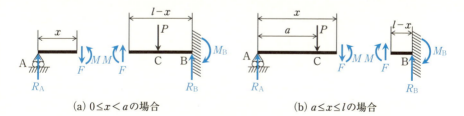

(a) $0 \leq x < a$ の場合　　　　(b) $a \leq x \leq l$ の場合

図8.2 集中外力を受ける一端固定他端支持はりの横断面と自由体図

$$i_{\mathrm{AC}} = \frac{\mathrm{d}v}{\mathrm{d}x} = -\frac{1}{EI}\left(\frac{R_{\mathrm{A}}}{2}x^2 + c_1\right) \tag{8.5}$$

$$v_{\mathrm{AC}} = -\frac{1}{EI}\left(\frac{R_{\mathrm{A}}}{6}x^3 + c_1 x + c_2\right) \tag{8.6}$$

と表せる．ここで，c_1 および c_2 は積分定数である．同様に，図 8.2(b) に示す区間 CB で切断した左側の自由体に関する力とモーメントの釣合い式は

$$P + F - R_{\mathrm{A}} = 0, \quad Pa + Fx - M = 0 \tag{8.7}$$

となり，せん断力と曲げモーメントは

$$F = -(P - R_{\mathrm{A}}), \quad M = Fx + Pa = -(P - R_{\mathrm{A}})x + Pa \tag{8.8}$$

と表せる．式 (8.8) の曲げモーメントをたわみの基礎式に代入し，逐次積分すれば，

$$\frac{\mathrm{d}^2 v}{\mathrm{d}x^2} = -\frac{M}{EI} = \frac{1}{EI}\{(P - R_{\mathrm{A}})x - Pa\} \tag{8.9}$$

$$i_{\mathrm{CB}} = \frac{\mathrm{d}v}{\mathrm{d}x} = \frac{1}{EI}\left(\frac{P - R_{\mathrm{A}}}{2}x^2 - Pax + c_3\right) \tag{8.10}$$

$$v_{\mathrm{CB}} = \frac{1}{EI}\left(\frac{P - R_{\mathrm{A}}}{6}x^3 - \frac{Pa}{2}x^2 + c_3 x + c_4\right) \tag{8.11}$$

を得る．ここで，c_3 および c_4 は積分定数である．たわみ角とたわみを表す式に含まれる未知量，すなわち支持力 R_{A} と四つの積分定数を決定するために，はりの境界条件に着目する．まず，支持点 A ではたわみが発生しないことから，区間 AC の式 (8.6) より

$$(v_{\mathrm{AC}})_{x=0} = -\frac{1}{EI}\left(\frac{R_{\mathrm{A}}}{6} \times 0^3 + c_1 \times 0 + c_2\right) = 0 \tag{8.12}$$

の条件式を得る．また，固定点 B ではたわみに加えてたわみ角も生じないことから，区間 CB の式 (8.10) および式 (8.11) より

$$(i_{\mathrm{CB}})_{x=l} = \frac{1}{EI}\left(\frac{P - R_{\mathrm{A}}}{2}l^2 - Pal + c_3\right) = 0 \tag{8.13}$$

$$(v_{\mathrm{CB}})_{x=l} = \frac{1}{EI}\left(\frac{P - R_{\mathrm{A}}}{6}l^3 - \frac{Pa}{2}l^2 + c_3 l + c_4\right) = 0 \tag{8.14}$$

の条件式を得る．一方，点 C でのたわみ角は，区間 AC の式 (8.5) より求めた場合と区間 CB の式 (8.10) より求めた場合で一致しなければならないことから，

$$(i_{\mathrm{AC}})_{x=a} = (i_{\mathrm{CB}})_{x=a} \tag{8.15}$$

の関係が成立する．式 (8.5) および式 (8.10) を用いれば，

$$-\frac{1}{EI}\left(\frac{R_\mathrm{A}}{2}a^2+c_1\right)=\frac{1}{EI}\left(\frac{P-R_\mathrm{A}}{2}a^2-Pa^2+c_3\right) \quad (8.16)$$

となる．また，点Cでのたわみについても，同様に

$$(v_\mathrm{AC})_{x=a}=(v_\mathrm{CB})_{x=a} \quad (8.17)$$

の関係が成立する．式(8.6)および式(8.11)を用いれば，

$$-\frac{1}{EI}\left(\frac{R_\mathrm{A}}{6}a^3+c_1a+c_2\right)=\frac{1}{EI}\left(\frac{P-R_\mathrm{A}}{6}a^3-\frac{Pa}{2}a^2+c_3a+c_4\right) \quad (8.18)$$

となる．得られた五つの境界条件式(8.12)〜(8.14)，(8.16)，(8.18)を連立すれば，支持力 R_A と四つの積分定数は，次式のように求まる．

$$R_\mathrm{A}=\frac{P(2l+a)(l-a)^2}{2l^3} \quad (8.19)$$

$$\left.\begin{array}{l}c_1=-\dfrac{Pa(l-a)^2}{4l} \\[2mm] c_2=0, \quad c_3=\dfrac{Pa(l^2+a^2)}{4l}, \quad c_4=-\dfrac{Pa^3}{6}\end{array}\right\} \quad (8.20)$$

さらに，得られた支持力 R_A をはり全体の釣合い式(8.1)に代入すれば，支持力 R_B と支持モーメント M_B も，次式のように求まる．

$$R_\mathrm{B}=P-R_\mathrm{A}=\frac{Pa(3l^2-a^2)}{2l^3} \quad (8.21)$$

$$M_\mathrm{B}=R_\mathrm{A}l-P(l-a)=-\frac{Pa(l^2-a^2)}{2l^2} \quad (8.22)$$

最終的に，区間ACおよび区間CBにおけるたわみ角とたわみは，式(8.19)および式(8.20)を式(8.5)，(8.6)，(8.10)，(8.11)に代入すれば，次式のように表される．

$$\left.\begin{array}{l}i=i_\mathrm{AC}=\dfrac{P(l-a)^2}{4l^3EI}\{-(2l+a)x^2+al^2\} \\[2mm] v=v_\mathrm{AC}=\dfrac{P(l-a)^2}{12l^3EI}\{-(2l+a)x^2+3al^2\}x\end{array}\right\} \quad (0\le x\le a) \quad (8.23)$$

$$\left.\begin{array}{l}i=i_\mathrm{CB}=\dfrac{Pa}{4l^3EI}\{(3l^2-a^2)x^2-4l^3x+l^2(l^2+a^2)\} \\[2mm] v=v_\mathrm{CB}=\dfrac{Pa}{12l^3EI}\{(3l^2-a^2)x^3-6l^3x^2+3l^2(l^2+a^2)x-2a^2l^3\}\end{array}\right\}$$

$$(a\le x\le l) \quad (8.24)$$

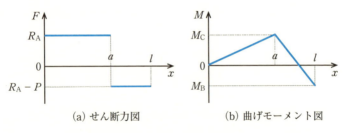

(a) せん断力図　　(b) 曲げモーメント図

図 8.3 集中外力を受ける一端固定他端支持はりの せん断力と曲げモーメントの分布

また，式(8.3)および 式(8.8)に代入すれば，任意点の横断面に生じる せん断力および曲げモーメントは，次式のように表される．

$$\left.\begin{array}{l} F = R_A = \dfrac{P(2l+a)(l-a)^2}{2l^3} \\ M = R_A x = \dfrac{P(2l+a)(l-a)^2}{2l^3}x \end{array}\right\} \quad (0 \leq x \leq a) \tag{8.25}$$

$$\left.\begin{array}{l} F = R_A - P = -\dfrac{Pa(3l^2-a^2)}{2l^3} \\ M = (R_A-P)x + Pa = -\dfrac{Pa}{2l^3}\{(3l^2-a^2)x - 2l^3\} \end{array}\right\} \quad (a \leq x \leq l) \tag{8.26}$$

これらを図示すれば，図 8.3 の せん断力図および曲げモーメント図となる．なお，点 C における曲げモーメント M_C は，式(8.3)または式(8.8)に $x=a$ を代入して，

$$M_C = \frac{Pa(2l+a)(l-a)^2}{2l^3} \tag{8.27}$$

となる．

　一端固定他端支持はりについて，上記では たわみの基礎式を用いた解法を解説したが，以下では 重ね合せの原理 に基づいた解法も紹介する．図 8.4 に示すように，一端固定他端支持された不静定はりを点 A の支持をなくした二つの静定はり，すなわち任意点に集中外力 P が作用する片持ちはり① と先端に支持力 R_A が集中外力として作用する片持ちはり② に置き換える．はり①とはり② を重ね合せれば，元の不静定はりに作用するすべての力とモーメントが考慮されており，二つの静定はりが元の不静定はりと等価であることがわ

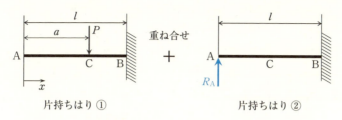

図 8.4 一端固定他端支持はりの二つの静定はりへの置換

かる．ここで，支持されていた点 A でのたわみを考える．片持ちはり ① の点 A でのたわみは，第 6 章の式 (6.96) より

$$v_A^{①} = \frac{P(l-a)^2(2l+a)}{6EI} \tag{8.28}$$

と与えられる．一方，片持ちはり ② の点 A でのたわみは，

$$v_A^{②} = -\frac{R_A l^3}{3EI} \tag{8.29}$$

となる．したがって，二つの片持ちはり ① と片持ちはり ② の点 A でのたわみ $v_A^{①}$ と $v_A^{②}$ を重ね合せれば，元の不静定はりの点 A でのたわみ v_A が求まる．支持点でのたわみは 0 であることから，次式を得る．

$$v_A = v_A^{①} + v_A^{②} = 0 \tag{8.30}$$

式 (8.28) および式 (8.29) を代入すれば，

$$\frac{P(l-a)^2(2l+a)}{6EI} - \frac{R_A l^3}{3EI} = 0 \tag{8.31}$$

となる．これより未知量である支持力 R_A を求めれば，式 (8.19) と同じ解を得る．さらに，はり全体の釣合い式 (8.1) を用いれば，残りの未知量である支持力 R_B と支持モーメント M_B も式 (8.21) および式 (8.22) のように求まる．

(2) 分布外力が作用する場合

続いて，**図 8.5** に示すように，全長にわたって単位長さ当たり p の等分布外力が作用するスパン l の一端固定他端支持はりを考えよう．等分布外力によって点 A から距離 x の位置にある長さ dx の微小部分に作用する外力は $p\,dx$ である．また，この外力 $p\,dx$ による点 A まわりのモーメントは $px\,dx$ であることから，中立軸に垂直な方向の力と点 A まわりのモーメントの釣合い式は，

$$\int_0^l p\,dx - R_A - R_B = 0, \quad \int_0^l px\,dx - R_B l + M_B = 0 \tag{8.32}$$

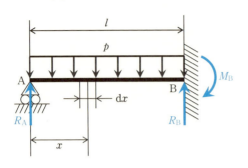

図 8.5 等分布外力を受ける一端固定他端支持はり

となる．三つの未知量 R_A, R_B, M_B を二つの釣合い式だけでは決定できないため，たわみの基礎式を用いてたわみ角とたわみの境界条件を考える．

等分布外力によって点 A から距離 ξ の位置にある長さ $d\xi$ の微小部分に作用する外力は $p\,d\xi$ であり，この外力 $p\,d\xi$ による点 A まわりのモーメントは $p\xi d\xi$ である．したがって，**図 8.6** に示す切断された左側の自由体に関する力とモーメントの釣合い式は

$$\int_0^x p\,d\xi - R_A + F = 0, \quad \int_0^x p\xi\,d\xi + Fx - M = 0 \tag{8.33}$$

となり，横断面に生じるせん断力 F と曲げモーメント M は，

$$F = -px + R_A, \quad M = -\frac{p}{2}x^2 + R_A x \tag{8.34}$$

となる．式(8.34)の曲げモーメントをたわみの基礎式に代入し，逐次積分すれば，

$$\frac{d^2v}{dx^2} = -\frac{M}{EI} = \frac{1}{EI}\left(\frac{p}{2}x^2 - R_A x\right) \tag{8.35}$$

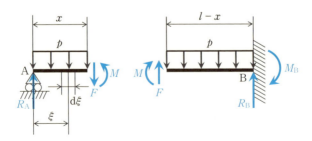

図 8.6 等分布外力を受ける一端固定他端支持はりの横断面と自由体図

$$i = \frac{dv}{dx} = \frac{1}{EI}\left(\frac{p}{6}x^3 - \frac{R_A}{2}x^2 + c_1\right) \tag{8.36}$$

$$v = \frac{1}{EI}\left(\frac{p}{24}x^4 - \frac{R_A}{6}x^3 + c_1 x + c_2\right) \tag{8.37}$$

を得る．ここで，c_1 および c_2 は積分定数である．式中の未知量，すなわち支持力 R_A と二つの積分定数を決定するために，はりの境界条件を考える．支持点 A ではたわみが発生しないことから，

$$(v)_{x=0} = \frac{1}{EI}\left(\frac{p}{24}\times 0^4 - \frac{R_A}{6}\times 0^3 + c_1 \times 0 + c_2\right) = 0 \tag{8.38}$$

を得る．また，固定点 B ではたわみとたわみ角が 0 であることから，

$$(i)_{x=l} = \frac{1}{EI}\left(\frac{p}{6}l^3 - \frac{R_A}{2}l^2 + c_1\right) = 0 \tag{8.39}$$

$$(v)_{x=l} = \frac{1}{EI}\left(\frac{p}{24}l^4 - \frac{R_A}{6}l^3 + c_1 l + c_2\right) = 0 \tag{8.40}$$

と記述できる．得られた三つの条件式(8.38)，(8.39)，(8.40)を連立すれば，支持力 R_A と二つの積分定数は，次式のように求まる．

$$R_A = \frac{3}{8}pl \tag{8.41}$$

$$c_1 = \frac{pl^3}{48}, \quad c_2 = 0 \tag{8.42}$$

さらに，得られた支持力 R_A をはり全体の釣合い式(8.32)に代入すれば，支持力 R_B と支持モーメント M_B も，次式のように求まる．

$$R_B = \frac{5}{8}pl \tag{8.43}$$

$$M_B = \frac{1}{8}pl^2 \tag{8.44}$$

したがって，たわみ角とたわみは，式(8.41)および式(8.42)を式(8.36)，(8.37)に代入すれば，次式のように表される．

$$i = \frac{p}{48EI}(8x^3 - 9lx^2 + l^3) \tag{8.45}$$

$$v = \frac{p}{48EI}(2x^4 - 3lx^3 + l^3 x) \tag{8.46}$$

任意の横断面に生じるせん断力および曲げモーメントは，式(8.41)を式(8.34)に代入すれば求められ，図 8.7 に示すせん断力図および曲げモーメン

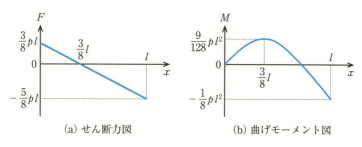

(a) せん断力図   (b) 曲げモーメント図

図 8.7 等分布外力を受ける一端固定他端支持はりの せん断力と曲げモーメントの分布

ト図となる．ここでは，等分布外力が作用する場合について たわみの基礎式を用いた解法のみを示したが，集中外力が作用する場合と同様に重ね合せの原理に基づいても解くことができる．

8.2　固定はり

(1) 集中外力が作用する場合

次に，図 8.8 に示すように任意点に集中外力 P が作用するスパン l の固定はりを考えよう．固定点 A および固定点 B に生じる支持力と支持モーメントをそれぞれ R_A, M_A, R_B, M_B とすれば，中立軸に垂直な方向の力と点 A まわりのモーメントの釣合い式は，

$$P - R_A - R_B = 0, \quad Pa - M_A - R_B l + M_B = 0 \tag{8.47}$$

となる．四つの未知量 R_A, M_A, R_B, M_B を二つの釣合い式だけでは決定できない．

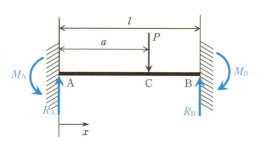

図 8.8 任意点に集中外力を受ける固定はり

そこで，任意の横断面に生じる曲げモーメントを求め，たわみの基礎式を用いて はりの境界条件によって未知量を決定する．図 8.9 に示すように，区間 AC で切断した左側の自由体に関する力とモーメントの釣合い式は，次式となる．

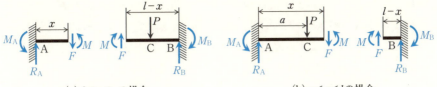

(a) $0 \leq x \leq a$ の場合　　　　(b) $a \leq x \leq l$ の場合

図 8.9 集中外力を受ける固定はりの横断面と自由体図

$$F - R_A = 0, \quad Fx - M_A - M = 0 \tag{8.48}$$

したがって，せん断力と曲げモーメントは，未知量の支持力 R_A および支持モーメント M_A を用いて，

$$F = R_A, \quad M = R_A x - M_A \tag{8.49}$$

と表せる．式(8.49)の曲げモーメントを たわみの基礎式に代入して，逐次積分すれば，

$$\frac{d^2 v}{dx^2} = -\frac{M}{EI} = -\frac{1}{EI}(R_A x - M_A) \tag{8.50}$$

$$i_{AC} = \frac{dv}{dx} = -\frac{1}{EI}\left(\frac{R_A}{2}x^2 - M_A x + c_1\right) \tag{8.51}$$

$$v_{AC} = -\frac{1}{EI}\left(\frac{R_A}{6}x^3 - \frac{M_A}{2}x^2 + c_1 x + c_2\right) \tag{8.52}$$

を得る．ここで，c_1 および c_2 は積分定数である．同様に，区間 CB で切断した左側の自由体に関する力とモーメントの釣合い式は

$$P + F - R_A = 0, \quad Pa + Fx - M_A - M = 0 \tag{8.53}$$

となり，せん断力と曲げモーメントは

$$F = R_A - P, \quad M = -(P - R_A)x - M_A + Pa \tag{8.54}$$

と表せる．式(8.54)の曲げモーメントを たわみの基礎式に代入して，逐次積分すれば，

$$\frac{d^2 v}{dx^2} = -\frac{M}{EI} = \frac{1}{EI}\{(P - R_A)x + M_A - Pa\} \tag{8.55}$$

$$i_{CB} = \frac{dv}{dx} = \frac{1}{EI}\left\{\frac{P - R_A}{2}x^2 + (M_A - Pa)x + c_3\right\} \tag{8.56}$$

$$v_{CB} = \frac{1}{EI}\left(\frac{P - R_A}{6}x^3 + \frac{M_A - Pa}{2}x^2 + c_3 x + c_4\right) \tag{8.57}$$

を得る．ここで，c_3 および c_4 は積分定数である．たわみ角とたわみを表す式に含まれる六つの未知量 R_A, M_A, c_1, c_2, c_3, c_4 を決定するために，はりの境界条件を利用する．まず，固定点 A および固定点 B ではたわみ角とたわみが 0 であることから，以下の四つの境界条件式が成立する．

$$(i_\mathrm{AC})_{x=0} = -\frac{1}{EI}\left(\frac{R_\mathrm{A}}{2} \times 0^2 - M_\mathrm{A} \times 0 + c_1\right) = 0 \tag{8.58}$$

$$(v_\mathrm{AC})_{x=0} = -\frac{1}{EI}\left(\frac{R_\mathrm{A}}{6} \times 0^3 - \frac{M_\mathrm{A}}{2} \times 0^2 + c_1 \times 0 + c_2\right) = 0 \tag{8.59}$$

$$(i_\mathrm{CB})_{x=l} = \frac{1}{EI}\left(\frac{P-R_\mathrm{A}}{2}l^2 + (M_\mathrm{A}-Pa)l + c_3\right) = 0 \tag{8.60}$$

$$(v_\mathrm{CB})_{x=l} = \frac{1}{EI}\left(\frac{P-R_\mathrm{A}}{6}l^3 + \frac{M_\mathrm{A}-Pa}{2}l^2 + c_3 l + c_4\right) = 0 \tag{8.61}$$

一方，点 C でのたわみ角とたわみは，区間 AC より求めた場合と区間 CB より求めた場合で一致しなければならないことから，次の二つの関係が成立する．

$$(i_\mathrm{AC})_{x=a} = (i_\mathrm{CB})_{x=a} \tag{8.62}$$

$$(v_\mathrm{AC})_{x=a} = (v_\mathrm{CB})_{x=a} \tag{8.63}$$

式 (8.51), (8.52), (8.56), (8.57) を用いれば，

$$-\frac{1}{EI}\left(\frac{R_\mathrm{A}}{2}a^2 - M_\mathrm{A}a + c_1\right) = \frac{1}{EI}\left\{\frac{P-R_\mathrm{A}}{2}a^2 + (M_\mathrm{A}-Pa)a + c_3\right\} \tag{8.64}$$

$$-\frac{1}{EI}\left(\frac{R_\mathrm{A}}{6}a^3 - \frac{M_\mathrm{A}}{2}a^2 + c_1 a + c_2\right)$$
$$= \frac{1}{EI}\left(\frac{P-R_\mathrm{A}}{6}a^3 + \frac{M_\mathrm{A}-Pa}{2}a^2 + c_3 a + c_4\right) \tag{8.65}$$

となる．得られた六つの境界条件式 (8.58)～(8.61), (8.64), (8.65) を連立すれば，支持力 R_A, 支持モーメント M_A と四つの積分定数は，

$$R_\mathrm{A} = \frac{P(l+2a)(l-a)^2}{l^3} \tag{8.66}$$

$$M_\mathrm{A} = \frac{Pa(l-a)^2}{l^2} \tag{8.67}$$

$$c_1 = 0, \quad c_2 = 0, \quad c_3 = \frac{Pa^2}{2}, \quad c_4 = -\frac{Pa^3}{6} \tag{8.68}$$

のように求まる．さらに，得られた支持力 R_A と支持モーメント M_A をはり全

体の釣合い式(8.47)に代入すれば，支持力 R_B と支持モーメント M_B も

$$R_B = P - R_A = \frac{Pa^2(3l-2a)}{l^3} \tag{8.69}$$

$$M_B = M_A + R_B l - Pa = \frac{Pa^2(l-a)}{l^2} \tag{8.70}$$

と求まる．最終的に，区間 AC および区間 CB における たわみ角 とたわみは，式(8.66), (8.67), (8.68)を 式(8.51), (8.52), (8.56), (8.57)に代入すれば

$$\left.\begin{aligned} i = i_{AC} &= -\frac{P(l-a)^2}{2l^3 EI}\{(l+2a)x - 2al\}x \\ v = v_{AC} &= -\frac{P(l-a)^2}{6l^3 EI}\{(l+2a)x - 3al\}x^2 \end{aligned}\right\} \quad (0 \le x \le a) \tag{8.71}$$

$$\left.\begin{aligned} i = i_{CB} &= \frac{Pa^2}{2l^3 EI}\{(3l-2a)x^2 + 2l(2l-a)x + l^3\} \\ v = v_{CB} &= \frac{Pa^2}{6l^3 EI}\{(3l-2a)x^3 + 3l(2l-a)x^2 + 3l^3 x - al^3\} \end{aligned}\right\}$$

$$(a \le x \le l) \tag{8.72}$$

と表される．また，式(8.49)および 式(8.54)に代入すれば，任意点の横断面に生じる せん断力および曲げモーメントは，次式のように表される．

$$\left.\begin{aligned} F = R_A &= \frac{P(l+2a)(l-a)^2}{l^3} \\ M = R_A x - M_A &= \frac{P(l-a)^2}{l^3}\{(l+2a)x - al\} \end{aligned}\right\} \quad (0 \le x \le a) \tag{8.73}$$

$$\left.\begin{aligned} F = R_A - P &= -\frac{Pa^2(3l-2a)}{l^3} \\ M = (R_A - P)x - M_A + Pa &= -\frac{Pa^2}{l^3}\{(3l-2a)x - l(2l-a)\} \end{aligned}\right\}$$

$$(a \le x \le l) \tag{8.74}$$

これらを図示すれば，図 8.10 の せん断力図および曲げモーメント図となる．なお，点 C における曲げモーメント M_C は，式(8.73)または 式(8.74)に $x = a$ を代入すれば，

$$M_C = \frac{2Pa^2(l-a)^2}{l^3} \tag{8.75}$$

となる．

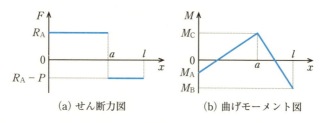

(a) せん断力図　　(b) 曲げモーメント図

図 8.10　集中外力を受ける固定はりの せん断力と曲げモーメント の分布

　集中外力を受ける固定はりについても，重ね合せの原理 に基づいて支持力と支持モーメントを求めてみよう．**図 8.11** に示すように，両端が固定された不静定はりを点 A および点 B の回転を自由にした二つの静定はり，すなわち任意点に集中外力 P が作用する単純支持はり ① と両端に支持モーメント M_A および M_B が曲げモーメントとして作用する単純支持はり ② に置き換える．二つの静定はりを重ね合せれば，元の不静定はりと等価である．ここで，回転が固定されていた点 A および点 B でのたわみ角を考える．単純支持はり ① の両端でのたわみ角は，第 6 章の 式 (6.82) および 式 (6.83) より

$$i_A^① = \frac{Pa(l-a)(2l-a)}{6lEI} \tag{8.76}$$

$$i_B^① = -\frac{Pa(l-a)(l+a)}{6lEI} \tag{8.77}$$

と与えられる．一方，単純支持はり ② の両端でのたわみ角は，第 6 章の 式 (6.122) より次式で与えられる．

$$i_A^② = -\frac{(2M_A + M_B)l}{6EI} \tag{8.78}$$

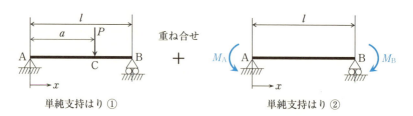

単純支持はり ①　　　　　　　　　単純支持はり ②

図 8.11　固定はりの二つの静定はりへの置換

$$i_B^{(2)} = \frac{(M_A + 2M_B)l}{6EI} \tag{8.79}$$

したがって，元の不静定はりにおける両端でのたわみ角は，二つの単純支持はり ① と ② を重ね合せたものであり，固定はりにおいては，いずれも 0 である．すなわち，

$$i_A = i_A^{(1)} + i_A^{(2)} = 0 \tag{8.80}$$

$$i_B = i_B^{(1)} + i_B^{(2)} = 0 \tag{8.81}$$

式 (8.76)〜(8.79) を代入すれば，

$$\frac{Pa(l-a)(2l-a)}{6lEI} - \frac{(2M_A + M_B)l}{6EI} = 0 \tag{8.82}$$

$$-\frac{Pa(l-a)(l+a)}{6lEI} + \frac{(M_A + 2M_B)l}{6EI} = 0 \tag{8.83}$$

となる．式 (8.82) と式 (8.83) を連立して未知量である支持モーメント M_A および M_B を求めれば，式 (8.67) および式 (8.70) と同じ解を得る．さらに，はり全体の釣合い式 (8.47) を用いれば，残りの未知量の支持力 R_A および R_B も式 (8.66) および式 (8.69) と同様に求まる．

(2) 分布外力が作用する場合

続いて，図 8.12 に示すように，全長にわたって単位長さ当たり p の等分布外力が作用するスパン l の固定はりを考えよう．中立軸に垂直な方向の力と点 A まわりのモーメントの釣合い式は，

$$\int_0^l p\,dx - R_A - R_B = 0, \quad \int_0^l px\,dx - R_B l - M_A + M_B = 0 \tag{8.84}$$

となる．四つの未知量 R_A, R_B, M_A, M_B を二つの釣合い式だけでは決定できないため，たわみの基礎式を用いてはりの境界条件により決定する．図 8.13 に示す切断された左側の自由体に関する力とモーメントの釣合い式は

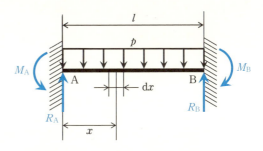

図 8.12　等分布外力を受ける固定はり

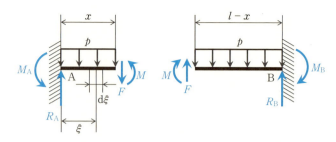

図 8.13 等分布外力を受ける固定はりの横断面と自由体図

$$\int_0^x p\,\mathrm{d}\xi - R_\mathrm{A} + F = 0, \quad \int_0^x p\xi\,\mathrm{d}\xi + Fx - M_\mathrm{A} - M = 0 \tag{8.85}$$

となり，横断面に生じる せん断力 F と曲げモーメント M は，

$$F = -px + R_\mathrm{A}, \quad M = -\frac{p}{2}x^2 + R_\mathrm{A}x - M_\mathrm{A} \tag{8.86}$$

となる．得られた 式(8.86)の曲げモーメントを たわみの基礎式に代入し，逐次積分すれば，

$$\frac{\mathrm{d}^2 v}{\mathrm{d}x^2} = -\frac{M}{EI} = \frac{1}{EI}\left(\frac{p}{2}x^2 - R_\mathrm{A}x + M_\mathrm{A}\right) \tag{8.87}$$

$$i = \frac{\mathrm{d}v}{\mathrm{d}x} = \frac{1}{EI}\left(\frac{p}{6}x^3 - \frac{R_\mathrm{A}}{2}x^2 + M_\mathrm{A}x + c_1\right) \tag{8.88}$$

$$v = \frac{1}{EI}\left(\frac{p}{24}x^4 - \frac{R_\mathrm{A}}{6}x^3 + \frac{M_\mathrm{A}}{2}x^2 + c_1 x + c_2\right) \tag{8.89}$$

を得る．ここで，c_1 および c_2 は積分定数である．式中の未知量，すなわち支持力 R_A，支持モーメント M_A と二つの積分定数を決定するために，はりの境界条件を考える．固定点 A では たわみ角と たわみが 0 であることから，

$$(i)_{x=0} = \frac{1}{EI}\left(\frac{p}{6}\times 0^3 - \frac{R_\mathrm{A}}{2}\times 0^2 + M_\mathrm{A}\times 0 + c_1\right) = 0 \tag{8.90}$$

$$(v)_{x=0} = \frac{1}{EI}\left(\frac{p}{24}\times 0^4 - \frac{R_\mathrm{A}}{6}\times 0^3 + \frac{M_\mathrm{A}}{2}\times 0^2 + c_1\times 0 + c_2\right) = 0 \tag{8.91}$$

が成り立つ．固定点 B でも，同様に

$$(i)_{x=l} = \frac{1}{EI}\left(\frac{p}{6}l^3 - \frac{R_\mathrm{A}}{2}l^2 + M_\mathrm{A}l + c_1\right) = 0 \tag{8.92}$$

$$(v)_{x=l} = \frac{1}{EI}\left(\frac{p}{24}l^4 - \frac{R_\mathrm{A}}{6}l^3 + \frac{M_\mathrm{A}}{2}l^2 + c_1 l + c_2\right) = 0 \tag{8.93}$$

の境界条件式が成立する．得られた四つの条件式(8.90)〜(8.93)を連立すれば，支持力 R_A，支持モーメント M_A と二つの積分定数は，次式のように求まる．

$$R_A = \frac{1}{2}pl \tag{8.94}$$

$$M_A = \frac{1}{12}pl^2 \tag{8.95}$$

$$c_1 = 0, \quad c_2 = 0 \tag{8.96}$$

さらに，得られた支持力 R_A と支持モーメント M_A をはり全体の釣合い式(8.84)に代入すれば，支持力 R_B と支持モーメント M_B も，次式のように求まる．

$$R_B = \frac{1}{2}pl \tag{8.97}$$

$$M_B = \frac{1}{12}pl^2 \tag{8.98}$$

したがって，たわみ角とたわみは，式(8.94)，(8.95)，(8.96)を式(8.88)と式(8.89)に代入すれば，次式のように表される．

$$i = \frac{p}{12EI}(2x^2 - 3lx + l^2)x \tag{8.99}$$

$$v = \frac{p}{24EI}(x^2 - 2lx + l^2)x^2 \tag{8.100}$$

任意の横断面に生じるせん断力および曲げモーメントは，式(8.94)および式(8.95)を式(8.86)に代入すれば求められ，**図8.14**に示すせん断力図および曲げモーメント図を得る．

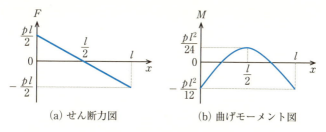

(a) せん断力図　　(b) 曲げモーメント図

図8.14　等分布外力を受ける固定はりのせん断力と曲げモーメントの分布

8.3 連続はり

(1) 3モーメントの式

連続はりは，3個以上の支持点と連続した二つ以上のスパンを有する．表8.1 に示した二つのスパンからなる最も単純な連続はりの場合，これまでの一つのスパンからなる一端固定他端支持はりや固定はりと同様に，たわみの基礎式を用いた方法や重ね合せの原理に基づいた方法により解くことができる．すなわち，たわみの基礎式を用いた場合，はり全体の力とモーメントの釣合い式だけでは支持力を求めることができないので，支持力を未定とした状態でたわみの基礎式を適用し，逐次積分してたわみ角とたわみを表す式を得る．その後，たわみ角とたわみに関する境界条件によって式中の未知量（支持力や積分定数）を決定する．一方，重ね合せの原理 に基づいた場合，連続はりを中央の支持点を取り除いた二つの静定はりに置き換えて解く．すなわち，元の連続はりの外力が作用する単純支持はりと中央の支持点に生じる支持力が外力として作用する単純支持はりを考える．二つの単純支持はりの中央のたわみを重ね合わせて，連続はりの中央の支持点のたわみを求め，それが0であることから，式中に残る未知量の支持力を決定する．このように，複数のスパンを有する連続はりに対してもこれまでと同じ方法で解くことができるが，支持点が多い場合や複雑な連続はりの場合には，3モーメントの式 が便利であり，簡単に解くことができる．

3モーメントの式を導出するため，図8.15(a)に示すように，対象とする連続はりから連続した二つのスパンを抜き出して考える．三つの支持点を左から順に支持点 $n-1$, n, $n+1$ と表し，左側のスパンを l_{n-1}，右側のスパンを l_n とする．ここで，図(b)に示すように連続したスパンを支持点で切断し，二つの単純支持はりを考える．切断した横断面では，これまでと同様にせん断力と曲げモーメントが作用するが，支持点のせん断力の影響は小さいことから，図中の三つの曲げモーメント M_{n-1}, M_n, M_{n+1} のみを考慮する．

切断した二つの単純支持はりには，いずれも共通して両端に曲げモーメントが作用することから，第6章で取り扱った図8.16に示す両端に曲げモーメン

8.3 連続はり　183

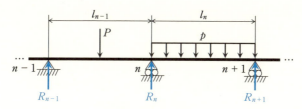

(a) 連続した二つのスパン

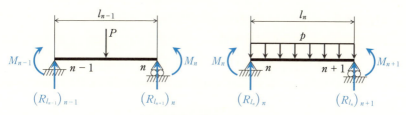

(b) 支持点で切断したスパン

図 8.15 連続はり

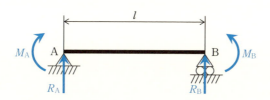

図 8.16 両端に曲げモーメントを受ける単純
　　　　　支持はり

トを受ける単純支持はりに着目する．両端に生じる支持力とたわみ角は，これまでに次式のように求まっている．

$$R_A = \frac{M_B - M_A}{l}, \quad R_B = \frac{M_A - M_B}{l} \tag{8.101}$$

$$i_A = \frac{(2M_A + M_B)l}{6EI}, \quad i_B = -\frac{(M_A + 2M_B)l}{6EI} \tag{8.102}$$

ここで，図 8.15(b) の左側のスパン l_{n-1} について，支持点 n におけるたわみ角は，曲げモーメントによるたわみ角とスパン l_{n-1} に作用する外力によるたわみ角を重ね合わせて，次式のように表される．

$$
(i_{l_{n-1}})_n = -\underbrace{\frac{(M_{n-1}+2M_n)l_{n-1}}{6EI}}_{\substack{\text{第1項}\\ \text{曲げモーメントにより}\\ \text{生じる たわみ角}}} + \underbrace{(i^E_{l_{n-1}})_n}_{\substack{\text{第2項}\\ \text{外力により}\\ \text{生じる たわみ角}}} \tag{8.103}
$$

右辺第1項はスパン l_{n-1} の曲げモーメントによって支持点 n に生じる たわみ角を意味し，スパン l_{n-1} において支持点 n は 図 8.16 の単純支持はりの支持点 B に相当することから，式(8.102)の i_B を代入している．右辺第2項はスパン l_{n-1} に作用する外力によって支持点 n に生じる たわみ角を意味し，外力は問題に応じて変わることから，具体的な代入は後にする．同様に，図 8.15(b) の右側のスパン l_n についても，支持点 n における たわみ角は，曲げモーメントによる たわみ角とスパン l_n に作用する外力による たわみ角を重ね合わせて，次式のように表される．

$$
(i_{l_n})_n = \underbrace{\frac{(2M_n+M_{n+1})l_n}{6EI}}_{\substack{\text{第1項}\\ \text{曲げモーメントにより}\\ \text{生じる たわみ角}}} + \underbrace{(i^E_{l_n})_n}_{\substack{\text{第2項}\\ \text{外力により}\\ \text{生じる たわみ角}}} \tag{8.104}
$$

右辺第1項は，スパン l_n の曲げモーメントによって支持点 n に生じる たわみ角を意味し，スパン l_n において支持点 n は 図 8.16 の単純支持はりの支持点 A に相当することから，式(8.102)の i_A を代入している．右辺第2項は，スパン l_n に作用する外力によって支持点 n に生じる たわみ角である．

式(8.103)および 式(8.104)は，いずれも同一の支持点 n に生じる たわみ角であり，両者は一致する．したがって，

$$
-\frac{(M_{n-1}+2M_n)l_{n-1}}{6EI}+(i^E_{l_{n-1}})_n = \frac{(2M_n+M_{n+1})l_n}{6EI}+(i^E_{l_n})_n \tag{8.105}
$$

の関係が成立する．左辺に曲げモーメント，右辺に外力による たわみ角を移項して 式(8.105)を整理すれば，

$$
M_{n-1}l_{n-1}+2M_n(l_{n-1}+l_n)+M_{n+1}l_n = 6EI((i^E_{l_{n-1}})_n-(i^E_{l_n})_n) \tag{8.106}
$$

を得る．式(8.106)を 3モーメントの式 と呼び，問題に応じて各スパンの外力による たわみ角を右辺に代入し，連続はりの境界条件を利用して各支持点における曲げモーメント M_{n-1}, M_n, M_{n+1} を求めることができる．

次に，支持点 n に生じる支持力 R_n を考える．支持力 R_n は，曲げモーメン

トによって生じる支持力と外力によって生じる支持力を重ね合せて，次式のように表される．

$$R_n = \overbrace{\frac{M_{n-1}-M_n}{l_{n-1}}}^{\text{スパン } l_{n-1}} + (R^E_{l_{n-1}})_n + \overbrace{\frac{M_{n+1}-M_n}{l_n}}^{\text{スパン } l_n} + (R^E_{l_n})_n$$

（曲げモーメントにより生じる支持力）（外力により生じる支持力）（曲げモーメントにより生じる支持力）（外力により生じる支持力）

(8.107)

右辺第1項および第2項は，スパン l_{n-1} に作用する曲げモーメントおよび外力によって生じる支持力を意味する．第1項には，スパン l_{n-1} において支持点 n は図8.16の単純支持はりの支持点 B に相当することから，式(8.101)の R_B を代入している．右辺第3項および第4項は，スパン l_n に作用する曲げモーメントおよび外力によって生じる支持力である．第3項には，スパン l_n において支持点 n は図8.16の単純支持はりの支持点 A に相当することから，式(8.101)の R_A を代入している．3モーメントの式(8.106)から求めた曲げモーメント M_{n-1}, M_n, M_{n+1} と，各スパンの外力による支持力を代入すれば，様々な連続はりに生じる支持力を式(8.107)により求めることができる．

(2) 様々な連続はりへの適用

それでは，導出した3モーメントの式を用いて，様々な連続はりを解いてみよう．最初に，事前準備として，**図 8.17** に示す全長にわたって単位長さ当たり p の等分布外力を受ける単純支持はりを復習しておく．はりの長さを l，曲げ剛性を EI とする．両端に生じる支持力とたわみ角は，第6章において次式のように求まっている．

$$R_A = R_B = \frac{1}{2}pl \quad (8.108)$$

$$i_A = \frac{pl^3}{24EI}, \quad i_B = -\frac{pl^3}{24EI} \quad (8.109)$$

図8.17に示す単純支持はりを踏まえて，**図 8.18** に示す二つのスパンから構成された連続はりが全長にわたっ

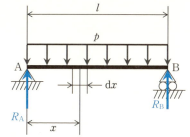

図 8.17　等分布外力を受ける単純支持はり

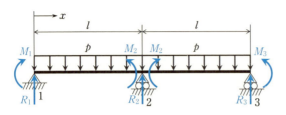

図 8.18 等分布外力を受ける二つのスパンからなる連続はり

て単位長さ当たり p の等分布外力を受ける場合を考える．両スパンの長さを l，曲げ剛性を EI とする．それぞれの支持点に生じる曲げモーメントを M_1, M_2, M_3 とし，3 モーメントの式(8.106)を適用すれば，次式を得る．

$$M_1 l + 2M_2(l+l) + M_3 l = 6EI\left(-\frac{pl^3}{24EI} - \frac{pl^3}{24EI}\right) \tag{8.110}$$

右辺第 1 項は，左側のスパンに作用する等分布外力によって支持点 2 に生じるたわみ角である．左側のスパンにおいて，支持点 2 は図 8.17 の単純支持はりの支持点 B に相当することから，式(8.109)の i_B を代入している．同じく，右辺第 2 項は，右側のスパンに作用する等分布外力によって支持点 2 に生じるたわみ角である．右側のスパンにおいて，支持点 2 は図 8.17 の単純支持はりの支持点 A に相当することから，式(8.109)の i_A を代入している．ここで，図 8.18 の連続はりの境界条件を考えると，支持点 1 および支持点 3 は回転自由であることから，両支持点の曲げモーメント M_1, M_3 はいずれも 0 である．すなわち，

$$M_1 = M_3 = 0 \tag{8.111}$$

式(8.111)を式(8.110)に代入すれば，支持点 2 の曲げモーメント M_2 は

$$M_2 = -\frac{1}{8}pl^2 \tag{8.112}$$

と求まる．一方，それぞれの支持力 R_1, R_2, R_3 は，式(8.107)を適用して曲げモーメントと等分布外力による支持力を重ね合せれば以下のように求まる．

$$R_1 = \frac{M_2 - M_1}{l} + \frac{pl}{2} = \frac{3}{8}pl \tag{8.113}$$

$$R_2 = \frac{M_1 - M_2}{l} + \frac{pl}{2} + \frac{M_3 - M_2}{l} + \frac{pl}{2} = \frac{5}{4}pl \tag{8.114}$$

$$R_3 = \frac{M_2 - M_3}{l} + \frac{pl}{2} = \frac{3}{8}pl \tag{8.115}$$

支持点 2 は，左側と右側の二つのスパンに関わることから，R_2 は二つのス

パンに作用する曲げモーメントと外力による支持力の足し合せとなる．一方，支持点1は左側，支持点3は右側のスパンにのみ関係するため，一つのスパンのみを考えるだけでよい．

得られた支持力を用いて，任意点の横断面に生じるせん断力および曲げモーメントは，以下のように求まる．

$$\left.\begin{aligned}F &= R_1 - \int_0^x p\,d\xi = -p\left(x - \frac{3}{8}l\right) \\ M &= \int_0^x p\xi\,d\xi + Fx = -\frac{p}{2}\left\{\left(x - \frac{3}{8}l\right)^2 - \frac{9}{64}l^2\right\}\end{aligned}\right\} \quad (0 \leq x \leq l) \quad (8.116)$$

$$\left.\begin{aligned}F &= R_1 + R_2 - \int_0^x p\,d\xi = -p\left(x - \frac{13}{8}l\right) \\ M &= -R_2 l + \int_0^x p\xi\,d\xi + Fx = -\frac{p}{2}\left\{\left(x - \frac{13}{8}l\right)^2 - \frac{9}{64}l^2\right\}\end{aligned}\right\} \quad (l \leq x \leq 2l)$$
$$(8.117)$$

これらを図示すれば，図 8.19 のせん断力図および曲げモーメント図となる．曲げモーメントの絶対値は，支持点2において最大となる．

次に，図 8.20 に示す三つのスパンから構成された連続はりを考える．前述の図 8.18 と同様に，全長にわたって単位長さ当たり p の等分布外力を受け，

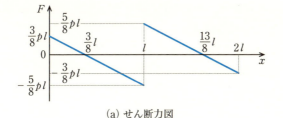

(a) せん断力図

(b) 曲げモーメント図

図 8.19 等分布外力を受ける二つのスパンからなる連続はりのせん断力と曲げモーメントの分布

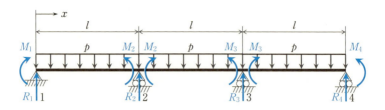

図 8.20 等分布外力を受ける三つのスパンからなる連続はり

すべてのスパンの長さを l,曲げ剛性を EI とする.それぞれの支持点に生じる曲げモーメントを M_1, M_2, M_3, M_4 とし,まず左から 1 番目と 2 番目のスパンに 3 モーメントの式(8.106)を適用すれば,次式を得る.

$$M_1 l + 2M_2(l+l) + M_3 l = 6EI\left(-\frac{pl^3}{24EI} - \frac{pl^3}{24EI}\right) \tag{8.118}$$

同様に,左から 2 番目と 3 番目のスパンに 3 モーメントの式(8.106)を適用すれば,

$$M_2 l + 2M_3(l+l) + M_4 l = 6EI\left(-\frac{pl^3}{24EI} - \frac{pl^3}{24EI}\right) \tag{8.119}$$

となる.続いて,連続はりの境界条件を考えると,支持点 1 および支持点 4 は回転自由であることから,両支持点の曲げモーメント M_1, M_4 はいずれも 0 である.すなわち,

$$M_1 = M_4 = 0 \tag{8.120}$$

式(8.120)を式(8.118)および式(8.119)に代入して連立すれば,支持点 2 および支持点 3 の曲げモーメント M_2, M_3 は

$$M_2 = M_3 = -\frac{1}{10}pl^2 \tag{8.121}$$

と求まる.一方,それぞれの支持力は,式(8.107)を適用すると,

$$R_1 = \frac{M_2 - M_1}{l} + \frac{pl}{2} = \frac{2}{5}pl \tag{8.122}$$

$$R_2 = \frac{M_1 - M_2}{l} + \frac{pl}{2} + \frac{M_3 - M_2}{l} + \frac{pl}{2} = \frac{11}{10}pl \tag{8.123}$$

$$R_3 = \frac{M_2 - M_3}{l} + \frac{pl}{2} + \frac{M_4 - M_3}{l} + \frac{pl}{2} = \frac{11}{10}pl \tag{8.124}$$

$$R_4 = \frac{M_3 - M_4}{l} + \frac{pl}{2} = \frac{2}{5}pl \tag{8.125}$$

と求まる．得られた支持力を用いて，任意点の横断面に生じるせん断力および曲げモーメントを求めると，以下のようになる．

$$\left.\begin{array}{l} F = R_1 - \int_0^x p\,d\xi = -p\left(x - \dfrac{2}{5}l\right) \\ M = \int_0^x p\xi\,d\xi + Fx = -\dfrac{p}{2}\left\{\left(x - \dfrac{2}{5}l\right)^2 - \dfrac{4}{25}l^2\right\} \end{array}\right\} \quad (0 \leq x \leq l) \quad (8.126)$$

$$\left.\begin{array}{l} F = R_1 + R_2 - \int_0^x p\,d\xi = -p\left(x - \dfrac{3}{2}l\right) \\ M = -R_2 l + \int_0^x p\xi\,d\xi + Fx = -\dfrac{p}{2}\left\{\left(x - \dfrac{3}{2}l\right)^2 - \dfrac{1}{20}l^2\right\} \end{array}\right\} \quad (l \leq x \leq 2l)$$
$$(8.127)$$

$$\left.\begin{array}{l} F = R_1 + R_2 + R_3 - \int_0^x p\,d\xi = -p\left(x - \dfrac{13}{5}l\right) \\ M = -R_2 l - 2R_3 l + \int_0^x p\xi\,d\xi + Fx = -\dfrac{p}{2}\left\{\left(x - \dfrac{13}{5}l\right)^2 - \dfrac{4}{25}l^2\right\} \end{array}\right\}$$
$$(2l \leq x \leq 3l) \quad (8.128)$$

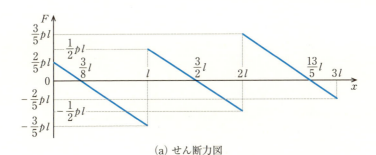

(a) せん断力図

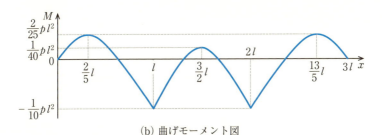

(b) 曲げモーメント図

図 8.21 等分布外力を受ける三つのスパンからなる連続はりのせん断力と曲げモーメントの分布

これらを図示すれば，図 8.21 のせん断力図および曲げモーメント図となる．

最後に，図 8.22(a)に示す二つのスパンから構成された連続はりについて，左端を固定され，全長にわたって単位長さ当たり p の等分布外力を受ける場合を考える．これまでと同様に，すべてのスパンの長さを l，曲げ剛性を EI とする．支持点 1 から支持点 3 までの二つのスパンに対して，3 モーメントの式(8.106)を適用すれば，次式を得る．

$$M_1 l + 2M_2(l+l) + M_3 l = 6EI\left(-\frac{pl^3}{24EI} - \frac{pl^3}{24EI}\right) \tag{8.129}$$

連続はりの境界条件より，支持点 3 のみ回転自由であることから，

$$M_3 = 0 \tag{8.130}$$

を得る．ここで，式(8.130)を 3 モーメントの式(8.129)に代入しても二つの未知量，すなわち支持点 1 および支持点 2 の曲げモーメント M_1, M_2 を求めることはできない．そこで，図 8.22(b)に示すように，固定点を回転支持点に置き換えて，左側に仮想的なスパン l_0 を追加する．支持点 0 から支持点 2 までの二つのスパンに対して，3 モーメントの式を適用すれば，

$$M_0 l_0 + 2M_1(l_0 + l) + M_2 l = 6EI\left(0 - \frac{pl^3}{24EI}\right) \tag{8.131}$$

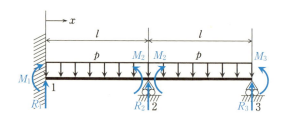

(a) 一端が固定された状態

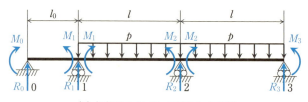

(b) 仮想的なスパンで置換した状態

図 8.22 一端が固定されて等分布外力を受ける二つのスパンからなる連続はり

となる．支持点 0 は回転自由であることから，
$$M_0 = 0 \tag{8.132}$$
となる．さらに，追加したスパン l_0 は実在しないことから，
$$l_0 = 0 \tag{8.133}$$
と表せる．式(8.130), (8.132), (8.133)を 3 モーメントの式(8.129)および式(8.131)に代入して連立すれば，支持点 1 および支持点 2 の曲げモーメント M_1, M_2 は

$$M_1 = -\frac{1}{14}pl^2, \quad M_2 = -\frac{3}{28}pl^2 \tag{8.134}$$

と求まる．一方，それぞれの支持力は，式(8.107)を適用すると，

$$R_1 = \frac{M_2 - M_1}{l} + \frac{pl}{2} = \frac{13}{28}pl \tag{8.135}$$

$$R_2 = \frac{M_1 - M_2}{l} + \frac{pl}{2} + \frac{M_3 - M_2}{l} + \frac{pl}{2} = \frac{8}{7}pl \tag{8.136}$$

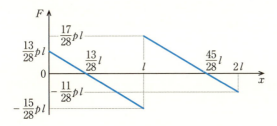

(a) せん断力図

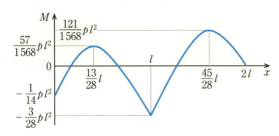

(b) 曲げモーメント図

図 8.23 一端が固定されて等分布外力を受ける二つのスパンからなる連続はりのせん断力と曲げモーメントの分布

$$R_3 = \frac{M_2 - M_3}{l} + \frac{pl}{2} = \frac{11}{28} pl \tag{8.137}$$

のように求まる．得られた支持力および曲げモーメントを用いて，任意点の横断面に生じるせん断力および曲げモーメントを求めると，以下のようになる．

$$\left.\begin{aligned} F &= R_1 - \int_0^x p\,\mathrm{d}\xi = -p\left(x - \frac{13}{28}l\right) \\ M &= M_1 + \int_0^x p\xi\,\mathrm{d}\xi + Fx = -\frac{p}{2}\left\{\left(x - \frac{13}{28}l\right)^2 - \frac{57}{784}l^2\right\} \end{aligned}\right\} \quad (0 \le x \le l) \tag{8.138}$$

$$\left.\begin{aligned} F &= R_1 + R_2 - \int_0^x p\,\mathrm{d}\xi = -p\left(x - \frac{45}{28}l\right) \\ M &= M_1 - R_2 l + \int_0^x p\xi\,\mathrm{d}\xi + Fx = -\frac{p}{2}\left\{\left(x - \frac{45}{28}l\right)^2 - \frac{121}{784}l^2\right\} \end{aligned}\right\}$$
$$(l \le x \le 2l) \tag{8.139}$$

これらを図示すれば，図 8.23 のせん断力図および曲げモーメント図となる．

8.4 はりの不静定問題

静定はりをワイヤやばねで支持した状態や複数の静定はりが接触した状態で外力を受ける場合も，力とモーメントの釣合い式だけでは未知量を決定できず不静定問題となる．本節では，このようなはりの不静定問題の典型例として，先端がばねにピン結合された片持ちはり，片持ちはりの先端が単純支持はりの中央に接触した場合，および二つの単純支持はりが互いの中央で交差して接触した場合を取り扱う．

最初に，図 8.24(a) に示す先端がばねにピン結合された片持ちはりから始めよう．ばね定数を k，はりの長さを l，曲げ剛性を $E_1 I_1$ とする．固定端 A に生じる支持力を R_A，支持モーメントを M_A，天井に生じる支持力を R_C とし，はりとばねの間に発生する干渉力を S とすれば，片持ちはりとばねの自由体図は図 (b) となる．したがって，片持ちはりの力とモーメントの釣合い式は，

$$-R_A + P - S = 0, \quad -M_A + Pl - Sl = 0 \tag{8.140}$$

となる．また，ばねに関する力の釣合い式は，下向きを正として

$$-R_C + S = 0 \tag{8.141}$$

と表される．四つの未知量 R_A, M_A, R_C, S を三つの釣合い式 (8.140) および式

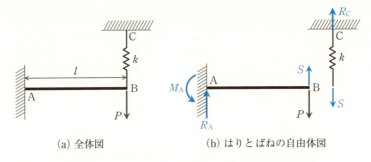

(a) 全体図　　　(b) はりとばねの自由体図

図 8.24 先端がばねにピン結合された片持ちはり

(8.141)だけでは決定できないため，片持ちはりとばねの変形の整合性を考える．片持ちはりの先端に生じるたわみは，第 6 章の先端 B に集中外力が作用する片持ちはりの解を用いれば，

$$v_B = \frac{(P-S)l^3}{3E_1I_1} \tag{8.142}$$

と表される．一方，ばねの伸びは，フックの法則から

$$\delta_B = \frac{S}{k} \tag{8.143}$$

となる．片持ちはりとばねが結合された場合，両者は一致することから

$$\frac{(P-S)l^3}{3E_1I_1} = \frac{S}{k} \tag{8.144}$$

の等式を得る．これより，はりとばねの干渉力は，

$$S = \frac{kPl^3}{3E_1I_1 + kl^3} \tag{8.145}$$

と求まる．式(8.145)を釣合い式(8.140)および式(8.141)に代入すれば，未知量 R_A, M_A, R_C も求まる．また，最終的に点 B での変位は，次式となる．

$$\delta_B = \frac{Pl^3}{3E_1I_1 + kl^3} \tag{8.146}$$

次に，**図 8.25**(a)に示す片持ちはり AB の先端が単純支持はり CD の中央に接触した状態で，接触点 B に集中外力 P を受ける場合を考える．片持ちはり AB が上側，単純支持はり CD が下側とする．はりの長さはいずれも l とし，片持ちはり AB および単純支持はり CD の曲げ剛性は，それぞれ E_1I_1, E_2I_2 とする．片持ちはりの固定端 A に生じる支持力を R_A，支持モーメントを M_A,

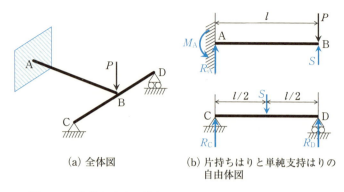

(a) 全体図　　(b) 片持ちはりと単純支持はりの自由体図

図 8.25　先端と中央で接触する片持ちはりと単純支持はり

単純支持はりの両端に生じる支持力を R_C, R_D とし，接触点 B における干渉力を S とすれば，それぞれのはりの自由体図は図(b)となる．したがって，片持ちはりおよび単純支持はりの力とモーメントの釣合い式は，次式となる．

$$-R_A + P - S = 0, \quad -M_A + Pl - Sl = 0 \tag{8.147}$$

$$-R_C - R_D + S = 0, \quad S\frac{l}{2} - R_D l = 0 \tag{8.148}$$

五つの未知量 R_A, M_A, R_C, R_D, S を四つの釣合い式 (8.147) および式 (8.148) だけでは決定できないため，二つのはりのたわみの整合性を考える．片持ちはりの先端 B に生じるたわみは，前述の問題と同じく式 (8.142) となる．一方，単純支持はりの中央点 B におけるたわみは

$$v_B = \frac{Sl^3}{48 E_2 I_2} \tag{8.149}$$

となる．二つのはりが結合された場合，両者は一致することから

$$\frac{(P-S)l^3}{3 E_1 I_1} = \frac{Sl^3}{48 E_2 I_2} \tag{8.150}$$

の等式が成り立つ．これより，二つのはりの干渉力は，

$$S = \frac{16 E_2 I_2}{E_1 I_1 + 16 E_2 I_2} P \tag{8.151}$$

と求まる．式 (8.151) を釣合い式 (8.147) および式 (8.148) に代入すれば，未知量 R_A, M_A, R_C, R_D も求まる．また，最終的に点 B でのたわみは，次式となる．

$$v_B = \frac{Pl^3}{3(E_1 I_1 + 16 E_2 I_2)} \tag{8.152}$$

最後に，図 8.26(a)に示す二つの単純支持はり AB および CD が中央点 E で接触した状態で，接触点 E に集中外力 P を受ける場合を考える．単純支持はり AB が上側，CD が下側とする．はりの長さはいずれも l とし，単純支持はり AB および CD の曲げ剛性はそれぞれ $E_1 I_1$, $E_2 I_2$ とする．それぞれの単純支持はりに生じる支持力を R_A, R_B, R_C, R_D とし，接触点 E での干渉力を S とすれば，それぞれの はりの自由体図は 図(b)となる．したがって，単純支持はり AB の力とモーメントの釣合い式は，

$$-R_A - R_B + P - S = 0, \quad (P-S)\frac{l}{2} - R_B l = 0 \tag{8.153}$$

となる．一方，単純支持はり CD についても前述の 式(8.148)と同様の力とモーメントの釣合い式が成立する．五つの未知量 R_A, R_B, R_C, R_D, S を四つの釣合い式(8.153)および式(8.148)だけでは決定できないため，二つの はりのたわみの整合性を考える．単純支持はり AB の中央点 E における たわみは

$$v_E = \frac{(P-S)l^3}{48 E_1 I_1} \tag{8.154}$$

となる．一方，単純支持はり CD に生じる たわみは，前述の問題と同じく 式(8.149)となる．二つの はりが結合された場合，式(8.154)および 式(8.149)で表される点 E での たわみは一致することから，

$$\frac{(P-S)l^3}{48 E_1 I_1} = \frac{S l^3}{48 E_2 I_2} \tag{8.155}$$

の等式が成り立つ．これより，二つの はりの干渉力は，

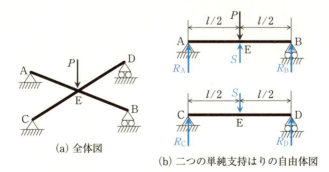

(a) 全体図

(b) 二つの単純支持はりの自由体図

図 8.26　中央で交差する二つの単純支持はり

$$S = \frac{E_2 I_2}{E_1 I_1 + E_2 I_2} P \tag{8.156}$$

と求まる．式(8.156)を釣合い式(8.153)および式(8.148)に代入すれば，未知量 R_A, R_B, R_C, R_D も求まる．また，最終的に点 E でのたわみは，次式となる．

$$v_\mathrm{E} = \frac{P l^3}{48(E_1 I_1 + E_2 I_2)} \tag{8.157}$$

8.5　ラーメン構造

　二つ以上の棒を結合した骨組み構造は，回転自由な状態（滑節）で結合したトラス構造と回転不可能な状態（剛節）で結合したラーメン構造に大別される．前者のトラス構造の各棒には軸力のみが作用し，第4章において解説した．本節では，後者のラーメン構造を取り扱う．ラーメン構造の各棒には，軸力のほか，せん断力と曲げモーメントも作用するが，軸力による棒の伸びは曲げによるたわみと比べて非常に小さい場合が多い．本書でも，軸力による棒の伸びは小さく無視できるものとし，かつ各棒のなす角は変形後も変化しないものと仮定する．ラーメン構造の各棒に生じる力やモーメントは，力とモーメントの釣合い式のみでは求められず不静定問題となることから，不静定はりに含めて本章で解説する．

　最初に，図 8.27 に示すように，曲げ剛性が EI，長さが l である三つのスパンが剛節で結合された門型のラーメン構造を対象として，床に垂直に固定され，水平なスパン BC の中央に鉛直下向きに集中外力 P を受ける場合を考える．ここで，図の自由体図のように，それぞれのスパンに分割して，互いに作用する力とモーメントを整理する．スパン AB の点 B に作用するせん断力（水平方向の力）を S_x，軸力（垂直方向の力）を S_y，曲げモーメントを M_B とすれば，これらは作用・反作用の関係から点 B を介してスパン BC に作用する．スパン BC において，S_x は軸力，S_y はせん断力として作用し，点 C においても点 B と対称的な力とモーメントが作用する．これらの力とモーメントは，図中の点 B に関する自由体図から明らかなように，点 B および点 C において釣合い状態にある．一方，スパン BC について，垂直方向の力の釣合い式は，

$$2S_y + P = 0 \tag{8.158}$$

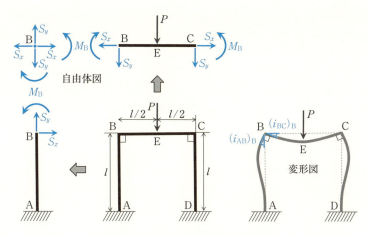

図 8.27 三つの棒が剛節で結合された門型のラーメン構造

となる．したがって，

$$S_y = -\frac{P}{2} \tag{8.159}$$

を得る．さらに，残りの未知量，S_x および M_B を求めるため，ラーメン構造の変形を考える．スパン BC は中央に集中外力 P，両端に曲げモーメント M_B が作用する単純支持はりであり，重ね合せの原理 より点 B における たわみ角は，

$$(i_{BC})_B = \frac{Pl^2}{16EI} + \frac{M_B l}{2EI} \tag{8.160}$$

と表せる．一方，スパン AB は先端に集中外力 S_x と曲げモーメント M_B が作用する片持ちはりであり，点 B における たわみ角は，

$$(i_{AB})_B = \frac{S_x l^2}{2EI} - \frac{M_B l}{EI} \tag{8.161}$$

となる．点 B は剛節であり，変形後も直角を維持することから

$$(i_{BC})_B = (i_{AB})_B \tag{8.162}$$

の関係が成立する．また，門型のラーメン構造は左右対称でスパンの長さは変化しないと考えると，スパン AB の点 B における たわみは 0 である．すなわち，

$$(v_{AB})_B = \frac{S_x l^3}{3EI} - \frac{M_B l^2}{2EI} = 0 \tag{8.163}$$

式(8.162)および式(5.163)を連立すれば，残る未知量は次式のように求まる．

$$S_x = -\frac{P}{8} \tag{8.164}$$

$$M_B = -\frac{Pl}{12} \tag{8.165}$$

これより，例えばスパン BC の中央での たわみは，

$$(v_{BC})_E = \frac{Pl^3}{48EI} + \frac{M_B l^2}{8EI} = \frac{Pl^3}{96EI} \tag{8.166}$$

のように求めることができる．

次に，図 8.28 に示すように，曲げ剛性が EI，長さが l である二つのスパンが剛節で結合されたL型のラーメン構造を考える．点 A を天井，点 C を壁に固定した状態で点 B にモーメント M_0 を受ける場合を想定する．ここで，図の自由体図のように，それぞれのスパンに分割して，互いに作用する力とモーメントを整理する．スパン AB の点 B に作用するせん断力（水平方向の力）を S_x，軸力（垂直方向の力）を S_y とすれば，これらは作用・反作用の関係から点 B を介してスパン BC に作用する．スパン BC において，S_x は軸力，S_y はせん断力として作用する．これらの力は，図中の点 B に関する自由体図に示すように釣合い状態にある．一方，点 B に作用するモーメント M_0 は二つのスパンに分配される．スパン AB およびスパン BC に作用する曲げモーメントをそれぞれ M_{AB}，M_{BC} とすれば，点 B におけるモーメントの釣合い式は，

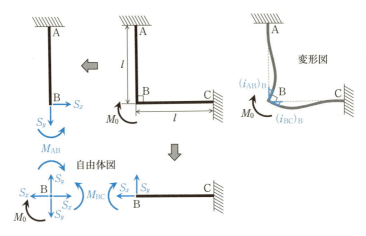

図 8.28 二つの棒が剛節で結合されたL型のラーメン構造

8.5 ラーメン構造

$$M_{AB} - M_{BC} + M_0 = 0 \tag{8.167}$$

となる. 未知量 M_{AB}, M_{BC}, S_x および S_y を求めるため, L 型のラーメン構造の変形を考える. スパン AB は先端に集中外力 S_x と曲げモーメント M_{AB} を受ける片持ちはりであり, 点 B における たわみ角と たわみは, 重ね合せの原理 により

$$(i_{AB})_B = \frac{S_x l^2}{2EI} + \frac{M_{AB} l}{EI} \tag{8.168}$$

$$(v_{AB})_B = \frac{S_x l^3}{3EI} + \frac{M_{AB} l^2}{2EI} = 0 \tag{8.169}$$

となる. また, スパンの長さは変化しないとすれば, 点 B における たわみは 0 である. 一方, スパン BC も同様に, 先端に集中外力 S_y と曲げモーメント M_{BC} を受ける片持ちはりであることから, 点 B における たわみ角と たわみは,

$$(i_{BC})_B = -\frac{S_y l^2}{2EI} - \frac{M_{BC} l}{EI} \tag{8.170}$$

$$(v_{BC})_B = -\frac{S_y l^3}{3EI} - \frac{M_{BC} l^2}{2EI} = 0 \tag{8.171}$$

となる. 点 B は剛節であり, 変形後も直角を維持することから, 門型のラーメン構造の 式(8.162)と同じく, 式(8.168)の たわみ角と 式(8.170)の たわみ角が等しい. すなわち,

$$\frac{S_x l^2}{2EI} + \frac{M_{AB} l}{EI} = -\frac{S_y l^2}{2EI} - \frac{M_{BC} l}{EI} \tag{8.172}$$

式(8.167), (8.169), (8.171), (8.172)を連立すれば,

$$M_{AB} = -\frac{M_0}{2} \tag{8.173}$$

$$M_{BC} = \frac{M_0}{2} \tag{8.174}$$

$$S_x = \frac{3M_0}{4l} \tag{8.175}$$

$$S_y = -\frac{3M_0}{4l} \tag{8.176}$$

と求まる.

第9章 柱の座屈

　長さに比べて断面寸法が小さい細長い棒に対して，長さ方向に圧縮外力が作用した場合，第4章で学んだように，外力との 安定な釣合い (stable equilibrium) 条件を満足する内力が生じて細長い棒は縮む．しかし，圧縮外力がある限界値に達すると，細長い棒はたわみを生じ，それが急激に増大する．このように，細長い棒が 不安定な釣合い (unstable equilibrium) 状態となって大きくたわむ現象が 座屈 (buckling) であり，圧縮外力を受ける細長い棒を 柱 (column) と呼ぶ．座屈を生じる圧縮外力，すなわち 座屈力 (buckling force) は，材料が降伏に至る外力よりも非常に小さく，座屈は機械の安全設計および強度評価において考慮すべき重要な現象である．

　9.1 節では一端固定他端自由の柱を一例として，座屈力や変形モードを学習し，9.2 節では柱の横断面の図心からずれて作用する圧縮外力，すなわち偏心外力の影響を考える．また，9.3 節では様々な柱の端末条件を取り扱い，座屈力の違いを理解する．さらに，9.4 節では座屈に関する代表的な実験式も紹介する．

9.1　座屈力と座屈モード

　柱の座屈の一例として，図 9.1 に示すように，長さが l，縦弾性係数が E，断面二次モーメントが I である真っ直ぐな柱の下端 A を床に固定し，上端 B に圧縮外力 P を長さ方向に作用させた場合を考える．下端を原点とし，柱の長さ方向の座標軸を x 軸とする．上端でのたわみを v_B，位置 x におけるたわみを v とすれば，位置 x の横断面に生じる曲げモーメントは

$$M = -P(v_B - v) \tag{9.1}$$

である．第6章で導出したたわみの基礎式 (6.64) に代入すれば，

$$\frac{d^2v}{dx^2} = -\frac{M}{EI} = \frac{P}{EI}(v_B - v) \tag{9.2}$$

となる. ここで, 右辺の係数を

$$\alpha = \sqrt{\frac{P}{EI}} \tag{9.3}$$

とおいて, 式(9.2)を整理すると

$$\frac{d^2v}{dx^2} + \alpha^2 v = \alpha^2 v_B \tag{9.4}$$

を得る. 式(9.4)は, 非同次の定係数線形常微分方程式であり, 第6章や第8章で学習した はりの場合のように単純に逐次積分して

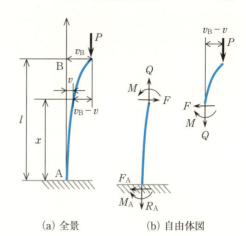

(a) 全景　　(b) 自由体図

図9.1　一端固定他端自由の柱

解を得ることはできない. このような非同次方程式の一般解は, 同次方程式の一般解と非同次方程式を満足する一つの特殊解の和として与えられる. 式(9.4)に対する同次方程式は

$$\frac{d^2v}{dx^2} + \alpha^2 v = 0 \tag{9.5}$$

であり, その特性方程式

$$\lambda^2 + \alpha^2 = 0 \tag{9.6}$$

は二つの虚数解 $\lambda = \pm \alpha i$ をもつ. したがって, 同次方程式(9.5)の一般解は

$$v = C_1 \sin(\alpha x) + C_2 \cos(\alpha x) \tag{9.7}$$

となる. ここで, C_1 および C_2 は積分定数である. $v = v_B$ は, 非同次方程式(9.4)を満足することから, これを特殊解とすると, 非同次方程式の一般解は

$$v = C_1 \sin(\alpha x) + C_2 \cos(\alpha x) + v_B \tag{9.8}$$

と表せる. これより, たわみ角は

$$i = \frac{dv}{dx} = C_1 \alpha \cos(\alpha x) - C_2 \alpha \sin(\alpha x) \tag{9.9}$$

と求まる. ここで, 式(9.8)および式(9.9)を用いて柱の境界条件を考える. 下端 $x=0$ において固定され, たわみと たわみ角が0であるから, 次式が成立する.

$$(v)_{x=0} = C_1 \times 0 + C_2 \times 1 + v_B = 0 \tag{9.10}$$

$$(i)_{x=0} = C_1 \times 1 - C_2 \times 0 = 0 \tag{9.11}$$

したがって，積分定数は

$$C_1 = 0, \quad C_2 = -v_B \tag{9.12}$$

と定まる．式(9.8)に代入すれば，

$$v = -v_B \cos(\alpha x) + v_B = v_B(1 - \cos(\alpha x)) \tag{9.13}$$

を得る．さらに，上端 $x=l$ において $v=v_B$ であるから，次式が成立する．

$$(v)_{x=l} = v_B(1 - \cos(\alpha l)) = v_B \tag{9.14}$$

これから，

$$v_B \cos(\alpha l) = 0 \tag{9.15}$$

の関係を得る．$v_B = 0$ である場合，式(9.13)より $v=0$ となり，柱はたわみを発生せず，安定な釣合い状態となって長さ方向に縮む．一方，たわみを生じて座屈する場合は $v_B \neq 0$ であるため，次式が成り立つ必要がある．

$$\cos(\alpha l) = 0 \tag{9.16}$$

したがって，

$$\alpha l = \frac{1}{2}\pi, \frac{3}{2}\pi, \frac{5}{2}\pi, \cdots = \frac{2n-1}{2}\pi \quad (n=1, 2, 3, \cdots) \tag{9.17}$$

となる．$\alpha = \sqrt{P/EI}$ を代入して，圧縮外力 P について整理すれば，

$$P = (2n-1)^2 \frac{\pi^2 EI}{4l^2} \equiv P_E \tag{9.18}$$

を得る．圧縮外力が式(9.18)で示す P_E に達した場合，たわみを伴う不安定な釣合い状態が存在し，柱は座屈する．このように座屈を生じる式(9.18)の圧縮外力を オイラーの座屈力（Euler's bucking force）と呼ぶ．

$n=1$ のとき，式(9.18)の P_E は

$$P_1 = \frac{\pi^2 EI}{4l^2} \tag{9.19}$$

のように最小の座屈力となる．このとき，$\alpha = \pi/2l$ となり，式(9.13)よりたわみは

$$v = v_B \left(1 - \cos\frac{\pi x}{2l}\right) \tag{9.20}$$

と表せ，柱は図9.2(a)に示すように変形して座屈する．式(9.20)は，未定係数である上端でのたわみ v_B を基準とした変形状態を表し，座屈モード（buckling mode）と呼ぶ．$n=1$ の場合は，一次の座屈モードとなる．一方，

何らかの拘束により圧縮外力 $P=P_1$ での座屈を回避すると，次に $n=2$ において図(b)に示す二次モードの座屈が発生する．このとき，座屈力と座屈モードは，次式となる．

$$P_2 = \frac{9\pi^2 EI}{4l^2} = 9P_1 \quad (9.21)$$

$$v = v_B\left(1 - \cos\frac{3\pi x}{2l}\right) \quad (9.22)$$

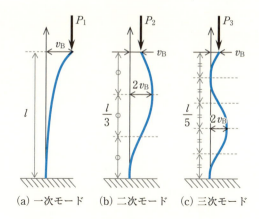

図9.2 一端固定他端自由の柱の座屈モード

同様に，$n=3$ において図(c)に示す三次モードの座屈が発生し，座屈力と座屈モードは次式となる．

$$P_3 = \frac{25\pi^2 EI}{4l^2} = 25P_1 \tag{9.23}$$

$$v = v_B\left(1 - \cos\frac{5\pi x}{2l}\right) \tag{9.24}$$

モードの次数が大きくなるに従って，座屈力が増大するとともに変形の周期長さが短くなり，複雑なたわみ曲線となる．

長さが $l=1\,\mathrm{m}$，直径が $d=1\,\mathrm{cm}$ である円形断面の真っ直ぐな柱が図9.1のように一端固定他端自由な状態で自由端に圧縮外力を受ける場合を考える．縦弾性係数が $E=206\,\mathrm{GPa}$，降伏応力が $\sigma_Y=290\,\mathrm{MPa}$ である軟鋼を一例として，最小の座屈力と材料が降伏に至る圧縮外力を比較してみよう．柱の断面二次モーメントが $I=\pi d^4/64$ であることから，最小の座屈力 P_1 は，式(9.19)より以下のように計算できる．

$$P_1 = \frac{\pi^2 EI}{4l^2} = \frac{\pi^3 E d^4}{256 l^2} = \frac{\pi^3 \times 206 \times 10^9 \times 10^{-8}}{256 \times 1^2} \cong 250\,\mathrm{N} \tag{9.25}$$

これに対して，圧縮外力 P により柱に生じる垂直応力が材料の降伏応力に達する場合，

$$\sigma = \frac{Q}{A} = \frac{P}{\pi(d/2)^2} = \sigma_Y \tag{9.26}$$

であるから，材料が降伏に至る圧縮外力 P は

$$P = \frac{\pi d^2}{4}\sigma_Y = \frac{\pi \times 1 \times 10^{-4} \times 290 \times 10^6}{4} \cong 22.8\,\text{kN} \tag{9.27}$$

と求まる．材料が降伏する場合と比べると，極めて小さい圧縮外力によって座屈が生じることがわかる．したがって，機械の安全設計において，細長い棒に圧縮外力が作用する場合には座屈力にも注意が必要である．

9.2 偏心外力

図9.3に示すように，柱の中心軸からeだけずれて圧縮外力が作用する場合，すなわち偏心外力が作用する場合の座屈を考えてみよう．前節と同様に，上端でのたわみをv_B，位置xにおけるたわみをvとすれば，位置xの横断面に生じる曲げモーメントは

$$M = -P(v_B + e - v) \tag{9.28}$$

である．たわみの基礎式に代入すれば，

$$\frac{d^2 v}{dx^2} = -\frac{M}{EI} = \frac{P}{EI}(v_B + e - v) \tag{9.29}$$

となる．右辺の係数を$\alpha = \sqrt{P/EI}$として，式(9.29)を整理すると

$$\frac{d^2 v}{dx^2} + \alpha^2 v = \alpha^2 (v_B + e) \tag{9.30}$$

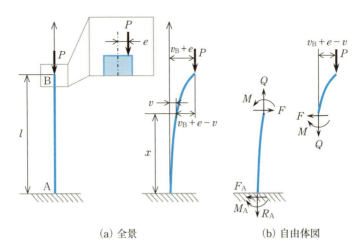

(a) 全景　　　(b) 自由体図

図9.3　偏心外力が作用する一端固定他端自由の柱

を得る．式(9.30)も非同次の定係数線形常微分方程式であり，その一般解は同次方程式の一般解と非同次方程式を満足する一つの特殊解の和として与えられる．ここで，非同次方程式(9.30)を満足する $v = v_\mathrm{B} + e$ を特殊解とすれば，非同次方程式の一般解は

$$v = C_1 \sin(\alpha x) + C_2 \cos(\alpha x) + v_\mathrm{B} + e \tag{9.31}$$

と表せる．ここで，C_1 および C_2 は積分定数である．これより，たわみ角は

$$i = \frac{\mathrm{d}v}{\mathrm{d}x} = C_1 \alpha \cos(\alpha x) - C_2 \alpha \sin(\alpha x) \tag{9.32}$$

と求まる．ここで，柱は下端 $x = 0$ において固定され，たわみとたわみ角が 0 であるから，次式が成立する．

$$(v)_{x=0} = C_1 \times 0 + C_2 \times 1 + v_\mathrm{B} + e = 0 \tag{9.33}$$

$$(i)_{x=0} = C_1 \times 1 - C_2 \times 0 = 0 \tag{9.34}$$

したがって，積分定数は

$$C_1 = 0, \quad C_2 = -(v_\mathrm{B} + e) \tag{9.35}$$

と定まる．式(9.31)に代入すれば，

$$v = -(v_\mathrm{B} + e)\cos(\alpha x) + v_\mathrm{B} + e = (v_\mathrm{B} + e)(1 - \cos(\alpha x)) \tag{9.36}$$

を得る．さらに，上端 $x = l$ において $v = v_\mathrm{B}$ であるから，次式が成立する．

$$(v)_{x=l} = (v_\mathrm{B} + e)(1 - \cos(\alpha l)) = v_\mathrm{B} \tag{9.37}$$

これから，

$$v_\mathrm{B} = e\left(\frac{1}{\cos(\alpha l)} - 1\right) \tag{9.38}$$

の関係を得る．偏心外力の場合，図心からのずれは $e \neq 0$ である．一方，$\cos \alpha l = 0$ のとき，先端でのたわみ v_B は無限大となり，柱は座屈する．したがって，前節と同様に

$$\alpha l = \frac{1}{2}\pi, \frac{3}{2}\pi, \frac{5}{2}\pi, \cdots = \frac{2n-1}{2}\pi \quad (n = 1, 2, 3, \cdots) \tag{9.39}$$

となり，$\alpha = \sqrt{P/EI}$ を代入して整理すれば，オイラーの座屈力

$$P_\mathrm{E} = (2n-1)^2 \frac{\pi^2 EI}{4l^2} \tag{9.40}$$

が導かれる．したがって，偏心外力が作用する場合でも，前節の偏心のない場合と座屈力は同じであることがわかる．

次に，式(9.38)に $\alpha = \sqrt{P/EI}$ を代入して圧縮外力 P について整理すれば，圧縮外力 P と上端でのたわみ v_B は，

$$P = \frac{EI}{l^2}\left\{\cos^{-1}\left(\frac{e}{v_B + e}\right)\right\}^2 \tag{9.41}$$

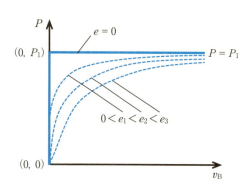

図 9.4 圧縮外力と上端でのたわみとの関係に及ぼす偏心量の影響

のように関係づけられる．式(9.41)を図示すれば，圧縮外力と上端でのたわみは**図 9.4**のようになる．偏心がない場合 ($e = 0$)，圧縮外力が作用してもたわみは発生せず，柱は安定な釣合い状態となって縮むだけであるが，圧縮外力が P_1 に達すると，不安定になり急激にたわみが増加する．したがって，図において，原点 (0, 0) からたわみが発生せず垂直方向に圧縮外力が増加したのち，分枝点 (0, P_1) において安定な釣合い状態から不安定な状態に移行し，水平方向の直線 $P = P_1$ に沿ってたわみが急激に増大して座屈する．一方，偏心外力が作用する場合 ($e \neq 0$)，圧縮外力の増加に伴って徐々にたわみが発生し，圧縮外力が座屈力に近づくに従ってたわみが急増して座屈する．したがって，図の点線で示すように圧縮外力が大きくなるに伴って原点 (0, 0) から非線形的にたわみが増加し，直線 $P = P_1$ に漸近しながらたわみが増大する．図心からのずれ，すなわち偏心量 e が大きくなると，圧縮外力-たわみ曲線は点 (0, P_1) から離れた経路を通過する．

9.3 端末条件

これまでは一端固定他端自由の柱のみを取り扱ったが，機械構造物における柱には様々な端末条件が設定される．そこで，**図 9.5**に示す五つの異なる端末条件について座屈力を求め，比較してみよう．

様々な端末条件での座屈力を導出するため，**図 9.6**に示すように上下端に支

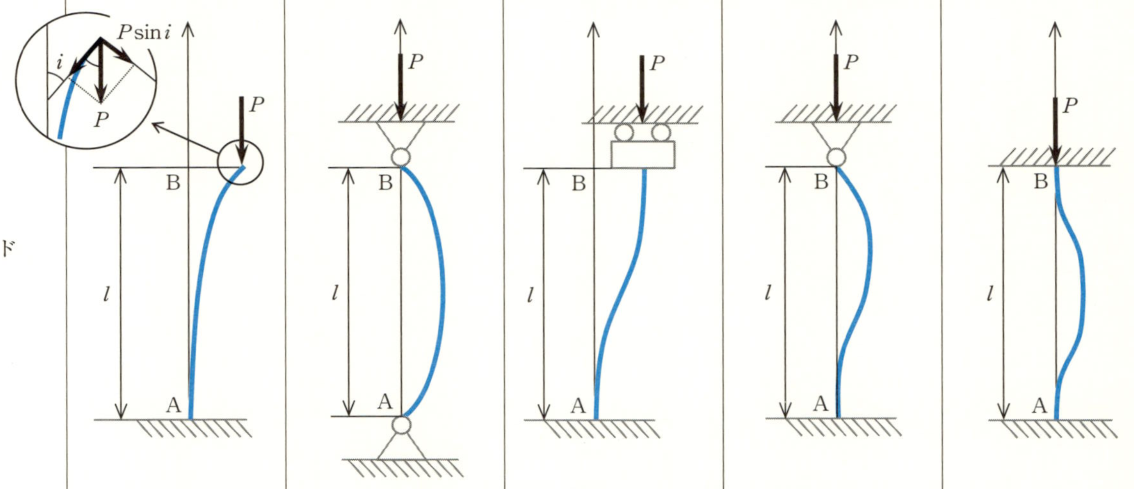

9.3 端末条件

	(a) 一端固定 他端自由	(b) 両端回転自由	(c) 一端固定 他端回転拘束	(d) 一端固定 他端回転自由	(e) 両端固定
座屈モード					
端末条件	$i_A=0, v_A=0$ $i_B\neq 0, v_B\neq 0$	$i_A\neq 0, v_A=0$ $i_B\neq 0, v_B=0$	$i_A=0, v_A=0$ $i_B=0, v_B\neq 0$	$i_A=0, v_A=0$ $i_B\neq 0, v_B=0$	$i_A=0, v_A=0$ $i_B=0, v_B=0$
端末条件係数	$C=\dfrac{1}{4}$	$C=1$	$C=1$	$C=2.0458\cong 2$	$C=4$
座屈長さ	$l_r=2l$	$l_r=l$	$l_r=l$	$l_r=\dfrac{1}{\sqrt{2}}l$	$l_r=\dfrac{1}{2}l$

図 9.5 端末条件の異なる柱

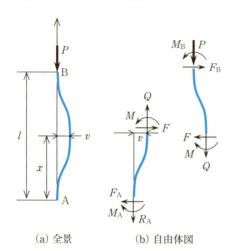

(a) 全景　　　(b) 自由体図

図 9.6 様々な端末条件を想定した柱

持力と支持モーメントを想定し，任意の横断面に生じる曲げモーメントを考える．位置 x におけるたわみを v とし，下端 A での支持力と支持モーメントをそれぞれ F_A, M_A とすれば，図 (b) の自由体図における力とモーメントの釣合いから，位置 x の横断面に生じる曲げモーメントは

$$M = Pv + M_A + F_A x \tag{9.42}$$

と表せる．たわみの基礎式に代入すれば，

$$\frac{d^2v}{dx^2} = -\frac{M}{EI} = -\frac{1}{EI}(Pv + M_A + F_A x) \tag{9.43}$$

となる．これまでと同様に $\alpha = \sqrt{P/EI}$ として，式 (9.43) を整理すると

$$\frac{d^2v}{dx^2} + \alpha^2 v = -\frac{\alpha^2}{P}(M_A + F_A x) \tag{9.44}$$

を得る．非同次方程式 (9.44) を満足する特殊解として $v = -(M_A + F_A x)/P$ を用いれば，非同次方程式の一般解は

$$v = C_1 \sin(\alpha x) + C_2 \cos(\alpha x) - \frac{M_A}{P} - \frac{F_A}{P} x \tag{9.45}$$

と表せる．微分すれば，次式のようにたわみ角を得る．

$$i = \frac{dv}{dx} = C_1 \alpha \cos(\alpha x) - C_2 \alpha \sin(\alpha x) - \frac{F_A}{P} \tag{9.46}$$

ここで，たわみの基礎式から曲げモーメントおよびせん断力は，

$$M = -EI\frac{d^2v}{dx^2} \tag{9.47}$$

$$F = \frac{dM}{dx} = -EI\frac{d^3v}{dx^3} \tag{9.48}$$

と表せる．したがって，式 (9.46) を逐次微分して，次式の関係を得る．

$$-\frac{M}{EI} = \frac{d^2v}{dx^2} = -C_1 \alpha^2 \sin(\alpha x) - C_2 \alpha^2 \cos(\alpha x) \tag{9.49}$$

$$-\frac{F}{EI} = \frac{\mathrm{d}^3 v}{\mathrm{d}x^3} = -C_1 \alpha^3 \cos(\alpha x) + C_2 \alpha^3 \sin(\alpha x) \tag{9.50}$$

以下では，式(9.45)，(9.46)，(9.49)，(9.50)に対して様々な端末条件を適用し，座屈力を導く．

(1) 一端固定他端自由の柱

最初に，図9.5(a)に示した一端固定他端自由の柱から始めよう．一端固定他端自由の柱に対する座屈力は9.1節において導出ずみであるが，ここでは他の端末条件と併せて，式(9.45)，(9.46)，(9.49)，(9.50)から導いてみよう．一端固定他端自由の場合，下端 $x=0$ において たわみと たわみ角は発生せず，$v=0$, $i=0$ である．一方，上端 $x=l$ における せん断力 F は，図9.5(a)中の拡大図より

$$F = P\sin i = P\frac{\mathrm{d}v}{\mathrm{d}x} \tag{9.51}$$

と表される．式(9.51)を式(9.48)に代入し，$\alpha=\sqrt{P/EI}$ として整理すると，せん断力 F に関する上端 $x=l$ での条件式

$$\frac{\mathrm{d}^3 v}{\mathrm{d}x^3} + \alpha \frac{\mathrm{d}v}{\mathrm{d}x} = 0 \tag{9.52}$$

を得る．また，上端 $x=l$ において回転自由であることから，支持モーメントは発生せず，$M=-EI\mathrm{d}^2v/\mathrm{d}x^2=0$ である．これらの端末条件を式(9.45)，(9.46)，(9.49)，(9.50)に適用すれば，以下のようになる．

$$\left.\begin{aligned}
(v)_{x=0} &= C_2 - \frac{M_A}{P} = 0 \\
(i)_{x=0} &= C_1 \alpha - \frac{F_A}{P} = 0 \\
\left(\frac{\mathrm{d}^3 v}{\mathrm{d}x^3} + \alpha \frac{\mathrm{d}v}{\mathrm{d}x}\right)_{x=l} &= -\alpha^2 \frac{F_A}{P} = 0 \\
\left(\frac{\mathrm{d}^2 v}{\mathrm{d}x^2}\right)_{x=l} &= -C_1 \alpha^2 \sin(\alpha l) - C_2 \alpha^2 \cos(\alpha l) = 0
\end{aligned}\right\} \tag{9.53}$$

上式に対して，係数と未知量 $\{C_1, C_2, M_A/P, F_A/P\}$ を分離し，マトリックスとベクトルを用いて書き換えれば，

$$\begin{bmatrix} 0 & 1 & -1 & 0 \\ \alpha & 0 & 0 & -1 \\ 0 & 0 & 0 & -\alpha^2 \\ -\alpha^2\sin(\alpha l) & -\alpha^2\cos(\alpha l) & 0 & 0 \end{bmatrix} \begin{Bmatrix} C_1 \\ C_2 \\ \dfrac{M_A}{P} \\ \dfrac{F_A}{P} \end{Bmatrix} = 0 \tag{9.54}$$

となる．式(9.54)を満足する自明な解は，$\{C_1, C_2, M_A/P, F_A/P\}=0$ である．このとき，式(9.45)からたわみはまったく発生せず，柱は圧縮外力に対して縮む安定な釣合い状態になる．一方，式(9.54)の係数マトリックスが逆行列をもたない場合，$\{C_1, C_2, M_A/P, F_A/P\} \neq 0$ である自明でない解が存在し，柱はたわみを生じて座屈する．したがって，係数マトリックスの行列式が 0，すなわち，次式が成立する必要がある．

$$\begin{aligned}
&\begin{vmatrix} 0 & 1 & -1 & 0 \\ \alpha & 0 & 0 & -1 \\ 0 & 0 & 0 & -\alpha^2 \\ -\alpha^2\sin(\alpha l) & -\alpha^2\cos(\alpha l) & 0 & 0 \end{vmatrix} \\
&= 0 \times \begin{vmatrix} 0 & 0 & -1 \\ 0 & 0 & -\alpha^2 \\ -\alpha^2\cos(\alpha l) & 0 & 0 \end{vmatrix} - \alpha \times \begin{vmatrix} 1 & -1 & 0 \\ 0 & 0 & -\alpha^2 \\ -\alpha^2\cos(\alpha l) & 0 & 0 \end{vmatrix} \\
&\quad + 0 \times \begin{vmatrix} 1 & -1 & 0 \\ 0 & 0 & -1 \\ -\alpha^2\cos(\alpha l) & 0 & 0 \end{vmatrix} + \alpha^2\sin(\alpha l) \times \begin{vmatrix} 1 & -1 & 0 \\ 0 & 0 & -1 \\ 0 & 0 & -\alpha^2 \end{vmatrix} \\
&= \alpha^5 \cos(\alpha l) = 0
\end{aligned} \tag{9.55}$$

上式より，9.1 節と同様に式(9.16)が導かれ，これを満足する条件としてオイラーの座屈力，すなわち式(9.18)を得る．$n=1$ のとき，式(9.19)の最小座屈力となり，図 9.5(a) の座屈モードを生じる．

(2) 両端回転自由の柱

図 9.5(b) に示す両端回転自由の場合，上下端 $x=0$ および $x=l$ において，たわみが 0 で，支持モーメントが発生しない，すなわち $v=0$, $M=-EI\,\mathrm{d}^2v/\mathrm{d}x^2=0$ である．これらの端末条件を式(9.45)，(9.46)，(9.49)，(9.50)に適用し，マトリックスとベクトルを用いて表記すれば，以下のように

なる.

$$\begin{bmatrix} 0 & 1 & -1 & 0 \\ 0 & -\alpha^2 & 0 & 0 \\ \sin(\alpha l) & \cos(\alpha l) & -1 & -l \\ -\alpha^2\sin(\alpha l) & -\alpha^2\cos(\alpha l) & 0 & 0 \end{bmatrix} \begin{Bmatrix} C_1 \\ C_2 \\ \dfrac{M_A}{P} \\ \dfrac{F_A}{P} \end{Bmatrix} = 0 \tag{9.56}$$

前述のように,柱がたわみを生じて座屈する場合,上式が $\{C_1, C_2, M_A/P, F_A/P\} \neq 0$ である自明でない解をもち,係数マトリックスの行列式が 0 となる.

$$\begin{vmatrix} 0 & 1 & -1 & 0 \\ 0 & -\alpha^2 & 0 & 0 \\ \sin(\alpha l) & \cos(\alpha l) & -1 & -l \\ -\alpha^2\sin(\alpha l) & -\alpha^2\cos(\alpha l) & 0 & 0 \end{vmatrix}$$

$$= 0 \times \begin{vmatrix} -\alpha^2 & 0 & 0 \\ \cos(\alpha l) & -1 & -l \\ -\alpha^2\cos(\alpha l) & 0 & 0 \end{vmatrix} - 0 \times \begin{vmatrix} 1 & -1 & 0 \\ \cos(\alpha l) & -1 & -l \\ -\alpha^2\cos(\alpha l) & 0 & 0 \end{vmatrix}$$

$$+ \sin(\alpha l) \times \begin{vmatrix} 1 & -1 & 0 \\ -\alpha^2 & 0 & 0 \\ -\alpha^2\cos(\alpha l) & 0 & 0 \end{vmatrix} + \alpha^2\sin(\alpha l) \times \begin{vmatrix} 1 & -1 & 0 \\ -\alpha^2 & 0 & 0 \\ \cos(\alpha l) & -1 & -l \end{vmatrix}$$

$$= \alpha^4 l \sin(\alpha l) = 0 \tag{9.57}$$

これより

$$\sin(\alpha l) = 0 \tag{9.58}$$

が導かれ,これを満足する条件は

$$\alpha l = \pi,\ 2\pi,\ 3\pi,\cdots = n\pi \quad (n = 1,\ 2,\ 3,\cdots) \tag{9.59}$$

となる. $\alpha = \sqrt{P/EI}$ を代入し,圧縮外力 P について整理すれば,オイラーの座屈力

$$P_E = n^2 \frac{\pi^2 EI}{l^2} \tag{9.60}$$

を得る. $n=1$ のとき,最小の座屈力

$$P_E = \frac{\pi^2 EI}{l^2} \tag{9.61}$$

となり，このとき 図9.5(b)の座屈モードを生じる.

(3) 一端固定他端回転拘束の柱

図9.5(c)に示した一端固定他端回転拘束の場合，下端 $x=0$ において $v=0$, $i=0$, 上端 $x=l$ において $i=0$, $F=-EI\mathrm{d}^3v/\mathrm{d}x^3=0$ である．これらの端末条件を適用すれば，以下のようになる．

$$\begin{bmatrix} 0 & 1 & -1 & 0 \\ \alpha & 0 & 0 & -1 \\ \alpha\cos(\alpha l) & -\alpha\sin(\alpha l) & 0 & -1 \\ -\alpha^3\cos(\alpha l) & \alpha^3\sin(\alpha l) & 0 & 0 \end{bmatrix} \begin{Bmatrix} C_1 \\ C_2 \\ \dfrac{M_A}{P} \\ \dfrac{F_A}{P} \end{Bmatrix} = 0 \tag{9.62}$$

上式が $\{C_1, C_2, M_A/P, F_A/P\} \neq 0$ である自明でない解をもち，たわみを生じて座屈する場合，次式が成立する．

$$\begin{aligned}
&\begin{vmatrix} 0 & 1 & -1 & 0 \\ \alpha & 0 & 0 & -1 \\ \alpha\cos(\alpha l) & -\alpha\sin(\alpha l) & 0 & -1 \\ -\alpha^3\cos(\alpha l) & \alpha^3\sin(\alpha l) & 0 & 0 \end{vmatrix} \\
&= 0 \times \begin{vmatrix} 0 & 0 & -1 \\ -\alpha\sin(\alpha l) & 0 & -1 \\ \alpha^3\sin(\alpha l) & 0 & 0 \end{vmatrix} - \alpha \times \begin{vmatrix} 1 & -1 & 0 \\ -\alpha\sin(\alpha l) & 0 & -1 \\ \alpha^3\sin(\alpha l) & 0 & 0 \end{vmatrix} \\
&\quad + \alpha\cos(\alpha l) \times \begin{vmatrix} 1 & -1 & 0 \\ 0 & 0 & -1 \\ \alpha^3\sin(\alpha l) & 0 & 0 \end{vmatrix} \\
&\quad + \alpha^3\cos(\alpha l) \times \begin{vmatrix} 1 & -1 & 0 \\ 0 & 0 & -1 \\ -\alpha\sin(\alpha l) & 0 & -1 \end{vmatrix} \\
&= -\alpha^4\sin(\alpha l) = 0
\end{aligned} \tag{9.63}$$

これより，両端回転自由の場合と同様に 式(9.58)が導かれ，これを満足する条件としてオイラーの座屈力，すなわち 式(9.60)を得る．$n=1$ のとき，式(9.61)の最小座屈力となり，図9.5(c)の座屈モードを生じる．

（4）一端固定他端回転自由の柱

図 9.5(d) に示した一端固定他端回転自由の場合，下端 $x=0$ において $v=0$, $i=0$, 上端 $x=l$ において $v=0$, $M=-EI\mathrm{d}^2v/\mathrm{d}x^2=0$ である．これらの端末条件を適用すれば，以下のようになる．

$$\begin{bmatrix} 0 & 1 & -1 & 0 \\ \alpha & 0 & 0 & -1 \\ \sin(\alpha l) & \cos(\alpha l) & -1 & -l \\ -\alpha^2\sin(\alpha l) & -\alpha^2\cos(\alpha l) & 0 & 0 \end{bmatrix} \begin{Bmatrix} C_1 \\ C_2 \\ \dfrac{M_A}{P} \\ \dfrac{F_A}{P} \end{Bmatrix} = 0 \qquad (9.64)$$

上式が $\{C_1, C_2, M_A/P, F_A/P\} \neq 0$ である自明でない解をもち，たわみを生じて座屈する場合，次式が成立する．

$$\begin{vmatrix} 0 & 1 & -1 & 0 \\ \alpha & 0 & 0 & -1 \\ \sin(\alpha l) & \cos(\alpha l) & -1 & -l \\ -\alpha^2\sin(\alpha l) & -\alpha^2\cos(\alpha l) & 0 & 0 \end{vmatrix}$$

$$= 0 \times \begin{vmatrix} 0 & 0 & -1 \\ \cos(\alpha l) & -1 & -l \\ -\alpha^2\cos(\alpha l) & 0 & 0 \end{vmatrix} - \alpha \times \begin{vmatrix} 1 & -1 & 0 \\ \cos(\alpha l) & -1 & -l \\ -\alpha^2\cos(\alpha l) & 0 & 0 \end{vmatrix}$$

$$+ \sin(\alpha l) \times \begin{vmatrix} 1 & -1 & 0 \\ 0 & 0 & -1 \\ -\alpha^2\cos(\alpha l) & 0 & 0 \end{vmatrix} + \alpha^2\sin(\alpha l) \times \begin{vmatrix} 1 & -1 & 0 \\ 0 & 0 & -1 \\ \cos(\alpha l) & -1 & -l \end{vmatrix}$$

$$= \alpha l \cos(\alpha l) - \sin(\alpha l) = 0 \qquad (9.65)$$

これより

$$\tan(\alpha l) = \alpha l \qquad (9.66)$$

が導かれる．式 (9.66) を満足し，たわみが 0 でない最小の αl は，

$$\alpha l = 4.4934 \qquad (9.67)$$

となる．$\alpha = \sqrt{P/EI}$ を代入し，圧縮外力 P について整理すれば，

$$P_E = 20.1906 \times \frac{EI}{l^2} = 2.0458 \times \frac{\pi^2 EI}{l^2} \cong 2 \times \frac{\pi^2 EI}{l^2} \qquad (9.68)$$

のように最小座屈力を得る．このとき，図 9.5(d) の座屈モードとなる．

(5) 両端固定の柱

図9.5(e)に示した両端固定の場合，上下端 $x=0$ および $x=l$ において，$v=0$, $\dot{v}=0$ である．これらの端末条件を適用すれば，以下のようになる．

$$\begin{bmatrix} 0 & 1 & -1 & 0 \\ \alpha & 0 & 0 & -1 \\ \sin(\alpha l) & \cos(\alpha l) & -1 & -l \\ \alpha\cos(\alpha l) & -\alpha\sin(\alpha l) & 0 & -1 \end{bmatrix} \begin{Bmatrix} C_1 \\ C_2 \\ \dfrac{M_A}{P} \\ \dfrac{F_A}{P} \end{Bmatrix} = 0 \tag{9.69}$$

上式が $\{C_1, C_2, M_A/P, F_A/P\} \neq 0$ である自明でない解をもち，たわみを生じて座屈する場合，次式が成立する．

$$\begin{vmatrix} 0 & 1 & -1 & 0 \\ \alpha & 0 & 0 & -1 \\ \sin(\alpha l) & \cos(\alpha l) & -1 & -l \\ \alpha\cos(\alpha l) & -\alpha\sin(\alpha l) & 0 & -1 \end{vmatrix}$$

$$= 0 \times \begin{vmatrix} 0 & 0 & -1 \\ \cos(\alpha l) & -1 & -l \\ -\alpha\sin(\alpha l) & 0 & -1 \end{vmatrix} - \alpha \times \begin{vmatrix} 1 & -1 & 0 \\ \cos(\alpha l) & -1 & -l \\ -\alpha\sin(\alpha l) & 0 & -1 \end{vmatrix}$$

$$+ \sin(\alpha l) \times \begin{vmatrix} 1 & -1 & 0 \\ 0 & 0 & -1 \\ -\alpha\sin(\alpha l) & 0 & -1 \end{vmatrix} - \alpha\cos(\alpha l) \times \begin{vmatrix} 1 & -1 & 0 \\ 0 & 0 & -1 \\ \cos(\alpha l) & -1 & -l \end{vmatrix}$$

$$= 2\alpha\left(-1 + \cos(\alpha l) + \frac{\alpha l}{2}\sin(\alpha l)\right) = 0 \tag{9.70}$$

したがって，

$$1 - \cos(\alpha l) - \frac{\alpha l}{2}\sin(\alpha l) = 0 \tag{9.71}$$

二倍角の公式 $\sin(\alpha l) = 2\sin(\alpha l/2)\cos(\alpha l/2)$ および $\cos(\alpha l) = 2\sin^2(\alpha l/2)$ を用いて，式(9.71)を整理すれば，

$$\sin\frac{\alpha l}{2}\left(\sin\frac{\alpha l}{2} - \frac{\alpha l}{2}\cos\frac{\alpha l}{2}\right) = 0 \tag{9.72}$$

を得る．これより

$$\sin\frac{\alpha l}{2} = 0 \tag{9.73}$$

または

$$\sin\frac{\alpha l}{2} - \frac{\alpha l}{2}\cos\frac{\alpha l}{2} = 0 \tag{9.74}$$

が成り立つ必要がある．これを満足する最小の αl は，式(9.73)より

$$\frac{\alpha l}{2} = \pi \tag{9.75}$$

となる．$\alpha = \sqrt{P/EI}$ を代入し，圧縮外力 P について整理すれば，

$$P_\mathrm{E} = 4 \times \frac{\pi^2 EI}{l^2} \tag{9.76}$$

のように最小座屈力を得る．このとき，図9.5(e)の座屈モードとなる．

(6) 様々な柱への適用

これまで導出した五つの端末条件におけるオイラーの最小座屈力は，すべて

$$P_\mathrm{E} = C\frac{\pi^2 EI}{l^2} \tag{9.77}$$

の形式に集約される．これより，座屈力は曲げ剛性 EI に比例して増大し，長さ l の2乗に反比例して小さくなることがわかる．また，C は 端末条件係数 (coefficient of fixity) と呼び，図9.5に示したように端末条件に応じて1/4から4まで変化する．端末条件係数は，上下端のたわみとたわみ角の拘束条件数が増えると大きくなる．以下では，式(9.77)で表されるオイラーの座屈力を様々な機械構造物の安全設計および強度評価に応用してみよう．

最初に，図9.7に示すように，長さ l，直径 d，縦弾性係数 E である円形断面の真っ直ぐな柱が上下端を天井と床に固定された状態で圧縮外力を受ける場合を考える．安全率 S を2として，圧縮外力 P に対して座屈しない直径の条件を導く．両端固定の場合，端末条件係数は $C=4$ であり，直径 d の円柱の断面二次モーメントは $I=\pi d^4/64$ であるこ

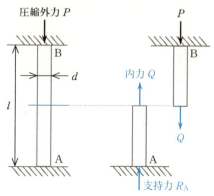

図9.7 圧縮外力を受ける両端固定の円柱の座屈

とから，式(9.77)より最小の座屈力は，

$$P_\mathrm{E} = C\frac{\pi^2 EI}{l^2} = 4 \times \frac{\pi^2 E \dfrac{\pi d^4}{64}}{l^2} = \frac{\pi^3 E d^4}{16 l^2} \tag{9.78}$$

となる．一方，安全率を $S=2$ とした場合，座屈力 P_E に対する許容力 P_A は

$$P_\mathrm{A} = \frac{P_\mathrm{E}}{S} = \frac{\pi^3 E d^4}{32 l^2} \tag{9.79}$$

となる．座屈させないためには，柱に生じる内力 $(Q=-P)$ の大きさが許容力より小さくなければならない．したがって，$|Q| < P_\mathrm{A}$ から

$$P < \frac{\pi^3 E d^4}{32 l^2} \tag{9.80}$$

となる．これより，柱の直径に対する安全設計の指標として

$$d > 2\sqrt[4]{\frac{2 l^2 P}{\pi^3 E}} \tag{9.81}$$

の条件を得る．式(9.81)で示される直径より柱を太くすることで，座屈に対する安全性を確保できる．

図9.8に示すように，5本の棒をピン結合したトラス構造において，点 A および点 D に外力 P が水平方向に作用する場合を考える．いずれかの棒が座屈してトラス構造が不安定となる外力 P をオイラーの座屈力から導いてみよう．いずれの棒も曲げ剛性は EI とし，長さは中央の棒3が $\sqrt{2}\,l$，それ以外の4本の棒が l とする．最初に，それぞれの棒に生じる内力を求める．点 A にお

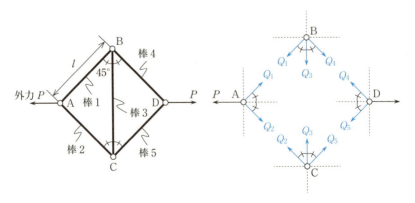

図9.8 トラス構造における柱の座屈

ける水平および垂直方向の力の釣合い式は

$$\left.\begin{array}{l} -P + Q_1\cos 45° + Q_2\cos 45° = 0 \\ Q_1\sin 45° - Q_2\sin 45° = 0 \end{array}\right\} \quad (9.82)$$

となり，棒1および棒2の内力が求まる．また，点Bにおける力の釣合い式は

$$\left.\begin{array}{l} -Q_1\sin 45° + Q_4\sin 45° = 0 \\ -Q_1\cos 45° - Q_3 - Q_4\cos 45° = 0 \end{array}\right\} \quad (9.83)$$

となり，棒3および棒4の内力が求まる．同様に，点Cまたは点Dにおける力の釣合い式から残る棒5の内力も求まる．最終的に，5本の棒に生じる内力は，

$$Q_1 = Q_2 = Q_4 = Q_5 = \frac{1}{\sqrt{2}}P, \quad Q_3 = -P \quad (9.84)$$

となる．したがって，棒1, 2, 4, 5には引張力，棒3には圧縮力が作用することから，座屈の恐れがあるのは棒3である．棒3の長さは $l_3 = \sqrt{2}\,l$ で，両端回転自由であるから，端末条件係数は $C = 1$ である．式(9.77)から，棒3の座屈力は

$$P_E = C\frac{\pi^2 EI}{l_3^2} = 1 \times \frac{\pi^2 EI}{(\sqrt{2}\,l)^2} = \frac{\pi^2 EI}{2l^2} \quad (9.85)$$

となる．棒3に生じる内力 Q_3 が式(9.85)の P_E に達したとき，棒3が座屈してトラス構造が不安定となる．したがって，$|Q_3| = P_E$ よりトラス構造が不安定となる外力 P は，

$$P = \frac{1}{2}\frac{\pi^2 EI}{l^2} \quad (9.86)$$

のように導ける．

一方，外力 P が図9.8の逆向きに作用した場合，すなわちAD間を押し縮める方向に作用した場合にトラス構造が不安定となる外力 P も求めてみよう．式(9.84)に対して，外力 P を $-P$ に置き換えれば，5本の棒に生じる内力は以下のように変化する．

$$Q_1 = Q_2 = Q_4 = Q_5 = -\frac{1}{\sqrt{2}}P, \quad Q_3 = P \quad (9.87)$$

したがって，棒1, 2, 4, 5には圧縮力，棒3には引張力が作用することから，座屈の恐れがあるのは棒1, 2, 4, 5である．これら4本の棒の長さは等しく

$l_1 = l_2 = l_4 = l_5 = l$ で，いずれも両端回転自由であるから端末条件係数は $C=1$ である．式(9.77)から座屈力は，

$$P_\mathrm{E} = C \frac{\pi^2 EI}{l_1{}^2} = 1 \times \frac{\pi^2 EI}{l^2} = \frac{\pi^2 EI}{l^2} \tag{9.88}$$

となる．4本の棒に生じる内力が式(9.88)の P_E に達したとき，4本の棒が座屈してトラス構造が不安定となる．したがって，$|Q_1| = |Q_2| = |Q_4| = |Q_5| = P_\mathrm{E}$ よりトラス構造が不安定となる外力 P は，

$$P = \sqrt{2}\,\frac{\pi^2 EI}{l^2} \tag{9.89}$$

のように導ける．式(9.86)との比較から，図9.8のトラス構造は AD 間を圧縮する方向に作用する外力より引っ張る方向に作用する外力に対して弱いことがわかる．

続いて，**図9.9**に示すような長方形の断面を有する角柱が両端固定された状態で圧縮外力 P を受ける場合を考えよう．角柱の長さを l，長方形断面の長辺を a，短辺を b とする．角柱の中央 $x = l/2$ で回転支持して短辺方向 (z 方向) のたわみを防止する．ここで，長辺および短辺のいずれの方向にも同時に座屈するように断面形状を設計する．

最初に，長辺方向 (y 方向)，すなわち xy 平面における座屈を考える．この場合，両端固定における端末条件係数は $C = 4$，長さは $l_x = l$，断面二次モーメントは $I_z = ba^3/12$ であるから，式(9.77)よりオイラーの座屈力は，

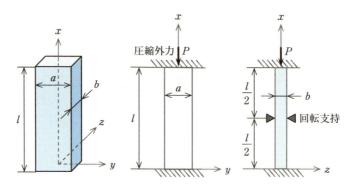

図9.9　圧縮外力を受ける角柱の座屈

$$P_E = C\frac{\pi^2 E I_z}{l_x^2} = 4 \times \frac{\pi^2 E \dfrac{ba^3}{12}}{l^2} = \frac{\pi^2 E ba^3}{3l^2} \tag{9.90}$$

となる．一方，短辺方向（z 方向），すなわち zx 平面において座屈する場合，一端固定他端回転自由における端末条件係数は $C=2$，長さは $l_x = l/2$，断面二次モーメントは $I_y = ab^3/12$ であるから，式(9.77)よりオイラーの座屈力は，

$$P_E' = C\frac{\pi^2 E I_y}{l_x^2} = 2 \times \frac{\pi^2 E \dfrac{ab^3}{12}}{(l/2)^2} = \frac{2\pi^2 E ab^3}{3l^2} \tag{9.91}$$

となる．両方向に同時に座屈させるには，$P_E = P_E'$ であることから

$$\frac{a}{b} = \sqrt{2} \tag{9.92}$$

のように長方形断面を決定すればよい．

最後に，図 9.10 に示すように，両端を壁に固定された柱に対して温度を ΔT だけ上昇させた場合を考える．柱の長さを l，断面積を A，線膨張係数を α とする．壁による固定がなければ，柱は図中の点線のように温度上昇によって Δl_T だけ膨張する．しかし，両端固定によって熱膨張が阻害され，長さ変化が許されないことから，温度変化による伸び Δl_T だけ圧縮された状態となり，座屈する恐れがある．ここでは，オイラーの座屈力から限界の温度上昇を導いてみよう．

柱に生じる内力を Q とすれば，応力は，

$$\sigma = \frac{Q}{A} \tag{9.93}$$

であるから，4.4 節と同様に全ひずみ ε は弾性ひずみと熱ひずみの和とし

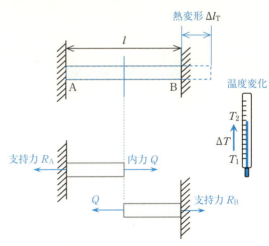

図 9.10 温度上昇による両端固定された柱の座屈

て

$$\varepsilon = \frac{\sigma}{E} + \varepsilon_\mathrm{T} = \frac{Q}{EA} + \alpha \Delta T \tag{9.94}$$

と表せる．両端固定された柱の場合，全体の伸び Δl は 0 であるから，

$$\Delta l = \varepsilon l = \frac{Ql}{EA} + \alpha \Delta T l = 0 \tag{9.95}$$

である．したがって，柱に生じる内力は，

$$Q = -EA\alpha\Delta T \tag{9.96}$$

と求まる．一方，両端固定における端末条件係数は $C=4$ であり，式(9.77)から柱の座屈力は，

$$P_\mathrm{E} = C\frac{\pi^2 EI}{l^2} = 4 \times \frac{\pi^2 EI}{l^2} \tag{9.97}$$

である．温度上昇によって柱に生じる内力 Q が式(9.97)の P_E に達したとき座屈する．したがって，$|Q|=P_\mathrm{E}$ より柱が座屈する温度上昇は，次式のように導ける．

$$\Delta T = \frac{4\pi^2 I}{A\alpha l^2} \tag{9.98}$$

9.4 実 験 式

(1) 座 屈 曲 線

式(9.77)に示したオイラーの座屈力は

$$P_\mathrm{E} = \frac{C}{l^2}\pi^2 EI = \frac{\pi^2 EI}{l_\mathrm{C}^2} \tag{9.99}$$

のように表記できる．ここで，

$$l_\mathrm{C} = \frac{l}{\sqrt{C}} \tag{9.100}$$

である．l_C は，座屈長さ（buckling length）または有効長さ（effective length）と呼ばれ，等しい座屈力をもつ両端回転自由の柱とみなした場合の長さを意味する．柱の断面積を A とすれば，オイラーの座屈応力（buckling stress）は，

$$\sigma_E = \frac{P_E}{A} = C\frac{\pi^2 EI}{l^2 A} = \frac{C}{\lambda^2}\pi^2 E = \frac{\pi^2 E}{\lambda_C^2} \tag{9.101}$$

と表せる．ここで，

$$\lambda = \frac{l}{\sqrt{I/A}} \tag{9.102}$$

$$\lambda_C = \frac{\lambda}{\sqrt{C}} \tag{9.103}$$

である．λ は 細長比（slenderness ratio）と呼ばれ，柱の形状のみから定まる．例えば，直径 d の円形断面をもつ長さ l の柱の場合，細長比は

$$\lambda = \frac{l}{\sqrt{I/A}} = \frac{l}{\sqrt{\frac{\pi d^4/64}{\pi(d/2)^2}}} = 4\times\frac{l}{d} \tag{9.104}$$

となる．したがって，細長比は，細くて長い場合に大きく，太くて短い場合に小さくなる．また，λ_C は 有効細長比（effective slenderness ratio）であり，等しい座屈力をもつ両端回転自由の柱とみなした場合の細長比を意味する．λ_C を用いれば，オイラーの座屈応力は端末条件にかかわらず図 9.11 のように一つの曲線で表せる．このような座屈応力と細長比との関係を 座屈曲線（buckling curve）と呼ぶ．オイラーの座屈応力は細長比が大きい（柱が細くて長い）場合に小さく，細長比が小さい（柱が太くて短い）場合に大きくなる．有効細長比がある限界値 λ_0 よりも小さい場合，オイラーの座屈応力は材料の降伏応力よりも高くなり，柱が座屈する前に材料が降伏に至ると考えられる．有効細長比の限界値 λ_0 は，オイラーの座屈応力 σ_E と材料の降伏応力 σ_Y との交点であるから，$\sigma_E = \sigma_Y$ より下記のように定まる．

$$\lambda_0 = \pi\sqrt{\frac{E}{\sigma_Y}} \tag{9.105}$$

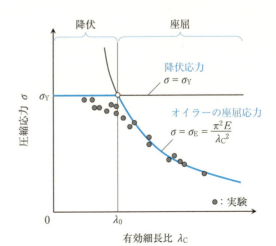

図 9.11 降伏応力とオイラーの座屈応力

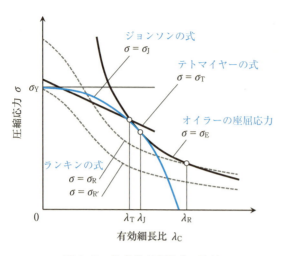

図 9.12 代表的な実験式の比較

したがって，理想的には，有効細長比が $\lambda_C \leq \lambda_0$ である場合には材料の降伏応力，$\lambda_C \geq \lambda_0$ である場合にはオイラーの座屈応力よりも柱に生じる圧縮応力が低くなるように設計すればよい．しかしながら，柱が耐えることができる限界の圧縮応力は，図 9.11 中に模式的に示した実験結果（●）のように，有効細長比が大きい場合はオイラーの座屈力とよく一致するのに対して，有効細長比が小さくになるにつれてオイラーの座屈応力や材料の降伏応力と一致せず，これらの応力値よりも低くなる．このため，図 9.12 に示すように，実験結果に基づいた近似式が考案され，柱の安全設計に用いられる．以下では，代表的な実験式として，ランキンの式，テトマイヤーの式，ジョンソンの式を紹介する．

(2) ランキンの式

柱が耐えることができる限界の圧縮応力 σ は，有効細長比 $\lambda_C \to 0$ に対して $\sigma \to \sigma_Y$，$\lambda_C \to \infty$ に対して $\sigma \to \sigma_E$ であることから，ランキン（Rankine）らは，次式のように表現した．

$$\frac{1}{\sigma_R'} = \frac{1}{\sigma_Y} + \frac{1}{\sigma_E} \tag{9.106}$$

式 (9.101) のオイラーの座屈応力を代入し整理すれば，ランキンの応力 σ_R' は

$$\sigma_R' = \frac{\sigma_Y}{1 + \dfrac{\sigma_Y}{\pi^2 E}\lambda_C^2} \tag{9.107}$$

となる．σ_R' は，図 9.12 に示すように実験結果に比べて過小評価となるため，

二つの係数 a_R および b_R を導入し，次式のように修正した．

$$\sigma_R = \frac{a_R}{1 + b_R \lambda_C{}^2} \tag{9.108}$$

a_R および b_R は，実験結果にうまく一致するように定められる．

修正したランキンの応力 σ_R とオイラーの座屈応力 σ_E が交わる有効細長比 λ_R について，$\sigma_E = \sigma_R$ より

$$\left(\frac{a_R}{\pi^2 E} - b_R\right)\lambda_R{}^2 = 1 \tag{9.109}$$

の関係を得る．したがって，

$$\lambda_R = \frac{1}{\sqrt{\dfrac{a_R}{\pi^2 E} - b_R}} \tag{9.110}$$

となる．有効細長比が $\lambda_C \leq \lambda_R$ である場合にはランキンの応力 σ_R，$\lambda_C \geq \lambda_R$ である場合にはオイラーの座屈応力 σ_E を限界値として設計すればよい．

(3) テトマイヤーの式

テトマイヤー(Tetmajer)は，オイラーの座屈応力や材料の降伏応力と一致しない範囲の実験結果を次式のように有効細長比 λ_C の一次式により直線近似した．

$$\sigma_T = a_T(1 - b_T \lambda_C) \tag{9.111}$$

ここで，二つの係数 a_T および b_T は，実験結果にうまく一致するように定められる．テトマイヤーの応力 σ_T とオイラーの座屈応力 σ_E が交わる有効細長比 λ_T は，$\sigma_E = \sigma_T$ より

$$\lambda_T{}^3 - \frac{1}{b_T}\lambda_T{}^2 + \frac{\pi^2 E}{a_T b_T} = 0 \tag{9.112}$$

の三次方程式を満足する解として与えられる．有効細長比が $\lambda_C \leq \lambda_T$ である場合にはテトマイヤーの応力 σ_T，$\lambda_C \geq \lambda_T$ である場合にはオイラーの座屈応力 σ_E を限界値として設計する．

(4) ジョンソンの式

ジョンソン(Johnson)は，オイラーの座屈応力や材料の降伏応力と一致しない範囲の実験結果に対して，次式のように $(0, \sigma_Y)$ を頂点とし，オイラーの

座屈応力に接する放物線による近似を提案した．

$$\sigma_J = \sigma_Y - \frac{\sigma_Y^2}{4\pi^2 E}\lambda_C^2 \tag{9.113}$$

ジョンソンの応力 σ_J は，ランキンやテトマイヤーの応力のように実験結果に基づいて決定する特有の係数は不要で，汎用的な材料定数であるヤング率 E と降伏応力 σ_Y で計算できる．ジョンソンの応力 σ_J とオイラーの座屈応力 σ_E が交わる有効細長比 λ_J について，$\sigma_E = \sigma_J$ より

$$(\sigma_Y \lambda_J^2 - 2\pi^2 E)^2 = 0 \tag{9.114}$$

の関係を得る．したがって，

$$\lambda_J = \pi\sqrt{\frac{2E}{\sigma_Y}} = \sqrt{2}\,\lambda_0 \tag{9.115}$$

となる．このとき，ジョンソンの応力 σ_J は，

$$(\sigma_J)_{\lambda_C = \lambda_J} = \frac{\sigma_Y}{2} \tag{9.116}$$

となる．有効細長比が $\lambda_C \leq \lambda_J$ である場合にはジョンソンの応力 σ_J，$\lambda_C \geq \lambda_J$ である場合にはオイラーの座屈応力 σ_E を限界値として設計する．

それでは，長さが $l = 1\,\text{m}$，直径が $d = 5\,\text{cm}$ である円形断面の真っ直ぐな柱が両端回転自由な状態で圧縮外力を受ける場合について，上記の三つの実験式が示す限界の圧縮応力を比較してみよう．最初に，柱の断面積が $A = \pi d^2/4$，断面二次モーメントは $I = \pi d^4/64$，端末条件係数は $C = 1$ であることから，有効細長比は，次のように計算できる．

$$\lambda_C = \frac{\lambda}{\sqrt{C}} = \frac{l}{\sqrt{C}\sqrt{\frac{I}{A}}} = \frac{4l}{d} = \frac{4 \times 1}{5 \times 10^{-2}} = 80 \tag{9.117}$$

柱の材料を縦弾性係数が $E = 206\,\text{GPa}$，降伏応力が $\sigma_Y = 290\,\text{MPa}$ である軟鋼とすれば，降伏と座屈を分ける臨界の有効細長比 λ_0 は，

$$\lambda_0 = \pi\sqrt{\frac{E}{\sigma_Y}} = \pi\sqrt{\frac{206 \times 10^9}{290 \times 10^6}} \cong 84 \tag{9.118}$$

となる．$\lambda_C \leq \lambda_0$ であることから，オイラーの座屈応力 σ_E は，式 (9.101) より次のように計算され，降伏応力 σ_Y よりも高い値となる．

$$\sigma_E = \frac{\pi^2 E}{\lambda_C^2} = \frac{\pi^2 \times 206 \times 10^9}{80^2} \cong 318\,\text{MPa} > \sigma_Y \tag{9.119}$$

一方，ランキンの応力 σ_R は，軟鋼に対する二つの係数 $a_R = 340$ MPa, $b_R = 1/7500$ を用いて，式(9.108)より

$$\sigma_R = \frac{a_R}{1 + b_R \lambda_C^2} = \frac{340 \times 10^6}{1 + \dfrac{1}{7500} \times 80^2} \cong 183 \text{ MPa} \tag{9.120}$$

となる．また，テトマイヤーの応力 σ_T は，軟鋼に対する係数 $a_T = 310$ MPa, $b_T = 0.00368$ を用いて，式(9.111)より

$$\sigma_T = a_T(1 - b_T \lambda_C) = 310 \times 10^6 \times (1 - 0.00368 \times 80) \cong 219 \text{ MPa} \tag{9.121}$$

となる．さらに，ジョンソンの応力 σ_J は，式(9.113)より

$$\sigma_J = \sigma_Y - \frac{\sigma_Y^2}{4\pi^2 E} \lambda_C^2 = 290 \times 10^6 - \frac{(290 \times 10^6)^2}{4\pi^2 \times 206 \times 10^9} \times 80^2 \cong 224 \text{ MPa} \tag{9.122}$$

となる．いずれの実験式も柱の限界の圧縮応力が降伏応力やオイラーの座屈応力よりも低い値を示し，有効細長比が小さい場合には，降伏応力とオイラーの座屈応力による評価だけでは危険であることが定量的に確認できる．

図9.13 に示すように，左端を壁に固定して右端をワイヤで吊り下げた角柱について，耐えることのできる外力 P を計算してみよう．角柱の両端は回転自由とし，長さは $l = 1$ m，断面形状は1辺が $a = 5$ cm である正方形とする．最初に，角柱に生じる内力 Q とワイヤに生じる張力 T は，点Bにおける力の釣合い式

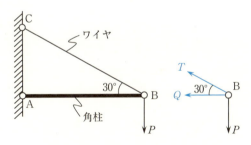

図9.13 ワイヤで吊り下げた角柱

$$-Q - T\cos 30° = 0, \quad T\sin 30° - P = 0 \tag{9.123}$$

より，次式のように求まる．

$$Q = -\sqrt{3}\,P, \quad T = 2P \tag{9.124}$$

ワイヤは十分な強度をもち，破断しない場合，角柱は圧縮応力により座屈する恐れがある．柱の断面積は $A = a^2$，断面二次モーメントは $I = a^4/12$，端末条

件係数は $C=1$ であることから，有効細長比は，次のように計算できる．

$$\lambda_\mathrm{C} = \frac{\lambda}{\sqrt{C}} = \frac{l}{\sqrt{C}\sqrt{\frac{I}{A}}} = \frac{2\sqrt{3}\,l}{a} = \frac{2\sqrt{3}\times 1}{5\times 10^{-2}} \cong 69.3 \tag{9.125}$$

一方，材料は前述と同様に縦弾性係数が $E=206\,\mathrm{GPa}$，降伏応力が $\sigma_\mathrm{Y}=290\,\mathrm{MPa}$ である軟鋼とすれば，オイラーの座屈応力が適用できる臨界の有効細長比 λ_0 は，式(9.118)と変わらず $\lambda_0 \cong 84$ である．したがって，角柱の有効細長比が $\lambda_\mathrm{C} \leq \lambda_0$ であることから，オイラーの座屈応力による評価は危険である．そこで，縦弾性係数と降伏応力が既知であることから，ジョンソンの応力 σ_J を用いて限界の外力 P を導く．ジョンソンの応力が適用できる臨界の有効細長比 λ_J は，

$$\lambda_\mathrm{J} = \pi\sqrt{\frac{2E}{\sigma_\mathrm{Y}}} = \sqrt{2}\,\lambda_0 = \sqrt{2}\times 84 \cong 119 \tag{9.126}$$

である．角柱の有効細長比 λ_C は，ジョンソンの応力の適用条件 $\lambda_\mathrm{C} < \lambda_\mathrm{J}$ を満足する．ジョンソンの応力 σ_J は

$$\sigma_\mathrm{J} = \sigma_\mathrm{Y} - \frac{\sigma_\mathrm{Y}^2}{4\pi^2 E}\lambda_\mathrm{C}^2 = 290\times 10^6 - \frac{(290\times 10^6)^2}{4\pi^2 \times 206\times 10^9}\times 69.3^2 \cong 240\,\mathrm{MPa} \tag{9.127}$$

と計算できる．角柱に生じる圧縮応力

$$\sigma = \frac{|Q|}{A} = \frac{\sqrt{3}\,P}{a^2} \tag{9.128}$$

が式(9.127)の σ_J に達したとき，限界に至る．したがって，ワイヤで吊り下げた角柱が耐えることのできる限界の外力 P は

$$P = \frac{a^2 \sigma_\mathrm{J}}{\sqrt{3}} = \frac{(5\times 10^{-2})^2 \times 240\times 10^6}{\sqrt{3}} \cong 346\,\mathrm{kN} \tag{9.129}$$

のように求まる．

第10章 弾性力学の基礎

　前章までは，主として一次元的な細長い棒状部材に何らかの外力が作用した場合に発生する応力や変形について考えてきた．しかしながら，機械・構造物およびそれらを構成する部材は，一次元的な形状をしたものばかりではなく，複雑な三次元的形状（three-dimensional geometry）をしているのが一般的である．

　本章では，このような場合の応力やひずみおよび変形を解析するために必要となる弾性力学（theory of elasticity）の基礎について述べる．複雑な形状の部材を対象とした場合，応力やひずみを計算するためには有限要素法（finite element method）などの数値解析手法が用いられるが，このような数値解析手法を適切に活用するためにも本章の内容は重要である．

10.1 応　　　力

　材料力学の静定問題を解析する際には，力とモーメントの釣合い，応力の定義，ひずみの定義 およびフックの法則 の四つの項目を用いれば十分であることがわかった．また，細長い部材の引張り・圧縮を対象とした場合，仮想断面は横断面であるとし，その仮想断面に分布する内力は一様であることを前提として応力を定義した．しかしながら，三次元形状をした部材では，どのように仮想断面を設定するのかも問題であり，その仮想断面に分布する内力の大きさと向きも一様でない．したがって，応力は部材内の位置を規定した場合でも仮想断面の向きおよび内力の大きさと向きに依存することになる．

(1) 応力成分の定義

　図 10.1 に示すような直角座標系 (x, y, z) において何らかの外力を受ける部材中に直方体形状の微小自由体 を考える．直方体の面がそれぞれ仮想断面と

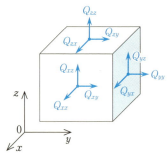

図 10.1 仮想断面と内力

なるため,六つの仮想断面が存在する.一般に,仮想断面は座標軸に垂直な面とし,面の向きはその面の 外向き法線の向き を正の向きとする.仮想断面に発生する内力は,おのおのの面において,面に垂直な内力 (Q_{xx}, Q_{yy}, Q_{zz}) と 面に平行な内力 ($Q_{xy}, Q_{xz}, Q_{yx}, Q_{yz}, Q_{zx}, Q_{zy}$) の 9 種類となる.内力の表記の添字は,1 番目の添字は内力が作用している面の方向,2 番目の添字はその面における内力の方向を表している.なお,仮想断面の向きが正(負)の場合,その仮想断面に作用する内力の正の向きは座標軸の正(負)の向きとする.

図 10.1 に示した内力による応力は,これまでの定義と同様であるが,内力が仮想断面に一様に分布していないため,正確には次式で定義される.

$$\sigma_{ij} = \lim_{A_i \to 0} \frac{Q_{ij}}{A_i} \quad (i, j = x, y, z) \tag{10.1}$$

ここで,A_i は,i 軸に垂直な仮想断面の面積を示す.面の向きと内力の向きが平行(内力が面に垂直)な場合は垂直応力,面の向きと内力の向きが垂直(内力が面に平行)な場合は せん断応力となることを考慮すると,図 10.2 のように x 軸に垂直な面に作用する垂直応力は σ_{xx},せん断応力は σ_{xy}, σ_{xz} となる.

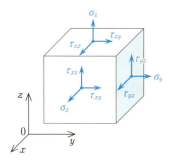

図 10.2 応力成分の定義

これまでの表記法に従い,垂直応力を σ,せん断応力を τ で表し,垂直応力の場合の添字は同じになるため一つのみを記すことにすれば,9 個の 応力成分(component of stress) は,図に示すように,$\sigma_x = \sigma_{xx}$,$\tau_{xy} = \sigma_{xy}$,$\tau_{xz} = \sigma_{xz}$,$\sigma_y = \sigma_{yy}$,$\tau_{yx} = \sigma_{yx}$,$\tau_{yz} = \sigma_{yz}$,$\sigma_z = \sigma_{zz}$,$\tau_{zx} = \sigma_{zx}$,$\tau_{zy} = \sigma_{zy}$ と表記される.なお,図中の矢印はおのおのの応力を誘起している内力を示すものであるが,便宜上,応力を矢印で表すこともある.

(2) 応力の平衡方程式

上記のように,三次元物体中の自由体には9個の応力成分が定義できるが,これらの応力成分を誘起する内力は釣り合っていなければならない.議論を簡単にするため,図10.3に示す二次元の直角座標系 (x, y) において各辺の長さが dx, dy,板厚が dz の微小自由体 ABCD の釣合いについて考える.

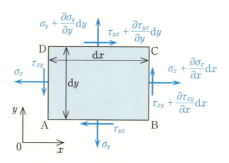

図 10.3 微小自由体に作用する応力成分

一般に,内力の大きさが位置によって異なるため,応力成分についても図に示すようにそれらの変化量を考慮する必要がある.すなわち,仮想断面 AD と BC あるいは仮想断面 AB と CD では,それぞれ dx, dy だけ位置が異なる.したがって,仮想断面 BC 上の応力成分は,仮想断面 AD 上の応力成分にそれらの微係数で表される変化率と距離 dx の積だけの変化量を加えたものとなる.これらの応力成分を誘起している x 軸方向および y 軸方向の内力の釣合い式は,次式のようになる.

$$\left.\begin{array}{l}\left(\sigma_x+\dfrac{\partial \sigma_x}{\partial x}dx\right)dy\,dz-\sigma_x dy\,dz+\left(\tau_{yx}+\dfrac{\partial \tau_{yx}}{\partial y}dy\right)dx\,dz-\tau_{yx}dx\,dz=0 \\ \left(\sigma_y+\dfrac{\partial \sigma_y}{\partial y}dy\right)dx\,dz-\sigma_y dx\,dz+\left(\tau_{xy}+\dfrac{\partial \tau_{xy}}{\partial x}dx\right)dy\,dz-\tau_{xy}dy\,dz=0\end{array}\right\} \tag{10.2}$$

式 (10.2) を整理すると

$$\frac{\partial \sigma_x}{\partial x}+\frac{\partial \tau_{yx}}{\partial y}=0, \quad \frac{\partial \tau_{xy}}{\partial x}+\frac{\partial \sigma_y}{\partial y}=0 \tag{10.3}$$

式 (10.3) は 応力の平衡方程式 (equilibrium equation) と呼ばれ,弾性体に限らず,応力成分の間に常に成立する関係式である.

また,時計回りを正として点 A まわりのモーメントの釣合いを考えると

$$\left(\sigma_x+\frac{\partial \sigma_x}{\partial x}\mathrm{d}x\right)\mathrm{d}y\,\mathrm{d}z\frac{\mathrm{d}y}{2}-\sigma_x\mathrm{d}y\,\mathrm{d}z\frac{\mathrm{d}y}{2}+\left(\tau_{yx}+\frac{\partial \tau_{yx}}{\partial y}\mathrm{d}y\right)\mathrm{d}x\,\mathrm{d}z\,\mathrm{d}y$$
$$-\left(\sigma_y+\frac{\partial \sigma_y}{\partial y}\mathrm{d}y\right)\mathrm{d}x\,\mathrm{d}z\frac{\mathrm{d}x}{2}+\sigma_y\mathrm{d}x\,\mathrm{d}z\frac{\mathrm{d}x}{2}-\left(\tau_{xy}+\frac{\partial \tau_{xy}}{\partial x}\mathrm{d}x\right)\mathrm{d}y\,\mathrm{d}z\,\mathrm{d}x=0$$
(10.4)

式 (10.4) を整理し，両辺を $\mathrm{d}x\,\mathrm{d}y\,\mathrm{d}z$ で割ると，

$$\frac{\partial \sigma_x}{\partial x}\frac{\mathrm{d}y}{2}+\tau_{yx}+\frac{\partial \tau_{yx}}{\partial y}\mathrm{d}y-\frac{\partial \sigma_y}{\partial y}\frac{\mathrm{d}x}{2}-\tau_{xy}-\frac{\partial \tau_{xy}}{\partial x}\mathrm{d}x=0 \tag{10.5}$$

自由体 ABCD は微小であり，式 (10.5) において $\mathrm{d}x \to 0$，$\mathrm{d}y \to 0$ とすると，

$$\tau_{yx}=\tau_{xy} \tag{10.6}$$

となる．これは，互いに垂直に交わる面に作用し，その交線方向に向くせん断応力は，その符号および大きさが等しいことを意味しており，このことをせん断応力の共役性 (conjugate) という．したがって，二次元の場合，求めるべき応力成分は σ_x，σ_y，τ_{xy} の 3 個となり，式 (10.3) は次式となる．

$$\frac{\partial \sigma_x}{\partial x}+\frac{\partial \tau_{xy}}{\partial y}=0,\quad \frac{\partial \tau_{xy}}{\partial x}+\frac{\partial \sigma_y}{\partial y}=0 \tag{10.7}$$

また，せん断応力の共役性を考慮すると，三次元の場合の応力成分は 6 個となる．先に議論した x 軸方向，y 軸方向に加え，z 軸方向の内力の釣合いを考えると，応力の平衡方程式が次式のように求まる．

$$\frac{\partial \sigma_x}{\partial x}+\frac{\partial \tau_{xy}}{\partial y}+\frac{\partial \tau_{zx}}{\partial z}=0,\quad \frac{\partial \tau_{xy}}{\partial x}+\frac{\partial \sigma_y}{\partial y}+\frac{\partial \tau_{yz}}{\partial z}=0,\quad \frac{\partial \tau_{zx}}{\partial x}+\frac{\partial \tau_{yz}}{\partial y}+\frac{\partial \sigma_z}{\partial z}=0 \tag{10.8}$$

(3) 応力成分の変換

これまで見てきたように，応力は，部材中の位置はもちろん，その応力を考える仮想断面の向きと，その仮想断面に作用する内力の大きさと向きにも依存する．仮想断面は，通常座標軸に垂直な面を考えるため，応力成分は，それらを解析するために設定される座標系に依存することになる．そこで，応力成分が座標系とどのような関係があるかを調べてみよう．

ここでは，簡単のため二次元問題を対象とする．図 10.4 に示す直角座標系 (x, y) および x 軸から θ だけ反時計回りに回転した直角座標系 (x', y') において，x 軸に垂直な長さ $\mathrm{d}y$ の面 AB，y 軸に垂直な長さ $\mathrm{d}x$ の面 BC および x' 軸

に垂直な長さ ds の面 AC からなる直角三角形状の微小自由体 ABC を考え，板厚を dz とする．この微小自由体 ABC に関する力の釣合いを考えよう．座標系 (x, y) における応力成分を $\sigma_x, \sigma_y, \tau_{xy}$，座標系 (x', y') での応力成分を $\sigma_{x'}, \tau_{x'y'}$ として，これらの応力成分を誘起している x 軸方向および y 軸方向の内力の釣合い式は

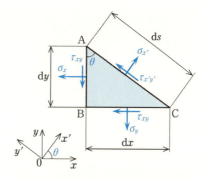

図 10.4　直角三角形状の微小自由体に作用する応力成分

$$\left.\begin{array}{l}(\sigma_{x'}\,ds\,dz)\cos\theta-(\tau_{x'y'}\,ds\,dz)\sin\theta-\sigma_x\,dy\,dz-\tau_{xy}\,dx\,dz=0\\(\sigma_{x'}\,ds\,dz)\sin\theta+(\tau_{x'y'}\,ds\,dz)\cos\theta-\sigma_y\,dx\,dz-\tau_{xy}\,dy\,dz=0\end{array}\right\} \quad (10.9)$$

ここで，$dx = ds\sin\theta$，$dy = ds\cos\theta$ であることを考慮すると

$$\left.\begin{array}{l}\sigma_{x'}\cos\theta-\tau_{x'y'}\sin\theta-\sigma_x\cos\theta-\tau_{xy}\sin\theta=0\\\sigma_{x'}\sin\theta+\tau_{x'y'}\cos\theta-\sigma_y\sin\theta-\tau_{xy}\cos\theta=0\end{array}\right\} \quad (10.10)$$

式 (10.10) を $\sigma_{x'}, \tau_{x'y'}$ について解くと

$$\left.\begin{array}{l}\sigma_{x'}=\sigma_x\cos^2\theta+\sigma_y\sin^2\theta+2\tau_{xy}\sin\theta\cos\theta\\\tau_{x'y'}=-(\sigma_x-\sigma_y)\sin\theta\cos\theta+\tau_{xy}(\cos^2\theta-\sin^2\theta)\end{array}\right\} \quad (10.11)$$

$\sin^2\theta = 1 - \cos^2\theta$ を考慮し，式 (10.11) を三角関数の加法定理

$$\left.\begin{array}{l}\cos A\cos B=\dfrac{1}{2}\{\cos(A+B)+\cos(A-B)\}\\\sin A\sin B=-\dfrac{1}{2}\{\cos(A+B)-\cos(A-B)\}\\\sin A\cos B=\dfrac{1}{2}\{\sin(A+B)+\sin(A-B)\}\end{array}\right\} \quad (10.12)$$

を用いて整理すると，次の 応力成分の変換式（stress transformations）が得られる．

$$\left.\begin{array}{l}\sigma_{x'}=\dfrac{\sigma_x+\sigma_y}{2}+\dfrac{\sigma_x-\sigma_y}{2}\cos 2\theta+\tau_{xy}\sin 2\theta\\\tau_{x'y'}=-\dfrac{\sigma_x-\sigma_y}{2}\sin 2\theta+\tau_{xy}\cos 2\theta\end{array}\right\} \quad (10.13)$$

式 (10.13) において，θ に $\theta+\pi/2$ を代入すると $\sigma_{y'}$ が求められる．また，三

次元の場合も同様にして応力成分の変換式が得られる．応力成分の変換式も，弾性体に限らず常に成立する．なお，式(10.13)のような応力の変換を図式的に行う方法として モールの応力円（Mohr's stress circle）が知られているが，電卓などの計算手段が発達した現在では便利な方法とはいい難い．また，この方法はあくまで図式解法であり，その図式解法に物理的意味はなく，モールの応力円の考え方は，せん断応力の符号に関する誤りを誘発することもある．したがって，応力の変換には式(10.13)を用いるものとして，ここでは，その名称を紹介するにとどめる．

(4) 主応力と主せん断応力

第7章で説明したように，材料の破損や破壊の条件は垂直応力の最大値やせん断応力の最大値と密接に関係しており，強度設計を行う際には，応力成分が最大となる仮想断面の向きと，そのときの応力成分の大きさを知る必要がある．ここでは，前節で述べた応力成分の変換式を用いて，応力成分が最大となる仮想断面の向きおよびその面に発生する応力を求める．

一般に，応力成分は座標で示される位置およびその点を通る仮想断面の向きに依存する．ここでは，二次元問題を対象とし，位置が決まった状態で仮想断面の向き θ による応力成分の変化を考えるものとする．応力成分 $\sigma_{x'}$ が極値となる仮想断面の向き $\theta=\theta_n$ を求めるために，式(10.13)で $d\sigma_{x'}/d\theta=0$ とすると

$$\frac{d\sigma_{x'}}{d\theta} = -(\sigma_x - \sigma_y)\sin 2\theta + 2\tau_{xy}\cos 2\theta = 0 \tag{10.14}$$

したがって，

$$\frac{\sin 2\theta_n}{\cos 2\theta_n} = \tan 2\theta_n = \frac{2\tau_{xy}}{\sigma_x - \sigma_y} \rightarrow \theta_n = \frac{1}{2}\tan^{-1}\left(\frac{2\tau_{xy}}{\sigma_x - \sigma_y}\right) \pm \frac{\pi}{2} \tag{10.15}$$

上式を満足する面を 主面（principal plane），主面の方向を 主方向（principal direction），主面上に作用する垂直応力を 主応力（principal stress）と呼ぶ．式(10.15)に示すように，垂直応力が極値となる角度は θ_n と $\theta_n \pm \pi/2$ の二つとなる．すなわち，二次元の場合主面は二つあり，おのおのの主面は直交する．

式(10.15)を考慮すると，$\theta=\theta_n$ とした応力の変換式(10.13)に含まれる

$\cos 2\theta_n$ と $\sin 2\theta_n$ は,応力成分 $\sigma_x, \sigma_y, \tau_{xy}$ により次のように与えられる.

$$
\left.\begin{aligned}
\cos 2\theta_n &= \pm\sqrt{\cos^2 2\theta_n} = \pm\sqrt{\frac{\cos^2 2\theta_n}{\sin^2 2\theta_n + \cos^2 2\theta_n}} = \pm\sqrt{\frac{1}{1+\tan^2 2\theta_n}} \\
&= \frac{1}{\pm\sqrt{1+\left(\dfrac{2\tau_{xy}}{\sigma_x-\sigma_y}\right)^2}} = \frac{\sigma_x-\sigma_y}{\pm\sqrt{(\sigma_x-\sigma_y)^2+4\tau_{xy}^2}} \\
\sin 2\theta_n &= \pm\sqrt{\sin^2 2\theta_n} = \pm\sqrt{\frac{\sin^2 2\theta_n}{\sin^2 2\theta_n + \cos^2 2\theta_n}} = \pm\sqrt{\frac{\tan^2 2\theta_n}{1+\tan^2 2\theta_n}} \\
&= \frac{\left(\dfrac{2\tau_{xy}}{\sigma_x-\sigma_y}\right)}{\pm\sqrt{1+\left(\dfrac{2\tau_{xy}}{\sigma_x-\sigma_y}\right)^2}} = \frac{2\tau_{xy}}{\pm\sqrt{(\sigma_x-\sigma_y)^2+4\tau_{xy}^2}}
\end{aligned}\right\} \quad (10.16)
$$

式(10.16)を 式(10.13)に代入すると,二つの主応力 σ_1, σ_2 および主面上でのせん断応力 τ が次のように得られる.

$$
\left.\begin{aligned}
\sigma_1 &= \frac{1}{2}(\sigma_x+\sigma_y) + \frac{1}{2}\sqrt{(\sigma_x-\sigma_y)^2+4\tau_{xy}^2} \\
\sigma_2 &= \frac{1}{2}(\sigma_x+\sigma_y) - \frac{1}{2}\sqrt{(\sigma_x-\sigma_y)^2+4\tau_{xy}^2}
\end{aligned}\right\} \quad (10.17)
$$

$$\tau = 0 \quad (10.18)$$

すなわち,主面での せん断応力は0となる.

次に,せん断応力について考える.垂直応力の場合と同様に応力成分 $\tau_{x'y'}$ が極値となる仮想断面の向き $\theta = \theta_t$ を求める.式(10.13)で $d\tau_{x'y'}/d\theta = 0$ とすると

$$\frac{d\tau_{x'y'}}{d\theta} = -(\sigma_x-\sigma_y)\cos 2\theta - 2\tau_{xy}\sin 2\theta = 0 \quad (10.19)$$

したがって,

$$\frac{\sin 2\theta_t}{\cos 2\theta_t} = \tan 2\theta_t = -\frac{\sigma_x-\sigma_y}{2\tau_{xy}} \rightarrow \theta_t = \frac{1}{2}\tan^{-1}\left(-\frac{\sigma_x-\sigma_y}{2\tau_{xy}}\right) \pm \frac{\pi}{2} \quad (10.20)$$

式(10.20)に示すように,せん断応力が極値をとなる仮想断面の角度は θ_t と $\theta_t \pm \pi/2$ であり,せん断応力が最大,最小となる面も直交する.式(10.20)を考慮すると,$\theta = \theta_t$ とした 式(10.13)に含まれる $\cos 2\theta_t$ と $\sin 2\theta_t$ は,式(10.16)と同様に応力成分 $\sigma_x, \sigma_y, \tau_{xy}$ により,次のように与えられる.

$$\cos 2\theta_t = \frac{2\tau_{xy}}{\pm\sqrt{(\sigma_x-\sigma_y)^2+4\tau_{xy}{}^2}}, \quad \sin 2\theta_t = \frac{-(\sigma_x-\sigma_y)}{\pm\sqrt{(\sigma_x-\sigma_y)^2+4\tau_{xy}{}^2}} \quad (10.21)$$

式 (10.21) を式 (10.13) の第 2 式に代入すると，最大せん断応力 τ_1，最小せん断応力 τ_2 が次のように得られる．

$$\left.\begin{aligned}\tau_1 &= \frac{1}{2}\sqrt{(\sigma_x-\sigma_y)^2+4\tau_{xy}{}^2} = \frac{1}{2}(\sigma_1-\sigma_2) \\ \tau_2 &= -\frac{1}{2}\sqrt{(\sigma_x-\sigma_y)^2+4\tau_{xy}{}^2} = -\frac{1}{2}(\sigma_1-\sigma_2)\end{aligned}\right\} \quad (10.22)$$

このような最大せん断応力，最小せん断応力を主せん断応力（principal shearing stress）という．また，式 (10.15) と式 (10.20) および三角関数の関係式より

$$\left.\begin{aligned}\tan 2\theta_n \tan 2\theta_t &= \left(\frac{2\tau_{xy}}{\sigma_x-\sigma_y}\right)\left(-\frac{\sigma_x-\sigma_y}{2\tau_{xy}}\right) = -1 \\ \tan A \tan\left(A+\frac{\pi}{2}\right) &= -1\end{aligned}\right\} \rightarrow \theta_t = \theta_n + \frac{\pi}{4} \quad (10.23)$$

であり，主せん断応力が発生する面と主面は 45° 傾いていることがわかる．

10.2 ひずみ

前節では，内力に起因する応力成分を定義し，応力成分が座標系に依存することを示した．本節では，微小変形（infinitesimal deformation）に起因するひずみ成分（component of strain）を定義し，ひずみ成分が満足すべきひずみの適合条件（condition of compatibility）について述べる．応力の変換と同様にひずみ成分にも変換式があるが，ここでは，導出過程は省略し，結果のみを示す．

(1) ひずみ成分の定義

物体の移動は，剛体移動と変形からなっている．剛体移動は，さらに平行移動と回転の和として表される．剛体移動は，物体にひずみを生じさせないので，変形に注目して，二次元の場合の変形とひずみ間との関係を導く．

図 10.5 に示すような二次元の直角座標系 (x, y) において，物体中に各辺の長さが dx，dy の長方形形状の微小自由体 OABC が何らかの外力により変形

し，四辺形 O′A′B′C′ になった場合を考える．実際には，長方形の各辺は変形後も直線になるとは限らないが，ここでは，このような近似の成り立つ微小変形とする．

点 O が点 O′ に移動した場合の x 軸方向および y 軸方向の変位成分をそれぞれ u_x, u_y で表すものとする．応力の平衡方程式を導いたときと同様に，仮想断面 OC と AB あるいは仮想

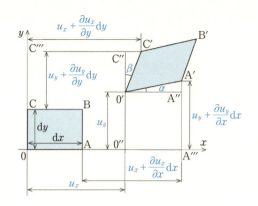

図 10.5 物体の変形とひずみ成分

断面 OA と BC ではそれぞれ dx, dy だけ位置が異なるため，点 A が点 A′ に移動したとき，点 A の x 軸方向の変位成分 u_{xA} は，点 O が点 O′ に移動した x 軸方向の変位成分にそれらの微係数で表される変化率と距離 dx の積だけの変化量を加えたものとなる．同様に，点 A の y 軸方向の変位成分 u_{yA} および点 C の x 軸方向および y 軸方向の変位成分 u_{xC}, u_{yC} は，以下のようになる．

$$u_{xA} = u_x + \frac{\partial u_x}{\partial x}\mathrm{d}x, \quad u_{yA} = u_y + \frac{\partial u_y}{\partial x}\mathrm{d}x \tag{10.24}$$

$$u_{xC} = u_x + \frac{\partial u_x}{\partial y}\mathrm{d}y, \quad u_{yC} = u_y + \frac{\partial u_y}{\partial y}\mathrm{d}y \tag{10.25}$$

まず，垂直ひずみについて考える．変形後，点 O′ の x 座標は u_x，点 A′ の x 座標は dx+u_x+($\partial u_x/\partial x$)dx になる．したがって，この変形により，O′A′ 間の x 軸方向の長さは，dx から dx+($\partial u_x/\partial x$)dx に変化するので，従来のひずみの定義より，x 軸方向の垂直ひずみ ε_x は

$$\varepsilon_x = \frac{\{\mathrm{d}x + (\partial u_x/\partial x)\mathrm{d}x\} - \mathrm{d}x}{\mathrm{d}x} = \frac{\partial u_x}{\partial x} \tag{10.26}$$

同様に，y 軸方向の垂直ひずみ ε_y は

$$\varepsilon_y = \frac{\{\mathrm{d}y + (\partial u_y/\partial y)\mathrm{d}y\} - \mathrm{d}y}{\mathrm{d}y} = \frac{\partial u_y}{\partial y} \tag{10.27}$$

次に，せん断ひずみについて考える．せん断ひずみは，変形前に直角であった角度の変化で与えられ

$$\gamma_{xy} = \angle \text{AOC} - \angle \text{A'O'C'} = \alpha + \beta \tag{10.28}$$

であり，角度 α, β は，それらが十分に小の場合

$$\left.\begin{aligned}\alpha \approx \tan\alpha = \tan\frac{\text{A'A''}}{\text{O'A'}} \approx \frac{\text{A'A'''} - \text{A''A'''}}{\text{OA}} = \frac{\left(u_y + \frac{\partial u_y}{\partial x}dx\right) - u_y}{dx} = \frac{\partial u_y}{\partial x} \\ \beta \approx \tan\beta = \tan\frac{\text{C'C''}}{\text{O'C'}} \approx \frac{\text{C'C'''} - \text{C''C'''}}{\text{OC}} = \frac{\left(u_x + \frac{\partial u_x}{\partial y}dy\right) - u_x}{dy} = \frac{\partial u_x}{\partial y}\end{aligned}\right\} \tag{10.29}$$

となる．したがって，

$$\gamma_{xy} = \frac{\partial u_y}{\partial x} + \frac{\partial u_x}{\partial y} \tag{10.30}$$

上記のように角度変化で定義されるせん断ひずみを 工学ひずみ (engineering strain) と呼ぶ．

　三次元の場合，x 軸，y 軸および z 軸方向の変位成分をそれぞれ u_x, u_y, u_z で表すものとすれば，6 個のひずみ成分は二次元の場合と同様に求められ，次式のようになる．

$$\left.\begin{aligned}\varepsilon_x = \frac{\partial u_x}{\partial x}, \quad \gamma_{xy} = \frac{\partial u_y}{\partial x} + \frac{\partial u_x}{\partial y} \\ \varepsilon_y = \frac{\partial u_y}{\partial y}, \quad \gamma_{yz} = \frac{\partial u_z}{\partial y} + \frac{\partial u_y}{\partial z} \\ \varepsilon_z = \frac{\partial u_z}{\partial z}, \quad \gamma_{zx} = \frac{\partial u_x}{\partial z} + \frac{\partial u_z}{\partial x}\end{aligned}\right\} \tag{10.31}$$

上式の関係を，ひずみ-変位関係 (strain-displacement relation) という．また，せん断ひずみに 1/2 を乗じた $\gamma_{xy}/2, \gamma_{yz}/2, \gamma_{zx}/2$ をテンソルひずみ (strain tensor) というが，本書では工学ひずみを用いる．

　応力の変換式を導出した図 10.4 と同様な直角座標系 (x, y) および x 軸から θ だけ反時計回りに回転した直角座標系 (x', y') を考えると，次のひずみの変換式 (strain transformations) が得られる．

$$\left.\begin{aligned}\varepsilon_{x'} = \frac{\varepsilon_x + \varepsilon_y}{2} + \frac{\varepsilon_x - \varepsilon_y}{2}\cos 2\theta + \frac{1}{2}\gamma_{xy}\sin 2\theta \\ \gamma_{x'y'} = -(\varepsilon_x - \varepsilon_y)\sin 2\theta + \gamma_{xy}\cos 2\theta\end{aligned}\right\} \tag{10.32}$$

工学ひずみをテンソルひずみで表記すると，ひずみの変換式 (10.32) は，応力

の変換式 (10.13) とまったく同じ形をしていることがわかる.

(2) ひずみの適合条件

上述のように，二次元の場合は 2 個の変位成分から 3 個のひずみ成分が得られ，三次元の場合は 3 個の変位成分と 6 個のひずみ成分が関係づけられている．すなわち，ひずみ成分は互いに独立ではなく，二次元の場合は，それらの間に次の関係式が成立する．

$$\frac{\partial^2 \varepsilon_x}{\partial y^2} + \frac{\partial^2 \varepsilon_y}{\partial x^2} = \frac{\partial^2}{\partial y^2}\left(\frac{\partial u_x}{\partial x}\right) + \frac{\partial^2}{\partial x^2}\left(\frac{\partial u_y}{\partial y}\right) = \frac{\partial^2}{\partial x \partial y}\left(\frac{\partial u_x}{\partial y} + \frac{\partial u_y}{\partial x}\right) = \frac{\partial^2 \gamma_{xy}}{\partial x \partial y} \tag{10.33}$$

式 (10.33) を ひずみの適合条件式 という．この関係式も，弾性体に限らず常に成立する．三次元の場合，ひずみの適合条件式は次式となる．

$$\left.\begin{array}{l}\dfrac{\partial^2 \varepsilon_x}{\partial y^2} + \dfrac{\partial^2 \varepsilon_y}{\partial x^2} = \dfrac{\partial^2 \gamma_{xy}}{\partial x \partial y}, \quad \dfrac{\partial^2 \gamma_{zx}}{\partial x \partial y} + \dfrac{\partial^2 \gamma_{xy}}{\partial z \partial x} - \dfrac{\partial^2 \gamma_{yz}}{\partial x^2} = 2\dfrac{\partial^2 \varepsilon_x}{\partial y \partial z} \\ \dfrac{\partial^2 \varepsilon_y}{\partial z^2} + \dfrac{\partial^2 \varepsilon_z}{\partial y^2} = \dfrac{\partial^2 \gamma_{yz}}{\partial y \partial z}, \quad \dfrac{\partial^2 \gamma_{xy}}{\partial y \partial z} + \dfrac{\partial^2 \gamma_{yz}}{\partial x \partial y} - \dfrac{\partial^2 \gamma_{zx}}{\partial y^2} = 2\dfrac{\partial^2 \varepsilon_y}{\partial z \partial x} \\ \dfrac{\partial^2 \varepsilon_z}{\partial x^2} + \dfrac{\partial^2 \varepsilon_x}{\partial z^2} = \dfrac{\partial^2 \gamma_{zx}}{\partial z \partial x}, \quad \dfrac{\partial^2 \gamma_{yz}}{\partial z \partial x} + \dfrac{\partial^2 \gamma_{zx}}{\partial y \partial z} - \dfrac{\partial^2 \gamma_{xy}}{\partial z^2} = 2\dfrac{\partial^2 \varepsilon_z}{\partial x \partial y}\end{array}\right\} \tag{10.34}$$

10.3 一般化されたフックの法則

これまで述べてきた応力の平衡方程式 (10.8) やひずみ−変位の関係式 (10.31) は，材料の性質（材料特性）には無関係に成立するものであった．機械・構造物に用いられる部材には，繊維強化複合材料などに代表される異方性を有する材料や部材の位置により，材料特性の異なる不均質材料がある．

本節では，議論を簡単にするため，どの位置でもどの方向でも材料特性が一様であり，かつ応力とひずみが比例関係にある均質等方性の線形弾性体を対象とする．この場合，材料特性を表す弾性定数は，縦弾性係数（ヤング率）E，横弾性係数（剛性率）G およびポアソン比 ν の 3 種類である．

(1) 三次元の応力−ひずみ関係

これまで学んできたように，垂直応力成分 σ_x が単独に作用する場合，次式

で表される垂直ひずみ成分が発生する.

$$\varepsilon_x^{(x)} = \frac{\sigma_x}{E}, \quad \varepsilon_y^{(x)} = -\nu\frac{\sigma_x}{E}, \quad \varepsilon_z^{(x)} = -\nu\frac{\sigma_x}{E} \tag{10.35}$$

ここで,上添字(x)は垂直応力成分σ_xによる ひずみ成分であることを示す.$\varepsilon_x^{(x)}, \varepsilon_y^{(x)}, \varepsilon_z^{(x)}$はいずれも垂直ひずみ成分であるが,外力方向の垂直ひずみ成分$\varepsilon_x^{(x)}$は縦ひずみ,外力方向に垂直な ひずみ成分 $\varepsilon_y^{(x)}, \varepsilon_z^{(x)}$は横ひずみと呼ばれることは既に学んでいる.垂直応力成分σ_y, σ_zがそれぞれ単独に作用する場合も,同様に

$$\varepsilon_x^{(y)} = -\nu\frac{\sigma_y}{E}, \quad \varepsilon_y^{(y)} = \frac{\sigma_y}{E}, \quad \varepsilon_z^{(y)} = -\nu\frac{\sigma_y}{E} \tag{10.36}$$

$$\varepsilon_x^{(z)} = -\nu\frac{\sigma_z}{E}, \quad \varepsilon_y^{(z)} = -\nu\frac{\sigma_z}{E}, \quad \varepsilon_z^{(z)} = \frac{\sigma_z}{E} \tag{10.37}$$

すなわち,垂直応力成分が作用した場合,縦ひずみによる部材の体積変化を少なくするような横ひずみが同時に発生する.線形弾性の範囲では,重ね合わせの原理が成立するため,これら三つの応力成分が同時に作用する場合の ひずみ成分 $\varepsilon_x, \varepsilon_y, \varepsilon_z$ は,式(10.35)~(10.37)の相当する ひずみ成分の和として次式で与えられる.

$$\left.\begin{aligned}\varepsilon_x &= \varepsilon_x^{(x)} + \varepsilon_x^{(y)} + \varepsilon_x^{(z)} = \frac{1}{E}\{\sigma_x - \nu(\sigma_y + \sigma_z)\} \\ \varepsilon_y &= \varepsilon_y^{(x)} + \varepsilon_y^{(y)} + \varepsilon_y^{(z)} = \frac{1}{E}\{\sigma_y - \nu(\sigma_z + \sigma_x)\} \\ \varepsilon_z &= \varepsilon_z^{(x)} + \varepsilon_z^{(y)} + \varepsilon_z^{(z)} = \frac{1}{E}\{\sigma_z - \nu(\sigma_x + \sigma_y)\}\end{aligned}\right\} \tag{10.38}$$

一方,せん断応力が作用するときは体積変化はなく,せん断応力成分 τ_{xy} が単独に作用したときはせん断ひずみ成分 γ_{xy} のみが発生する.また,他のせん断応力成分 τ_{yz}, τ_{zx} が同時に作用しても,それらは独立であり,

$$\gamma_{xy} = \frac{\tau_{xy}}{G}, \quad \gamma_{yz} = \frac{\tau_{yz}}{G}, \quad \gamma_{zx} = \frac{\tau_{zx}}{G} \tag{10.39}$$

式(10.38)および式(10.39)で表される関係を 一般化されたフックの法則 (generalized Hook's law) という.これらの式を応力について解くと,

$$\left.\begin{array}{l}\sigma_x = \dfrac{E(1-\nu)}{(1+\nu)(1-2\nu)}\left\{\varepsilon_x + \dfrac{\nu}{1-\nu}(\varepsilon_y+\varepsilon_z)\right\} \\[6pt] \sigma_y = \dfrac{E(1-\nu)}{(1+\nu)(1-2\nu)}\left\{\varepsilon_y + \dfrac{\nu}{1-\nu}(\varepsilon_z+\varepsilon_x)\right\} \\[6pt] \sigma_z = \dfrac{E(1-\nu)}{(1+\nu)(1-2\nu)}\left\{\varepsilon_z + \dfrac{\nu}{1-\nu}(\varepsilon_x+\varepsilon_y)\right\} \\[6pt] \tau_{xy} = G\gamma_{xy},\quad \tau_{yz} = G\gamma_{yz},\quad \tau_{zx} = G\gamma_{zx}\end{array}\right\} \quad (10.40)$$

(2) 二次元の応力-ひずみ関係

機械・構造物を構成する部材は，一般に三次元形状をしているため，厳密には三次元での解析が必要となる．しかしながら，これまで述べたように三次元で解析する場合，変位成分が3成分，応力成分とひずみ成分がそれぞれ6成分で，解析すべき未知量は15個となり，解析コストが膨大になる．実際問題として，薄い板状部材や一つの方向に変位が拘束されているような部材の場合には，近似的に二次元問題として扱うことにより，解析コストを低減することができる．ここでは，式(10.38)～(10.40)に示した一般化されたフックの法則の特別な場合として，2種類の二次元状態を仮定したフックの法則を説明する．

① 平面応力

一例として，**図 10.6** に示すような直角座標系 (x, y, z) において，z 軸方向に十分に薄い板が境界面（端面）に沿って板面と平行な x-y 面内の力（板厚方向には一様）の作用を受けている場合を考える．板の上下面に力が作用していないため，板の上下面（自由表面）の応力成分は

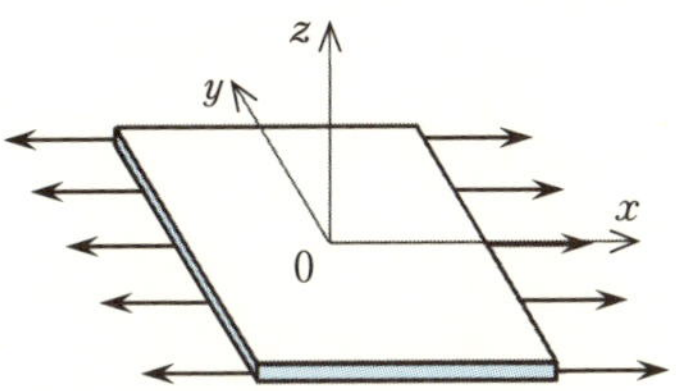

$$\sigma_z = \tau_{zx} = \tau_{yz} = 0 \quad (10.41)$$

図 10.6 平面応力状態の例

となり，添字に z が含まれる三つの応力成分は0となる．この状態のことを平面応力（plane stress）状態という．板が十分に薄い場合には，上下面で挟まれた板の内部もほぼ平面応力状態とみなすことができる．式(10.41)を式(10.38)および式(10.39)に代入すると，平面応力状態の応力-ひずみ関係式は

$$\left.\begin{array}{lll}\varepsilon_x=\dfrac{1}{E}(\sigma_x-\nu\sigma_y), & \varepsilon_y=\dfrac{1}{E}(\sigma_y-\nu\sigma_x), & \varepsilon_z=-\dfrac{\nu}{E}(\sigma_x+\sigma_y)\\[4pt] \gamma_{xy}=\dfrac{\tau_{xy}}{G}, & \gamma_{yz}=0, & \gamma_{zx}=0\end{array}\right\} \tag{10.42}$$

となる．上式を応力について解くと,

$$\left.\begin{array}{lll}\sigma_x=\dfrac{E}{1-\nu^2}(\varepsilon_x+\nu\varepsilon_y), & \sigma_y=\dfrac{E}{1-\nu^2}(\varepsilon_y+\nu\varepsilon_x), & \sigma_z=0\\[4pt] \tau_{xy}=G\gamma_{xy}, & \tau_{yz}=0, & \tau_{zx}=0\end{array}\right\} \tag{10.43}$$

式(10.43)を式(10.42)の第3式に代入すると

$$\varepsilon_z=-\dfrac{\nu}{1-\nu}(\varepsilon_x+\varepsilon_y) \tag{10.44}$$

となり，$\sigma_z=0$ でも $\varepsilon_z\neq 0$ である．式(10.42)と式(10.44)からわかるように，ε_z は σ_x,σ_y あるいは $\varepsilon_x,\varepsilon_y$ から求められるので，独立な未知量ではない．

② 平面ひずみ

直角座標系 (x,y,z) において，図10.7(a)のような z 軸方向に十分長い一様断面部材，あるいは図(b)のように z 軸方向に変位拘束を受ける一様断面部材の側面に x-y 面内の力を受けている場合を考える．

この力が z 軸方向に一様に分布する場合，断面内の変位成分 u_x, u_y は z 座標に無関係 $(\partial u_x/\partial z=0, \partial u_y/\partial z=0)$ となり，式(10.31)に $\partial u_x/\partial z=0, \partial u_y/\partial z=0, u_z=0$ を代入すると，部材中のひずみ成分は

$$\varepsilon_z=\gamma_{yz}=\gamma_{zx}=0 \tag{10.45}$$

となり，添字に z が含まれる三つのひずみ成分は0となる．この状態のことを平面ひずみ（plane strain）状態という．式(10.45)を式(10.40)に代入すると，平面ひずみ状態の応力-ひずみ関係式は

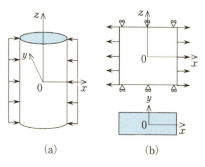

図10.7 平面ひずみ状態の例

$$\left.\begin{aligned}\sigma_x &= \frac{E(1-\nu)}{(1+\nu)(1-2\nu)}\left(\varepsilon_x + \frac{\nu}{1-\nu}\varepsilon_y\right) \\ \sigma_y &= \frac{E(1-\nu)}{(1+\nu)(1-2\nu)}\left(\varepsilon_y + \frac{\nu}{1-\nu}\varepsilon_x\right) \\ \sigma_z &= \frac{\nu E}{(1+\nu)(1-2\nu)}(\varepsilon_x + \varepsilon_y) \\ \tau_{xy} &= G\gamma_{xy}, \quad \tau_{yz} = 0, \quad \tau_{zx} = 0 \end{aligned}\right\} \quad (10.46)$$

となり，$\varepsilon_z = 0$ でも $\sigma_z \neq 0$ であるが，式(10.46)からわかるように，σ_z は ε_x, ε_y から求められるので，独立な未知量ではない．上式をひずみについて解くと

$$\left.\begin{aligned}\varepsilon_x &= \frac{1-\nu^2}{E}\left(\sigma_x - \frac{\nu}{1-\nu}\sigma_y\right), \quad \varepsilon_y = \frac{1-\nu^2}{E}\left(\sigma_y - \frac{\nu}{1-\nu}\sigma_x\right), \quad \varepsilon_z = 0 \\ \gamma_{xy} &= \frac{\tau_{xy}}{G}, \qquad\qquad\qquad\qquad \gamma_{yz} = 0, \qquad\qquad\qquad \gamma_{zx} = 0\end{aligned}\right\}$$
$$(10.47)$$

となる．

一方，式(10.46)における第1式，第2式の右辺の係数は，次のように変形できる．

$$\frac{E(1-\nu)}{(1+\nu)(1-2\nu)} = \frac{E(1-\nu)^2}{(1-\nu^2)\{(1-\nu)^2 - \nu^2\}} = \frac{E}{1-\nu^2}\frac{1}{1-\left(\dfrac{\nu}{1-\nu}\right)^2} = \frac{E'}{1-\nu'^2}$$
$$(10.48)$$

ここで，

$$E' = \frac{E}{1-\nu^2}, \quad \nu' = \frac{\nu}{1-\nu} \quad (10.49)$$

式(10.48)および式(10.49)を式(10.46)に代入すると，σ_x, σ_y は

$$\sigma_x = \frac{E'}{1-\nu'^2}(\varepsilon_x + \nu'\varepsilon_y), \quad \sigma_y = \frac{E'}{1-\nu'^2}(\varepsilon_y + \nu'\varepsilon_x) \quad (10.50)$$

すなわち，平面応力における応力-ひずみ関係式(10.43)の E と ν をそれぞれ E' と ν' に置き換えれば，平面ひずみにおける応力-ひずみ関係式(10.46)となり，両者とも数学的取扱いは同一であることがわかる．

(3) 弾性定数間の関係

前述のように，均質等方性線形弾性体の材料特性を表す弾性定数は，縦弾性

係数（ヤング率）E，横弾性係数（剛性率）G およびポアソン比 ν の 3 種類である．ここでは，それら 3 種類の弾性定数間の関係を調べてみよう．

図 10.8 に示す直角座標系 (x, y) において，x 軸と y 軸に平行な辺を有する正方形形状の微小自由体 ABCD を考える．この自由体に作用している応力成分が $\sigma_x = -\sigma_0$, $\sigma_y = \sigma_0$, $\tau_{xy} = 0$ とすると，ひずみ成分は 式(10.42) あるいは 式(10.47) より

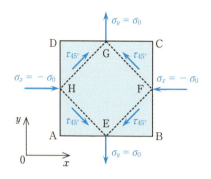

図 10.8　純せん断状態にある自由体

$$\varepsilon_x = -\frac{1+\nu}{E}\sigma_0, \quad \varepsilon_y = \frac{1+\nu}{E}\sigma_0, \quad \gamma_{xy} = 0 \tag{10.51}$$

となる．式(10.51)をひずみの変換式(10.32)に代入すると，x 軸から $\theta = 45°$ だけ反時計回りに回転した面における せん断ひずみ成分 γ_{45} は

$$\gamma_{45} = \frac{2(1+\nu)}{E}\sigma_0 \tag{10.52}$$

また，応力の変換式(10.13)で $\theta = 45°$ とすると，x 軸から $\theta = 45°$ だけ傾いた面における応力成分 σ_{45}, τ_{45} は，

$$\sigma_{45} = 0, \quad \tau_{45} = \sigma_0 \tag{10.53}$$

上式から，各辺が x 軸から $\theta = 45°$ 回転した正方形形状の微小自由体 EFGH は，純粋な せん断応力状態になっていることがわかる．フックの法則から

$$\gamma_{45} = \frac{\tau_{45}}{G} = \frac{\sigma_0}{G} \tag{10.54}$$

式(10.52)と式(10.54)を比較すると，E, G, ν の間には

$$G = \frac{E}{2(1+\nu)} \tag{10.55}$$

の関係があることがわかる．

10.4　組合せ応力の例

一般に，機械・構造物を構成する各種部材には複雑な外力が作用し，2 種類

以上の応力成分が組み合わさっていることが多い．このような応力状態のことを 組合せ応力状態（combined stress state）あるいは 多軸応力状態（multi-axial stress state）という．ここでは，簡単な組合せ応力状態になる2種類の部材を取り上げ，本章で得られた結果を用いて応力や変形を調べてみよう．

（1）曲げとねじりを受ける棒状部材

機械・構造物に用いられている各種伝動軸やエンジンのクランクシャフトなどのように，軸類は 曲げ と ねじり を同時に受けるように使用されることが多い．一般に，これらの軸は複雑な形状をしているが，ここでは，図10.9に示すような曲げモーメントMとトルクTが同時に作用する真直丸棒について考えてみる．

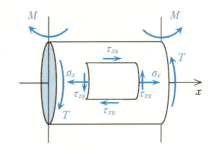

図10.9　曲げとねじりを受ける丸棒

第5章および第6章で学んだように，曲げモーメントMとトルクTが単独に作用した場合の垂直応力と せん断応力は，いずれも丸棒の表面で最大となり，次式で与えられる．

$$\sigma_x = \frac{M}{Z}, \quad \tau_{xy} = \frac{T}{Z_p} \tag{10.56}$$

ここで，Zは 断面係数，Z_pは 極断面係数 であり，丸棒の場合$2Z=Z_p$となる．これらの応力成分が同時に作用したときの主応力$\sigma_{\max}$は，式(10.17)を用いれば次のように求まる．

$$\sigma_{\max} = \frac{\sigma_x}{2} + \frac{1}{2}\sqrt{\sigma_x^2 + 4\tau_{xy}^2} = \frac{1}{2Z}(M+\sqrt{M^2+T^2}) = \frac{M_{\mathrm{eq}}}{Z} \tag{10.57}$$

式(10.57)において，M_{eq}は相当曲げモーメントと呼ばれ，次式で与えられる．

$$M_{\mathrm{eq}} = \frac{1}{2}(M+\sqrt{M^2+T^2}) \tag{10.58}$$

一方，主せん断応力$\tau_{\max}$は，式(10.22)を用いると，次式となる．

$$\tau_{\max} = \frac{1}{2}\sqrt{\sigma_x^2 + 4\tau_{xy}^2} = \frac{1}{Z_p}\sqrt{M^2+T^2} = \frac{T_{\mathrm{eq}}}{Z_p} \tag{10.59}$$

ここで，

$$T_{eq} = \sqrt{M^2 + T^2} \tag{10.60}$$

であり，T_{eq} を相当トルクという．

(2) 内圧を受ける薄肉円筒殻

ガスタンクや炭酸飲料用缶・ペットボトルなど一定の圧力を有するガスや液体で満たされた容器やパイプに発生する応力や変形を考えてみよう．簡単のため，パイプや容器の板厚はその直径に比べて十分に薄いものとし，一定の内圧が作用する薄肉円筒殻を対象とする．

解析対象が円筒形状の場合，図 10.10(a) に示すような円筒座標系 (r, θ, z) を用いるのが便利であり，円筒の中心を座標原点 O，半径の外向きに r 軸，ある基準線から r 軸までの反時計回りの角度を θ 軸と設定し，円筒の長さ方向を z 軸とする．図のように，板厚 t，内半径 r_i の薄肉円筒殻に内圧 p_i が作用する場合，円筒殻の直径は広げられようとし，円筒殻の θ 軸に垂直な仮想断面には内力 Q_θ が発生する．円筒殻の板厚が直径に比べて十分に薄い場合，内力 Q_θ は厚さ方向に一様に分布するものとして差し支えなく，対称性から内力 Q_θ は座標 θ に依存しない．

図 10.10(b) に示すように，円周方向に微小長さ $r_i \mathrm{d}\theta$ の微小自由体を取り出し，内圧 p_i と内力 Q_θ による力の釣合いを考える．円筒殻の長さを $\mathrm{d}z$，内力 Q_θ に起因する応力を σ_θ とすれば，垂直方向および水平方向の力の釣合いから次式が得られる．

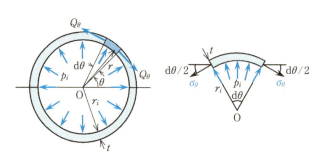

(a) 円筒座標系と内力　　(b) 微小自由体

図 10.10 内圧を受ける薄肉円筒殻

$$\left. \begin{array}{l} p_i r_i \mathrm{d}\theta \mathrm{d}z - 2\sigma_\theta t \mathrm{d}z \cdot \sin\left(\dfrac{\mathrm{d}\theta}{2}\right) = 0 \\ \sigma_\theta t \mathrm{d}z \cdot \cos\left(\dfrac{\mathrm{d}\theta}{2}\right) - \sigma_\theta t \mathrm{d}z \cdot \cos\left(\dfrac{\mathrm{d}\theta}{2}\right) = 0 \end{array} \right\} \tag{10.61}$$

水平方向の釣合い条件から得られる式(10.61)の第2式は自動的に満足されており，$\sin(d\theta/2) \approx d\theta/2$ を考慮すると，応力 σ_θ は

$$\sigma_\theta = \frac{p_i r_i}{t} \tag{10.62}$$

この引張応力 σ_θ は 円周応力（circumferential stress），あるいは たが応力，または フープ応力（hoop stress）と呼ばれる．

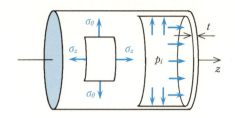

図 10.11 両端が閉じられた薄肉円筒殻

一方，図 10.11 のように円筒殻の両端がふたで閉じられているような円筒形の 圧力容器 の場合，式(10.62)で与えられる円周応力 σ_θ のほかに，ふたに作用する内圧が円筒殻を z 軸方向に引っ張る内力が生じる．この内力に起因する応力を 軸応力 と呼び，σ_z で表すと，z 軸方向の力の釣合いより次式が得られる．

$$2\pi t r_i \sigma_z - p_i \pi r_i^2 = 0 \tag{10.63}$$

式(10.63)から，応力 σ_z は

$$\sigma_z = \frac{1}{2}\frac{p_i r_i}{t} = \frac{1}{2}\sigma_\theta \tag{10.64}$$

となる．対称性から，これらの垂直応力 σ_θ, σ_z が作用する仮想断面には せん断応力は生じないので，これらの垂直応力は主応力となる．なお，両端が閉じた薄肉円筒殻では，内圧 p_i による円周応力 σ_θ は軸応力 σ_z の 2 倍となるから，第 7 章で述べたように，脆性材料の場合，内圧による破壊は円筒殻の母線に沿って発生することがわかる．

次に，円筒殻の変形について調べてみよう．円筒殻の板厚は十分に薄く，円筒殻は平面応力状態にあると考えられる．したがって，平面応力状態の応力 - ひずみ関係式(10.42)の第 1 式の x を θ，y を z で置き換え，式(10.62)と式(10.64)で得られる円周応力 σ_θ，軸応力 σ_z を代入すると，周方向の垂直ひずみ ε_θ は

$$\varepsilon_\theta = \frac{1}{E}(\sigma_\theta - \nu \sigma_z) = \frac{1}{E}\left(\frac{p_i r_i}{t} - \nu \frac{p_i r_i}{2t}\right) = \frac{p_i r_i}{Et}\left(1 - \frac{\nu}{2}\right) \tag{10.65}$$

となる．また，円筒殻の拡大による半径の変化量を Δr とすれば，変形後の円

周長さは $2\pi(r_i+\Delta r)$ となるため,ひずみの定義より周方向の垂直ひずみ ε_θ は,次式で表される.

$$\varepsilon_\theta = \frac{2\pi(r_i+\Delta r)-2\pi r_i}{2\pi r_i} = \frac{\Delta r}{r_i} \tag{10.66}$$

式(10.65)と式(10.66)より,円筒の半径の変化量 Δr が次のように求まる.

$$\Delta r = \frac{p_i r_i^2}{Et}\left(1-\frac{\nu}{2}\right) \tag{10.67}$$

索　引

ア　行

圧縮応力 …………………………………… 31
圧縮力 ……………………………………… 26
圧力容器 …………………………………… 245
安全性 ……………………………………… 42
安全率 ………………………………… 24, 42
安定性 ……………………………………… 3
安定な釣合い ……………………………… 200
一般化されたフックの法則 ……………… 238
移動支持 …………………………………… 93
ヴェーラー線図 …………………………… 138
上降伏点 …………………………………… 38
薄肉円筒殻 ………………………………… 244
永久ひずみ ………………………………… 38
円周応力 …………………………………… 245
延性材料 …………………………………… 41
オイラーの座屈応力 ……………………… 220
オイラーの座屈力 ………………………… 202
オイラ-ベルヌーイの仮定 ……………… 108
応力 ………………………………… 24, 31, 155
応力階差 …………………………………… 144
応力拡大係数 ……………………………… 155
応力拡大係数幅 …………………… 162, 164
応力集中係数 ……………………………… 147
応力振幅 …………………………………… 140
応力成分 …………………………………… 228
応力成分の変換式 ………………………… 231
応力の定義 ………………………… 92, 109, 227
応力の平衡方程式 ………………………… 229
応力場 ……………………………………… 155
応力幅 ………………………………… 140, 164
応力比 ……………………………………… 140
応力-ひずみ線図 …………………………… 37

カ　行

回転支持 …………………………………… 93
回転曲げ …………………………… 136, 138
回転曲げ疲労試験 ………………………… 139
外力 ……………………………………… 1, 24
重ね合せの原理
　………… 55, 131, 170, 178, 182, 197, 199
仮想断面 …………………………………… 95
片振り負荷 ………………………………… 141
片持ちはり ………………………… 94, 98, 102, 106
基準強さ …………………………………… 42
境界条件 …………………………… 42, 119
強度 …………………………………… 3, 24
極断面係数 ………………………… 85, 243
曲率半径 …………………………………… 109
許容応力 …………………………… 24, 42
切欠き感度係数 …………………………… 148
切欠き係数 ………………………………… 148
切欠き材疲労限度 ………………………… 148
き裂 ………………………………………… 153
き裂進展速度 ……………………………… 162
き裂先端塑性域 …………………………… 157
き裂長さ …………………………… 155, 164
偶力 ………………………………………… 12
グッドマン線 ……………………………… 146
くびれ ……………………………………… 39
組合せ応力状態 …………………………… 243
繰返し応力 ………………………………… 135
繰返し外力 ………………………………… 25
形状補正係数 ……………………………… 156
検出限界寸法 ……………………………… 160
工学ひずみ ………………………………… 236
高サイクル疲労 …………………………… 152
公称応力 …………………………………… 147
剛性 …………………………………… 3, 24, 40
降伏 ………………………………………… 38
降伏応力 …………………………… 38, 134
合モーメント ……………………………… 17
合力 …………………………………… 6, 15

248 索引

固定支持 ……………………………… 93
固定端 ………………………………… 94

サ 行

最小応力 ……………………………… 140
最小せん断応力 ……………………… 234
最大応力 ……………………………… 140
最大せん断力 ………………………… 117
最大せん断応力 …………… 117, 161, 234
最大曲げ応力 ………………… 111, 117
最大曲げモーメント ………………… 117
最大せん断応力 ……………… 161, 234
最大力点 ……………………………… 38
材料強度学 …………………………… 4
材料力学 ……………………… 1, 3, 24
座屈 …………………………………… 200
座屈曲線 ……………………………… 221
座屈長さ ……………………………… 220
座屈モード …………………………… 202
座屈力 ………………………………… 200
作用・反作用の法則 ………………… 15
三次元的形状 ………………………… 227
サン・ブナンの原理 ………………… 30
残留応力 ……………………………… 149
軸 ………………………………… 3, 92
軸応力 ………………………………… 245
軸線 …………………………… 92, 96
軸力 …………………………………… 26
支持条件 ……………………………… 119
支持モーメント ……………… 95, 99, 103
支持力 ……… 15, 95, 96, 99, 100, 103, 104
下降伏点 ……………………………… 38
重心 …………………………………… 18
修正グッドマン線 …………………… 146
修正マイナー則 ……………………… 151
自由体 ………………………………… 97
自由体図 ……………………………… 15
自由端 ………………………………… 94
集中外力 …………… 24, 93, 95, 98, 107
主応力 ………………………………… 232
主せん断応力 ………………………… 234

主方向 ………………………………… 232
主面 …………………………………… 232
小規模降伏 …………………………… 158
衝撃外力 ……………………………… 25
ジョンソン …………………………… 223
真直はり ……………………………… 92
真破断応力 …………………………… 146
信頼性 ………………………………… 42
垂直応力 ……………………… 31, 146
垂直ひずみ …………………………… 35
スカラー ……………………………… 6
ステアケース法 ……………………… 144
ストライエーション ………………… 163
ストライエーション間隔 …… 163, 164
スパン ………………………………… 94
すべり変形 …………………………… 161
すべり面き裂 ………………………… 161
寸法効果 ……………………………… 149
正規分布 ……………………………… 143
正弦波形 ……………………………… 140
脆性材料 ……………………………… 41
製造物責任法 ………………………… 4
静定はり ……………………… 92, 165
静定問題 ……………………… 44, 57
静的外力 ……………………………… 25
静力学 ………………………………… 1
せん断応力 ……………… 31, 116, 146
せん断応力の共役性 ………………… 230
せん断弾性係数 ……………………… 39
せん断力によるたわみ ……………… 133
せん断ひずみ ………………………… 36
せん断力 ……………………… 26, 95
せん断力図 …………………………… 98
全ひずみ ……………………………… 67
線膨張係数 …………………………… 65
塑性 …………………………………… 38
塑性ひずみ …………………… 38, 152
塑性変形 ……………………………… 134
外向き法線の向き …………………… 228
損傷許容設計 ………………………… 159

タ 行

対称性 …………………… 101, 129, 130
耐力 ……………………………………… 39
だ円孔 ………………………………… 153
たが応力 ……………………………… 245
多軸応力状態 ………………………… 243
縦弾性係数 ……………………………… 39
縦ひずみ ………………………………… 35
たわみ ………………………………… 118
たわみ角 ……………………………… 118
たわみ曲線 …………………………… 118
たわみの基礎式 ……………………… 119
単純支持はり ………… 94, 95, 100, 104
弾性 ……………………………………… 38
弾性限度 ………………………………… 38
弾性ひずみ ………………………… 38, 67
弾性変形 ……………………………… 134
弾性力学 ……………………………… 227
端末条件係数 ………………………… 215
断面一次モーメント ………………… 110
断面係数 ………………………… 111, 243
断面二次極モーメント ……………… 84
断面二次モーメント ………………… 110
力とモーメントの釣合い ……… 92, 227
力の合成 …………………………………… 6
力の釣合い …… 2, 15, 28, 30, 32, 33, 96, 97,
99, 100, 101, 103, 104, 105, 106
力の分解 …………………………………… 7
中心角 ………………………………… 109
中立軸 ………………………………… 108
中立面 ………………………………… 108
重複積分法 …………………………… 119
釣合い …………………………………… 28
釣合い状態 ……………………………… 14
低サイクル疲労 ……………………… 152
テトマイヤー ………………………… 223
テンソルひずみ ……………………… 236
動的外力 ………………………………… 25
等分布外力 ……………… 24, 100, 102
動力学 …………………………………… 1

ナ 行

トラス構造 ………………………… 44, 74
トルク ……………………………… 26, 82
トルクの釣合い ………………………… 28

内力 ……………………………… 24, 27
ニュートンの運動の第二法則 ………… 5
ねじり ……………………………… 146, 243
ねじりモーメント ………………… 26, 82
ねじれ角 ………………………………… 83
熱応力 …………………………… 68, 136
熱ひずみ ………………………………… 65

ハ 行

破壊確率 ……………………………… 143
破壊事故 …………………………… 3, 4, 134
破壊じん性値 ………………… 158, 159
柱 …………………………… 3, 92, 220
破断繰返し数 ………………………… 138
破断点 …………………………………… 39
はり ………………………………… 3, 92
パリス則 ……………………… 162, 164
はりの変形 …………………………… 95
はり理論 ……………………………… 117
反力 …………………………………… 15
微小自由体 …………………………… 227
微小変形 ……………………………… 234
ひずみ ……………………………… 24, 35
ひずみゲージ ………………………… 47
ひずみ成分 …………………………… 234
ひずみの定義 ……………… 92, 109, 227
ひずみの適合条件 ………………… 234
ひずみの適合条件式 ………………… 237
ひずみの変換式 ……………………… 236
ひずみ−変位関係 ……………………… 236
ビッカース硬さ ……………………… 142
引張・圧縮疲労試験 ………………… 139
引張応力 ……………………………… 31
引張強さ ……………………… 39, 142, 146
引張力 ………………………………… 26
比ねじれ角 …………………………… 83

表面処理	149	曲げモーメント	26, 95
表面力	25	曲げモーメント図	98
比例限度	37	マンソン-コフィン則	153
疲労	3, 4, 134	無機材料	41
疲労限度	141, 142, 144, 150	面に垂直な内力	228
疲労限度設計	141	面に平行な内力	228
疲労設計	141	モードⅠ	155
疲労損傷度	151	モードⅡ	155
疲労破壊	135	モードⅢ	155
不安定	3	モーメント	11, 93, 104, 106, 107
不安定な釣合い	200	モーメントの釣合い	2, 17, 29, 96, 97, 99, 100, 101, 103, 104, 105, 106
フープ応力	245		
不静定次数	166	モールの応力円	232

ヤ 行

不静定はり	92, 165	ヤング率	39
不静定問題	44, 57	有機材料	41
フックの法則	39, 40, 92, 109, 227	有限寿命設計	141
物体力	25	有限要素法	227
プロビット法	143	有効長さ	220
分布外力	24, 93, 107	有効細長比	221
分力	7	揚力	18
平滑材疲労限度	148	横弾性係数	39
平均応力	140, 145	横断面	95
平行軸定理	114	横ひずみ	35

ラ 行

平面応力	239	ラーメン構造	74
平面ひずみ	240	ランキン	222
平面ひずみ破壊じん性値	158	両振り負荷	141
平面曲げ疲労試験	139	連続条件	121
ベクトル	6	連続はり	166
変位	36		

英数字

ポアソン効果	35	3モーメントの式	166, 182, 184
ポアソン比	36	1/4だ円説	146
棒	3, 92	BMD	98
細長比	221	SFD	98

マ 行

マイナー則	150	$S-N$曲線	138, 141
曲がりはり	92		
曲げ	146, 243		
曲げ応力	95, 107, 109		
曲げ剛性	111		

参考文献

　材料力学に関する教科書は数多く出版されている．下記の書物は，最近出版された教科書と，多少古いが名著として知られている教科書の一部である．本書に詳細を記述することができなかった内容や演習問題が含まれている．材料力学と材料強度学に関する理解をさらに深める場合の参考としていただきたい．

【材料力学】
- S. Timoshenko 著（鵜戸口英善・国尾　武 訳）：材料力学（上巻），東京図書（1957）．
- S. Timoshenko 著（鵜戸口英善・国尾　武 訳）：材料力学（中巻），東京図書（1962）．
- 中原一郎：材料力学（上），養賢堂（1965）．
- 中原一郎：材料力学（下），養賢堂（1966）．
- 平　修二：現代材料力学，オーム社（1970）．
- S. Timoshenko, D. H. Young 著（前澤成一郎 訳）：改訂材料力学要論，コロナ社（1972）．
- 渥美　光・鈴木幸三・三ケ田賢次：材料力学Ⅰ SI版，森北出版（1984）．
- 渥美　光・鈴木幸三・三ケ田賢次：材料力学Ⅱ SI版，森北出版（1985）．
- 中原一郎：実践材料力学，養賢堂（1994）．
- 北岡征一郎 ほか5名：材料力学 強度設計への応用，養賢堂（1996）．
- 小山信次・鈴木幸三：はじめての材料力学，森北出版（1997）．
- 髙橋幸伯・町田　進：基礎材料力学 改訂版，培風館（1999）．
- 富田佳宏・仲町英治・中井善一・上田　整：材料の力学，朝倉書店（2001）．
- 辻　知章：なっとくする材料力学，講談社（2002）．
- 渡辺勝彦：演習・材料力学，培風館（2005）．
- 日本機械学会 編：材料力学，丸善（2007）．
- 日本機械学会 編：演習材料力学，丸善（2010）．
- 伊藤勝悦：基礎から学べる材料力学，森北出版（2011）．
- 石田良平・秋田　剛：ビジュアルアプローチ 材料力学，森北出版（2011）．
- 荒井政大：図解 はじめての材料力学，講談社（2012）．
- 村上敬宜：材料力学 新装版，森北出版（2014）．
- 黒木剛司郎・友田　陽：材料力学 新装版，森北出版（2014）．

【材料強度学・破壊力学】
・横堀武夫：材料強度学, 技報堂出版（1955）．
・村上裕則・大南正瑛共：破壊力学入門, オーム社（1975）．
・岡村弘之：線形破壊力学入門, 培風館（1976）．
・横堀武夫：材料強度学 第2版, 岩波書店（1977）．
・矢川元基 編：破壊力学, 培風館（1988）．
・日本材料科学会 編：破壊と材料, 裳華房（1993）．
・小林英男：破壊力学, 共立出版（1993）．
・星出敏彦：基礎強度学, 内田老鶴圃（1998）．

【弾性力学】
・S. Timoshenko, J. N. Goodier 著（金多　潔 訳）：弾性論, コロナ社（1973）．
・野田直剛・谷川義信・須見尚文・辻　知章：基礎弾性力学, 日新出版（1988）．
・座古　勝：数値複合材料力学, 養賢堂（1989）．
・三好俊郎：有限要素法入門 改訂版, 培風館（1994）．
・伊藤勝悦：弾性力学入門, 森北出版（2006）．
・竹園茂男・垰　克己：弾性力学入門 基礎理論から数値解法まで, 森北出版（2007）．
・渡辺一実・芦田文博・上田　整：弾性数理解析とその応用, 養賢堂（2007）．

付　表

【国際単位(SI)単位】
<基本単位>

長さ	質量	時間	温度	電流	光度	物質量
m	kg	s	K	A	cd	mol
メートル	キログラム	秒	ケルビン	アンペア	カンデラ	モル

<補助単位>

角度
rad
ラジアン

<SI接頭語>

10^{15}	10^{12}	10^{9}	10^{6}	10^{3}	10^{2}	10^{1}
P	T	G	M	k	h	da
ペタ	テラ	ギガ	メガ	キロ	ヘクト	デカ
10^{-15}	10^{-12}	10^{-9}	10^{-6}	10^{-3}	10^{-2}	10^{-1}
f	p	n	μ	m	c	d
フェムト	ピコ	ナノ	マイクロ	ミリ	センチ	デシ

【主な物理量の単位】
<組立単位>

面積	体積	速度	加速度	角速度	角加速度	周波数
m^2	m^3	m/s	m/s^2	rad/s	rad/s^2	Hz (s^{-1})
平方メートル	立方メートル	メートル毎秒	メートル毎秒毎秒	ラジアン毎秒	ラジアン毎秒毎秒	ヘルツ

力	モーメント	エネルギー	仕事率	エントロピー
N ($kg \cdot m/s^2$)	N·m	J (N·m)	W (J/s)	J/K
ニュートン	ニュートンメートル	ジュール	ワット	ジュール毎ケルビン

電荷	静電容量	電気抵抗	電束	インダクタンス	磁気抵抗	磁束
C	F (C/V)	Ω	C	H	H^{-1}	Wb (V·s)
クーロン	ファラド	オーム	クーロン	ヘンリー	毎ヘンリー	ウェーバ

<材料定数>

密度	粘度	動粘度	熱伝導率	比熱
kg/m^3	Pa·s	m^2/s	W/(m·K)	J/(kg·K)
キログラム毎立方メートル	パスカル秒	毎ケルビン	ワット毎メートル毎ケルビン	ジュール毎キロメートル毎ケルビン

<機械的物理量と材料定数>

変位	ひずみ ε	応力 $\sigma=E\varepsilon$	縦弾性係数 E	ポアソン比	線膨張係数
m	—	Pa (N/m^2)	Pa	—	K^{-1}
メートル	—	パスカル	パスカル	—	毎ケルビン

<電気的状態量と材料定数>

電位	電界 E	電束密度 $D=\kappa E$	誘電率 κ
V	V/m	C/m^2	F/m
ボルト	ボルト毎メートル	クーロン毎平方メートル	ファラド毎メートル

<磁気的状態量と材料定数>

磁位	磁界 H	磁束密度 $B=\omega H$	透磁率 ω
A	A/m	T (Wb/m^2)	H/m
アンペア	アンペア毎メートル	テスラ	ヘンリー毎メートル

【国際単位と工学単位の換算表】

物理量	国際単位	工学単位
質量	kg 9.80665 1	kgf·s^2/m 1 1.01972×10^{-1}
力	N 9.80665 1	kgf 1 1.01972×10^{-1}
モーメント	N·m 9.80665 1	kgf·m 1 1.01972×10^{-1}
応力 圧力	Pa(N/m^2) 9.80665×10^6 1	kgf/mm^2 1 1.01972×10^{-7}
エネルギー 仕事	J 9.80665 1	kgf·m 1 1.01972×10^{-1}
仕事率 動力	W 9.80665 1	kgf·m/s 1 1.01972×10^{-1}

【ギリシャ文字】

大文字	小文字	読み方	
A	α	alpha	アルファ
B	β	beta	ベータ
Γ	γ	gamma	ガンマ
Δ	δ	delta	デルタ
E	ε	epsilon	イプシロン
Z	ζ	zeta	ツェータ
H	η	eta	イータ
Θ	θ	theta	シータ
I	ι	iota	イオタ
K	κ	kappa	カッパ
Λ	λ	lambda	ラムダ
M	μ	mu	ミュー
N	ν	nu	ニュー
Ξ	ξ	xi	グザイ
O	o	omicron	オミクロン
Π	π	pi	パイ
P	ρ	rho	ロー
Σ	σ	sigma	シグマ
T	τ	tau	タウ
Y	υ	upsilon	ウプシロン
Φ	φ, φ	phi	ファイ
X	χ	chi	カイ
Ψ	ψ	psi	プサイ
Ω	ω	omega	オメガ

― 著者略歴（執筆箇所）―

上辻靖智（うえつじ やすとも）…第2章，第3章，第4章，
第5章，第8章，第9章
1998年　大阪大学大学院博士後期課程 単位取得後退学
1998年　博士(工学) 大阪大学
現　在　大阪工業大学 工学部 教授

上田　整（うえだ せい）…第1章，第6章，第10章
1983年　東北大学大学院博士前期課程 修了
1994年　博士(工学) 東北大学
現　在　大阪工業大学 工学部 教授

西川　出（にしかわ いずる）…第1章，第7章
1986年　大阪大学大学院博士後期課程 修了
1986年　工学博士 大阪大学
現　在　大阪工業大学 工学部 教授

JCOPY ＜(社) 出版者著作権管理機構 委託出版物＞

2017　2017年2月25日　第1版第1刷発行
材料力学と
材料強度学

著者代表者　上　田　　整

著者との申
し合せによ
り検印省略

ⓒ著作権所有

発　行　者　株式会社 養賢堂
　　　　　　代表者 及川　清

定価(本体3600円＋税)

印　刷　者　株式会社 真興社
　　　　　　責任者 福田真太郎

〒113-0033 東京都文京区本郷5丁目30番15号
発行所　株式会社 養賢堂
　　　　TEL 東京(03)3814-0911　振替00120
　　　　FAX 東京(03)3812-2615　7-25700
　　　　URL http://www.yokendo.com/
ISBN978-4-8425-0554-1 C3053

PRINTED IN JAPAN　製本所　株式会社 真興社

本書の無断複写は著作権法上での例外を除き禁じられています。
複写される場合は，そのつど事前に，(社)出版者著作権管理機構
(電話 03-3513-6969, FAX 03-3513-6979, e-mail:info@jcopy.or.jp)
の許諾を得てください。